结构设计过程图集

［日］大野博史　著

钮益斐　高小涵　译

郭屹民　审校

上海科学技术出版社

致中国的读者们

衷心感谢提供了帮助的各位相关人士，使得拙作得以在中国出版。

刚开始筹划出版本书时，本来只打算发表作品的详图。虽然详图只包含二维的信息，但是通过阅读图纸，也可以体会到其背后的苦恼和论争。但有时也不免让人产生疑问，为什么建筑会采用这样的做法。读者会想去了解，设计过程中是如何排除其他的选项，最终做出了这样的节点设计的。如果只是将这本书设定为“详图案例集”，便无法囊括设计中的踌躇与抉择，而变成一本用来直接复制使用的参考资料。相比之下，我更希望读者们能够关注到图纸背后的重要过程。因此，本书是以我同建筑师的交流讨论（即设计过程）与作为最终结果的详图相结合的形式进行呈现的。

与艺术家可以独立完成创作的情况不同，建筑是由许多不同专业的人共同参与，并最终由施工人员实际建成的，因此合作是一种必然。每位专业人士都需要具备沟通能力，以及能将沟通结果反馈到自己的专业领域，导出合乎逻辑的结论的能力。这些综合起来的整体就形成了建筑。

我期待在中国会不断出现那些不囿于专业壁垒、能够吸收外部价值观并不断提升自身专业技能的结构设计师们。

前言

正如书名所示，本书将结合图纸来介绍结构设计的过程。众所周知，在项目进行的过程中，结构设计和建筑设计是同步推进的，虽然两者会因从不同角度出发而存在着差异，但彼此之间又会相互影响。因此，从建造的视点来看，这本书也可以说是一本介绍结构如何影响建筑设计过程的书。

根据项目的区别及建筑师之间的差异，设计过程也会存在诸多不同之处。有时看似朝着一个既定的设计目标直线推进，但展开来看的话，它们在细节上绝不是如此顺利的，反倒是充满着蜿蜒曲折，走了不少弯路的。有时我们会左右徘徊，经常到了最后才发现最初的概念、理论或是形式，已经发生了变化。如果将所有的设计过程都揭示出来的话，对于读者来说可能会不太容易理解；如果试图使它们清晰易读的话，那么收录的材料又会过于庞杂。在本书中，我对设计过程中的研究片段进行了取舍，并按时间顺序组织整理了“方案的决定性要素”，这样使其能够简明易懂。

本书分为六个章节。当然，收录的项目并不是在设计初期就确定要按照那个章节的主题来进行推进。在设计过程中，也并不存在考虑到其主题性而刻意偏向某个方向的情况。作品完成后，在收集整理图纸、草图的过程中，我产生了“以此为切入点，大家是否能够更加容易理解结构与建筑之间关系”的想法，由此确定了每个章节的主题。因此，如果你尝试着根据章节的主题来理解其中收录的建筑作品的话，可能会产生有点“文不对题”的印象；但如果你能将章节的主题理解为使建筑得以成立的某个侧面点的话，我将不胜感激。

在整理这本书的时候，我特别考虑了以下三点。

首先，这是一本关于结构的书，我试图尽可能用简单的方式来阐释。比起复杂的专业术语，我有意识地使用了便于理解的常规用语。如果可能的话，我希望让尽可能多的行业相关人士，对结构设计这个有点难以接近的领域展现出更多的兴趣与关注。

其次，我希望避免让本书成为所谓的设计指南。这类书以简明的方式对事物进行概括，但很少涉及项目的具体条件，因此难以触及建造的本质。比起一问一答的线性叙事方式，我更倾向于向读者阐释该问题出现的缘由。

最后，用那些可以记录的方式对设计过程进行总结。当我们试图介绍过去的项目时，通常只限于在杂志上发表竣工后的照片。然而，一直到建成的过程中，设计师做了很多的研究尝试与方案取舍。仅仅介绍已经建成的结构是不够的，我想以更高的还原度来记录设计过程。同时，我也想写下我作为一名设计师的思考与困惑，希望能给那些将来立志于结构设计的年轻人以勇气。

虽然本书是从结构的视角来阐释建筑作品，但我觉得，如果把重点放在结构对建筑的影响上的话，那么非结构专业人士可能也会对本书产生兴趣。请原谅本书中的案例选取存在一定的偏向，也期待这本书能对今后的建筑与结构的设计带来一些积极的影响。

目录

01 构件布置

02 开口

o3 斜材

o4 形

05 异质材料

06 非建筑

01 构件布置

一个空间的大小因功能和用途而异，而承载空间的结构方式却存在很多可能性。为了合理设计结构的构件，需要根据木材、钢材及钢筋混凝土等结构材料来确定符合经济效益的跨度，并整合平面上的空间布局来确定柱与梁的截面尺寸。设计次梁时，在考虑楼板的安全跨度的同时，应等分主梁均匀布置，或在同一方向上按一定的跨度进行布置。

平面形式越复杂，结构的设计就越困难。例如，如果层高限制比较严苛的话，建筑师就想要压缩梁的高度；如果结构构件是外露的，那么从设计的角度就希望它们是均等分布的；除此之外，还有构件截面的尺寸限制，美观层面的价值取向，等等。在各种设计条件的限制下，结构构件布置的选择范围逐渐缩小。

在设计过程中，我们会考虑多种结构布置的方案，但这些方案并非优先考虑经济的合理性，而是综合了多种价值取向的结果。

本章节介绍的建筑作品在平面形式上都有曲线元素，比如形状如同机翼的托儿所，内部有一个椭圆形大厅的幼儿园，以及由若干个圆形建筑组成的托儿所。这些建筑都是供儿童使用的，因此在设计的最初阶段，设计师就决定用这样的平面形式来促进儿童活泼成长。在决定结构构件的布置时，每个项目的侧重点都有所不同：实现将近8 m的屋檐悬挑；通过调整梁柱的布局来减少不必要的弧墙；在圆形平面的中心不采用柱子来支撑屋盖梁，等等。

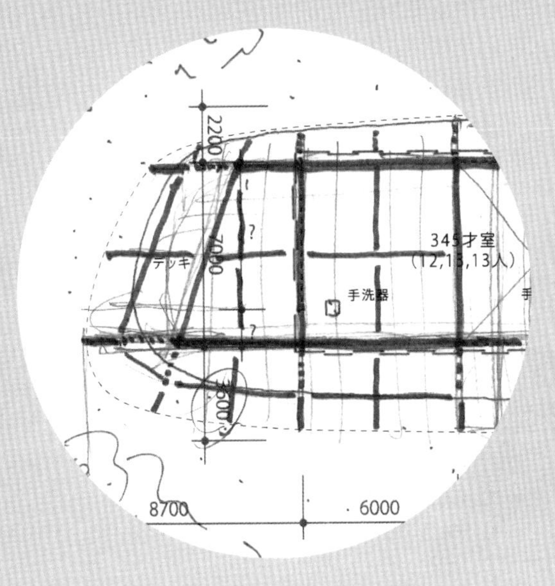
2200
7000
3600
デッキ
345才室
(12,13,13人)
手洗器
8700
6000

富士红蜻蜓托儿所

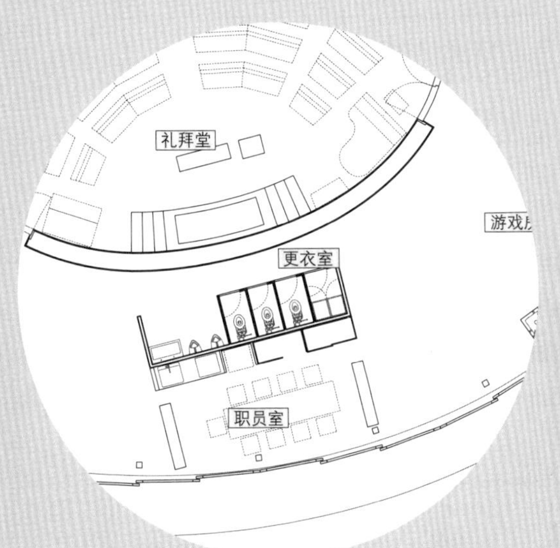
礼拜堂
游戏
更衣室
职员室

茅崎基督教会
圣鸠幼儿园

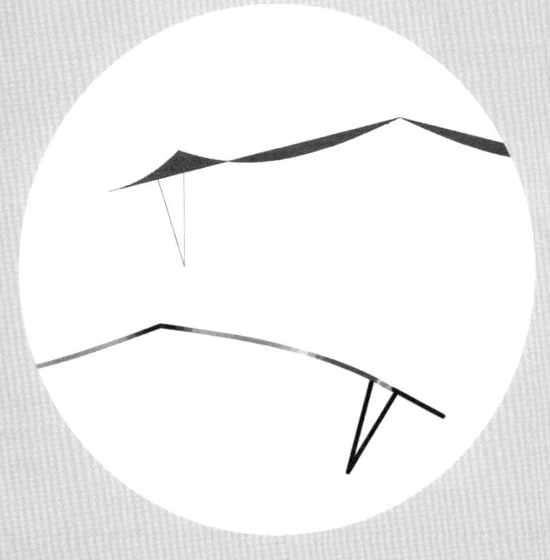

无瑕托儿所

Study Process

—如何实现 8.5 m 的悬挑？

——如何布置外露的结构构件？

———研究并控制较大的变形带来的影响

————如何消除斜撑构件的偏心作用？

用超薄屋面实现巨大挑檐

富士红蜻蜓托儿所

手塚贵晴・手塚由比（手塚建筑研究所）

钢结构

出檐8.5 m

结构构件布置研究❷

在应力集中的部位设置梁。考虑到屋盖的曲线部分，这个方案更为优异

2200

7000

3600

デッキ

345才室

（12,13,13人）

手洗器

手洗器

トイレ

更衣

8700　6000　6000　6000

结构构件布置研究❸

探讨通常结构区域的出挑方式。在想定应力传导路径的同时，还考虑了次梁采用刚节点的做法。考虑将点线标注处的梁高逐渐变小，就可以实现将梁的端部变得更薄的目的。需要具体计算必要的刚度与强度，来确定构件的截面尺寸

本项目是一栋屋顶形状如同机翼的托儿所。由于项目所在的场地曾经是一家飞机制造公司，因此建筑师是基于这一印象来展开设计的。建筑师希望创造一个像双翼机一样的轻质结构来作为建筑的屋盖。虽然屋盖看起来很普通，但它的两端都有将近8.5 m的屋檐出挑空间，形成了拥有巨大悬挑的建筑。屋盖的跨度很大，并且在建筑中使用了大量的玻璃。但更重要的是，像机翼一样轻盈悬浮的屋盖不能显得很笨重，于是我考虑采用钢结构来控制屋盖的厚度。

项目的结构形式为框架支撑结构。考虑到平面的布局，柱子的跨度约为6 m，与建筑物短边方向的7 m跨度大致相同。该跨度的屋盖部分采用通常的结构，而8.5 m的悬挑部分则是特殊的区域。

虽然梁可以设计成不同的截面高度，但如果使用尺度巨大的强化梁，除了满足结构需求外，并不利于实现“一片轻盈的屋盖”这样的既定概念。在这个项目中，讨论的焦点是如何使用同一高度的梁来形成屋盖。

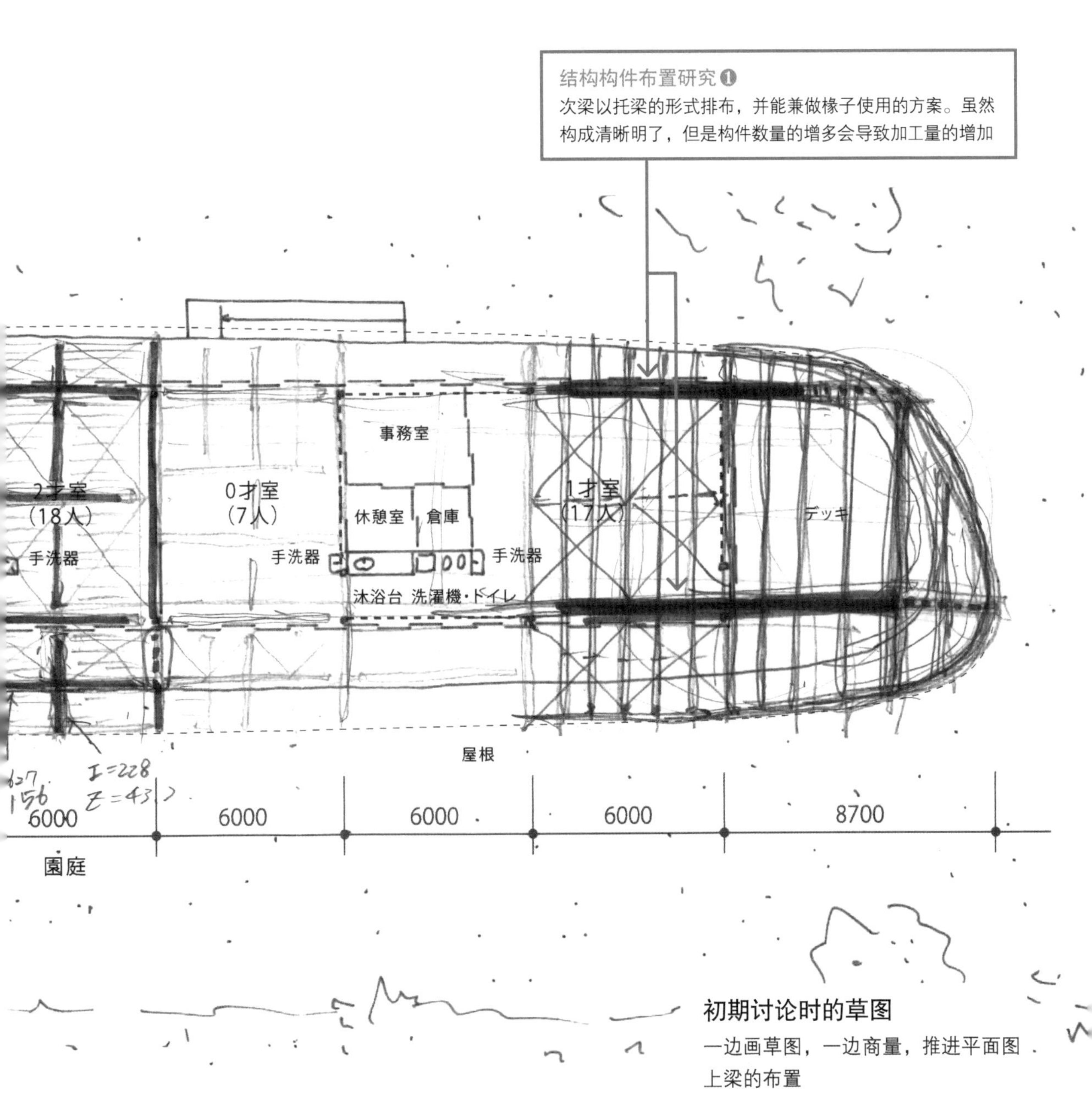
结构构件布置研究❶
次梁以托梁的形式排布，并能兼做椽子使用的方案。虽然构成清晰明了，但是构件数量的增多会导致加工量的增加
事務室
2才室
(18人)
0才室
(7人)
休憩室
倉庫
1才室
(17人)
デッキ
手洗器
手洗器
手洗器
沐浴台
洗濯機・トイレ
屋根
I=228
Z=43
6000
6000
6000
6000
8700
園庭

初期讨论时的草图

一边画草图，一边商量，推进平面图上梁的布置

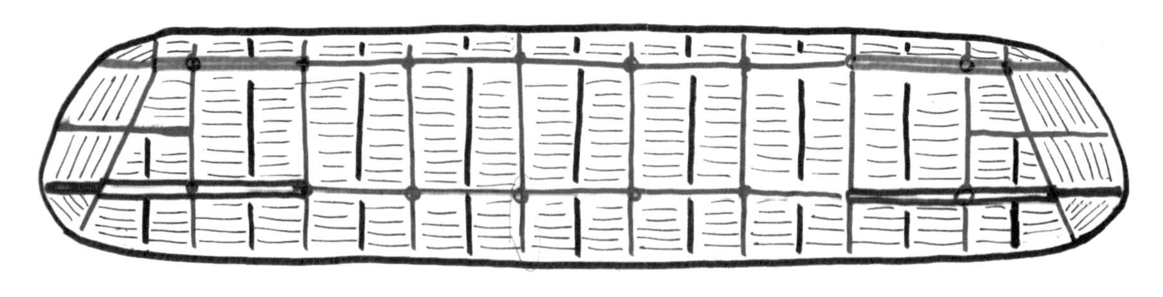

初期阶段讨论得出的结构构件的布置策略

明确区分主次梁，并取消次梁的刚节点。根据主梁的应力集中程度，我们考虑采用三种不同的截面尺寸

使用常规构件组成的最终方案

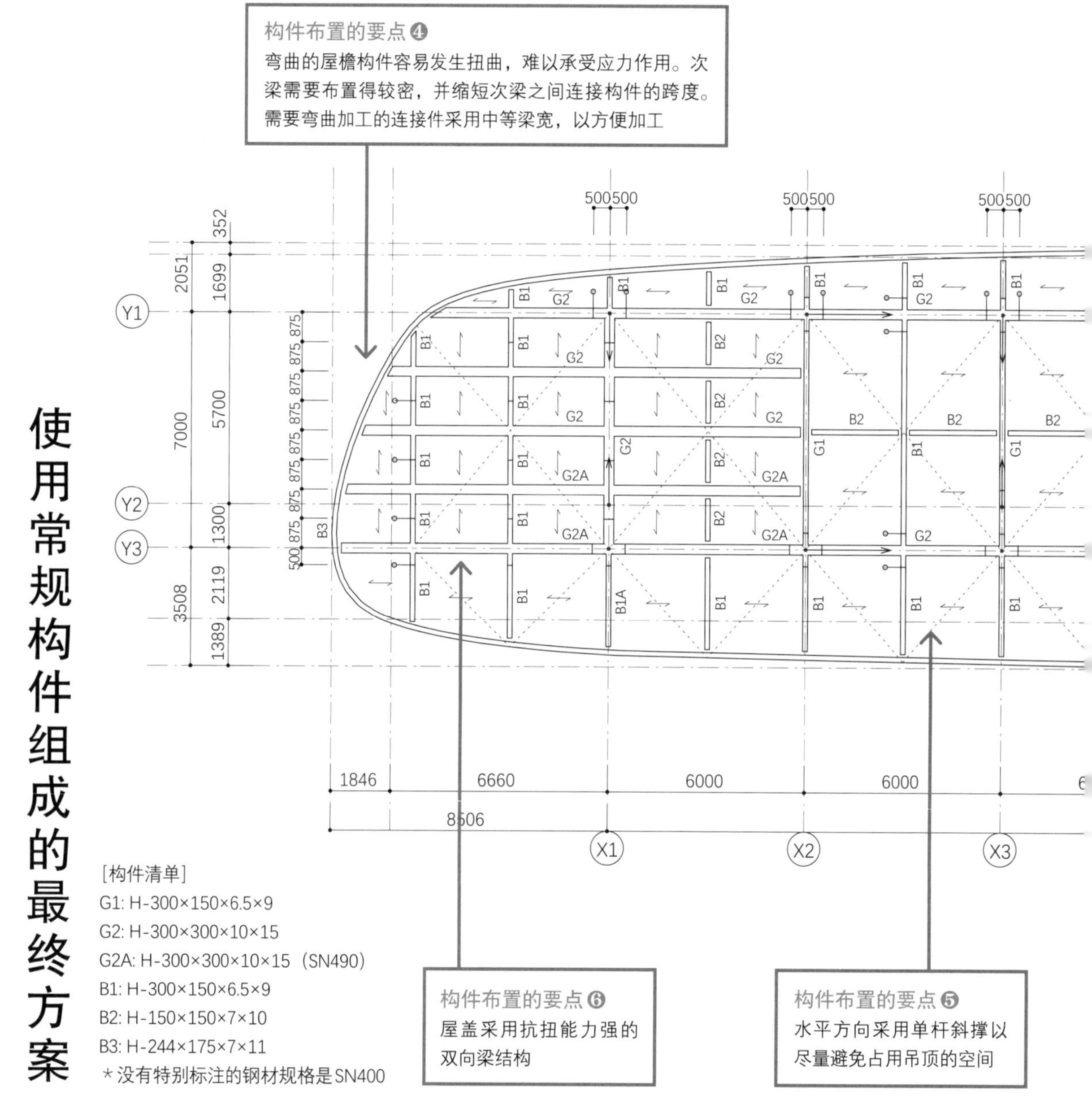

500500
500500
500500
352
2051
1699
Y1
Y2
Y3
7000
5700
1300
3508
2119
1389
875
500
B1
B1A
B2
B3
G1
G2
G2A
1846
6660
6000
6000
8506
X1
X2
X3

构件布置的要点❹
弯曲的屋檐构件容易发生扭曲，难以承受应力作用。次梁需要布置得较密，并缩短次梁之间连接构件的跨度。需要弯曲加工的连接件采用中等梁宽，以方便加工

构件布置的要点❻
屋盖采用抗扭能力强的双向梁结构

构件布置的要点❺
水平方向采用单杆斜撑以尽量避免占用吊顶的空间

[构件清单]
G1: H-300×150×6.5×9
G2: H-300×300×10×15
G2A: H-300×300×10×15（SN490）
B1: H-300×150×6.5×9
B2: H-150×150×7×10
B3: H-244×175×7×11
＊没有特别标注的钢材规格是SN400

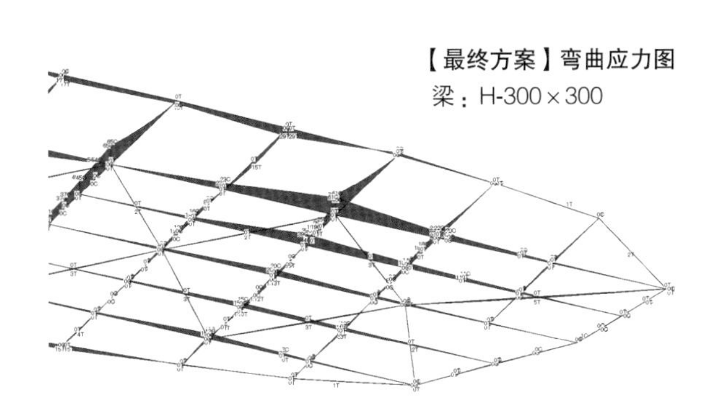

【最终方案】弯曲应力图
梁：H-300 × 300

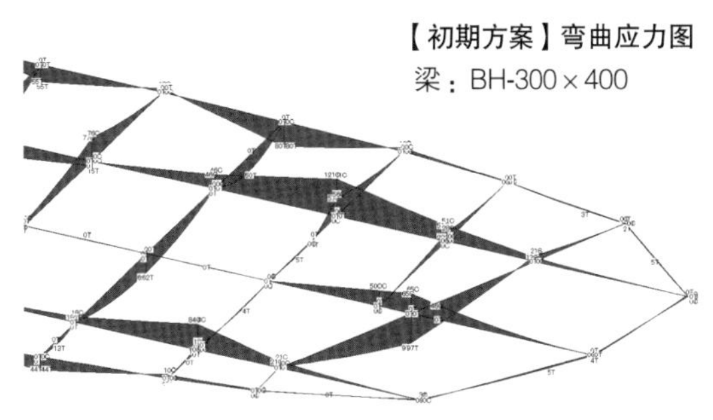

【初期方案】弯曲应力图
梁：BH-300 × 400

应力分析过程

最初讨论的提案中主梁的高度超过了400 mm，为了使通常结构区域的梁高收齐在300 mm，工字钢的宽度就需要达到400 mm。在最终方案中，为了避免使用特殊尺寸的定制型材，采用了以托梁的形式布置成的300 mm × 300 mm工字钢

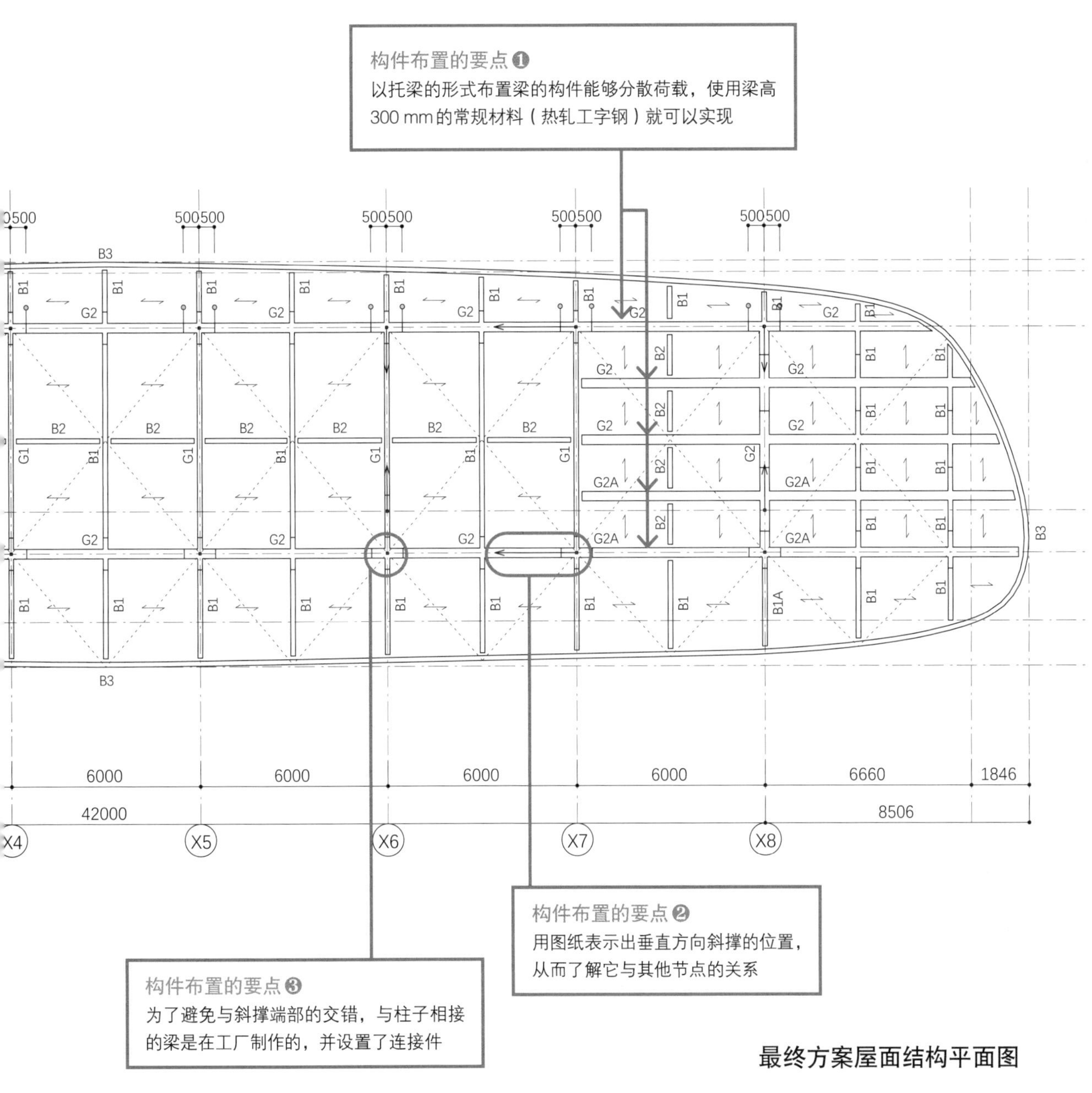
构件布置的要点❶
以托梁的形式布置梁的构件能够分散荷载，使用梁高300 mm的常规材料（热轧工字钢）就可以实现
构件布置的要点❷
用图纸表示出垂直方向斜撑的位置，从而了解它与其他节点的关系
构件布置的要点❸
为了避免与斜撑端部的交错，与柱子相接的梁是在工厂制作的，并设置了连接件
B1
B2
B3
G1
G2
G2A
B1A
6000
6000
6000
6000
6660
1846
42000
8506
X4
X5
X6
X7
X8

最终方案屋面结构平面图

伊藤さんからの資料では
継手ありましたが、なしで
よろしいですか？
キャンバー値、
B3継手位置の変更で
変わりました。
変わっていない箇所もあります

指示各个部位的起拱量

对于变形较大的挑檐，在施工的时候用梁的预起拱来抵消由钢结构自重引起的变形，这样也能减小结构构件的截面尺寸。

对于只承担屋盖荷载的梁，其主要的荷载是构件的自重，所以起拱量只需要考虑由固定荷载作用产生的变形量。待千斤顶撤去后，需要对初始设定起拱量的变形进行记录管理。

对于活荷载（雪荷载、屋面上人荷载、风荷载与地震荷载），根据分布情况的不同，会产生明显的变形。需要注意的是，如果因为起拱而把梁的尺寸设计得太小的话，活荷载产生的位移就会偏大，从而形成振动干扰，同时吊挂的隔断墙体等也会出现问题。在本项目中，由于将柱子沿着窗框布置，可以把活荷载产生的影响控制在最小范围内。

制作起拱量的管理表

项目过程中需要记录由设计的计算及施工安装时所得出的起拱量。现场焊接所产生的变形等影响也需要记录在内。根据千斤顶撤去后数据的变化，可以预测在额外负载下会产生多大的变形。这对于工程精度的控制是很有帮助的

鉄骨工事　跳出し梁キャンバー値　管理表

単位：mm

番　号	設計キャンバー値	溶接前キャンバー値		溶接後キャンバー値		ジャッキダウン後キャンバー値		設計値ージャッキダウン		防水・天井後予想
1	1 (1205)	14 (1218)	+13	8 (1159)	+7	10 (1145)	+9	-9	0	+10
2	6 (1225)	15 (1234)	+9	12 (1178)	+6	5 (1155)	-1	1	0	+5
3	18 (1249)	23 (1254)	+5	19 (1197)	+1	1 (1163)	-17	17	-2	-1
4	32 (1292)	35 (1295)	+3	39 (1244)	+7	1 (1191)	-31	31	-3	-2
5	50 (1348)	48 (1346)	-2	46 (1290)	-4	8 (1228)	-42	42	-6	+2
6	72 (1408)	79 (1415)	+7	77 (1359)	+5	19 (1286)	-53	53	-9	+10
7	92 (1464)	102 (1474)	+10	100 (1419)	+8	35 (1338)	-57	57	-11	+24
8	111 (1504)	111 (1504)	0	110 (1450)	-1	43 (1367)	-68	68	-15	+28
9	80 (1494)	85 (1499)	+5	84 (1445)	+4	32 (1377)	-48	48	-11	+21
10	36 (1459)	39 (1462)	+3	35 (1405)	-1	16 (1370)	-20	20	-5	+11
11	8 (1436)	14 (1442)	+6	11 (1545)	+3	5 (1364)	-3	3	-1	+4
12	7 (1671)	15 (1679)	+8	12 (1548)	+5	6 (1592)	-1	1	-1	+5
13	11 (1677)	10 (1676)	-1	7 (1545)	-4	0 (1588)	-11	11	-2	-2
14	10 (1677)	12 (1679)	+2	10 (1549)	0	4 (1593)	-6	6	-1	+3
15	8 (1676)	7 (1675)	-1	5 (1545)	-3	0 (1590)	-8	8	-1	-1
16	6 (1675)	6 (1675)	0	3 (1544)	-3	-1 (1590)	-7	7	-1	-2
17	7 (1676)	7 (1676)	0	[illegible]	[illegible]	[illegible]	[illegible]	[illegible]	[illegible]	[illegible]

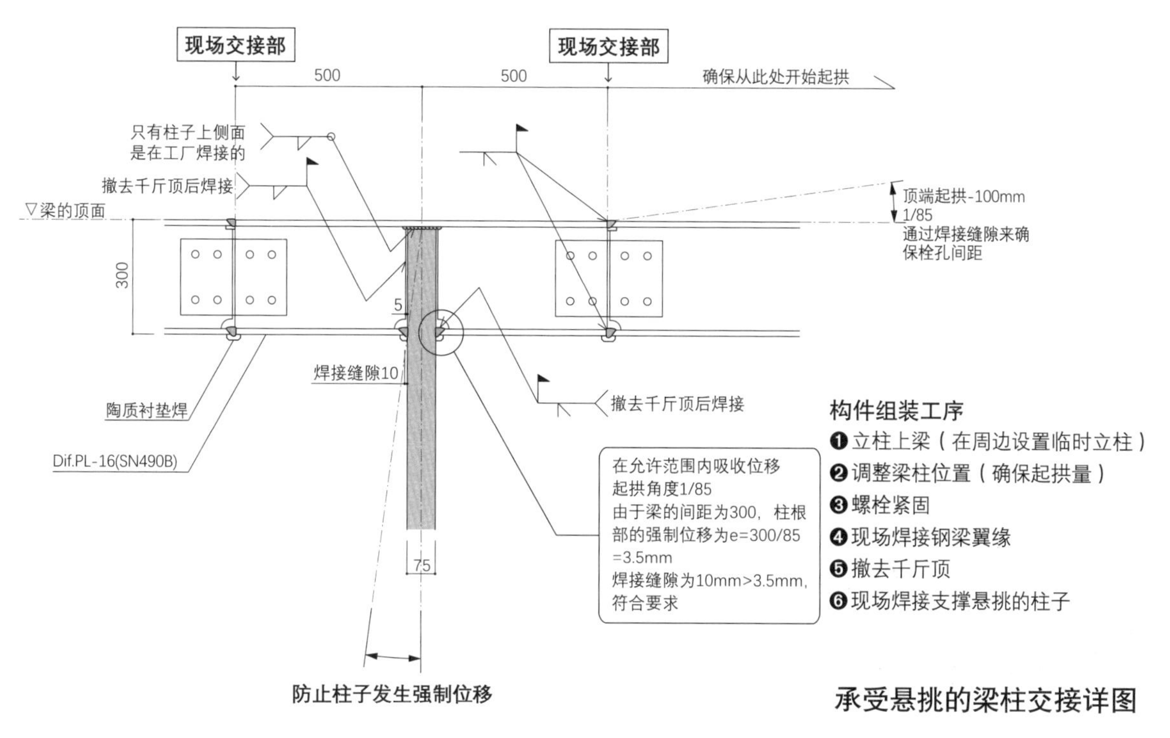
现场交接部
现场交接部
500
500
确保从此处开始起拱
只有柱子上侧面
是在工厂焊接的
撤去千斤顶后焊接
▽梁的顶面
300
5
焊接缝隙10
陶质衬垫焊
Dif.PL-16(SN490B)
75
顶端起拱-100mm
1/85
通过焊接缝隙来确
保栓孔间距
撤去千斤顶后焊接
在允许范围内吸收位移
起拱角度1/85
由于梁的间距为300，柱根
部的强制位移为e=300/85
=3.5mm
焊接缝隙为10mm>3.5mm，
符合要求
构件组装工序
❶立柱上梁（在周边设置临时立柱）
❷调整梁柱位置（确保起拱量）
❸螺栓紧固
❹现场焊接钢梁翼缘
❺撤去千斤顶
❻现场焊接支撑悬挑的柱子
防止柱子发生强制位移

承受悬挑的梁柱交接详图

撤去千斤顶的工序及梁柱节点的设计

设定的起拱量意味着千斤顶撤去后梁会产生的变形大小，因此有必要检查变形产生的部分是否存在问题，比如要注意刚性连接的梁和柱子是否因为变形而翘起或者弯曲。

由于该项目中的柱子很细，其强度和刚度都不足以承受撤去千斤顶后产生的弯曲。因此，在起拱变形结束后，才能进行梁柱焊接部分的施工，并通过放大焊接缝隙来确保所需要的调整空间。

在这种情况下，梁只有在与柱头处交接的翼缘板处被柱子支撑，考虑到那些部位可能存在着应力传递，所以这两部分需要考虑在工厂完成焊接。

施工时的梁柱交接处

在屋檐顶端设置临时支柱的情况

有意识地布置外露式斜撑

对上部斜撑的考虑

❶ 斜撑的端点，一般是柱与梁中轴线的交点

❷ 斜撑端点可以在梁的横截面内部移动（由于位移，可能会出现二次应力，但影响不大）

❸ 根据与吊顶的位置关系，调节斜撑节点板的大小

❹ 检查是否与其他节点交错。如果与梁节点交错，那就调整斜撑与梁交接的位置

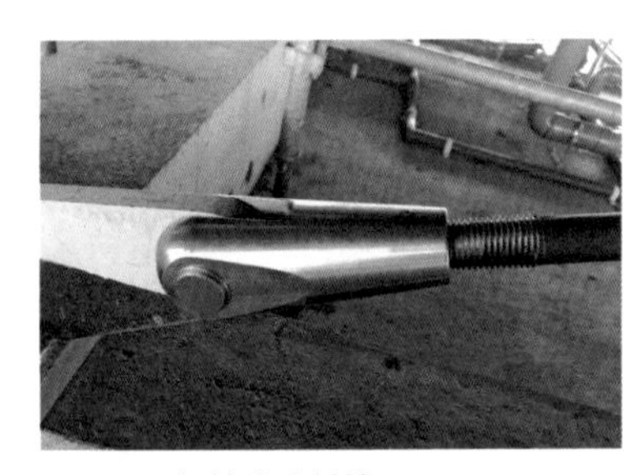

采用了尾部挂钩式斜撑

对下部斜撑的考虑

❶ 斜撑的节点，一般是柱的中轴线与基础顶面的交点

❷ 因为斜撑的节点板及斜撑末端会从楼板上突出，需与建筑师共同确认该位置

❸ 验证楼板施工方法是否存在问题

❹ 由于斜撑节点的移动，柱子和柱脚会发生二次应力，需核实是否存在问题

❺ 研究斜撑上下两端外露方式是否保持一致，验证各自最少露出的位置是否合适

在斜撑交叉部位设置了防止偏心的十字螺旋扣

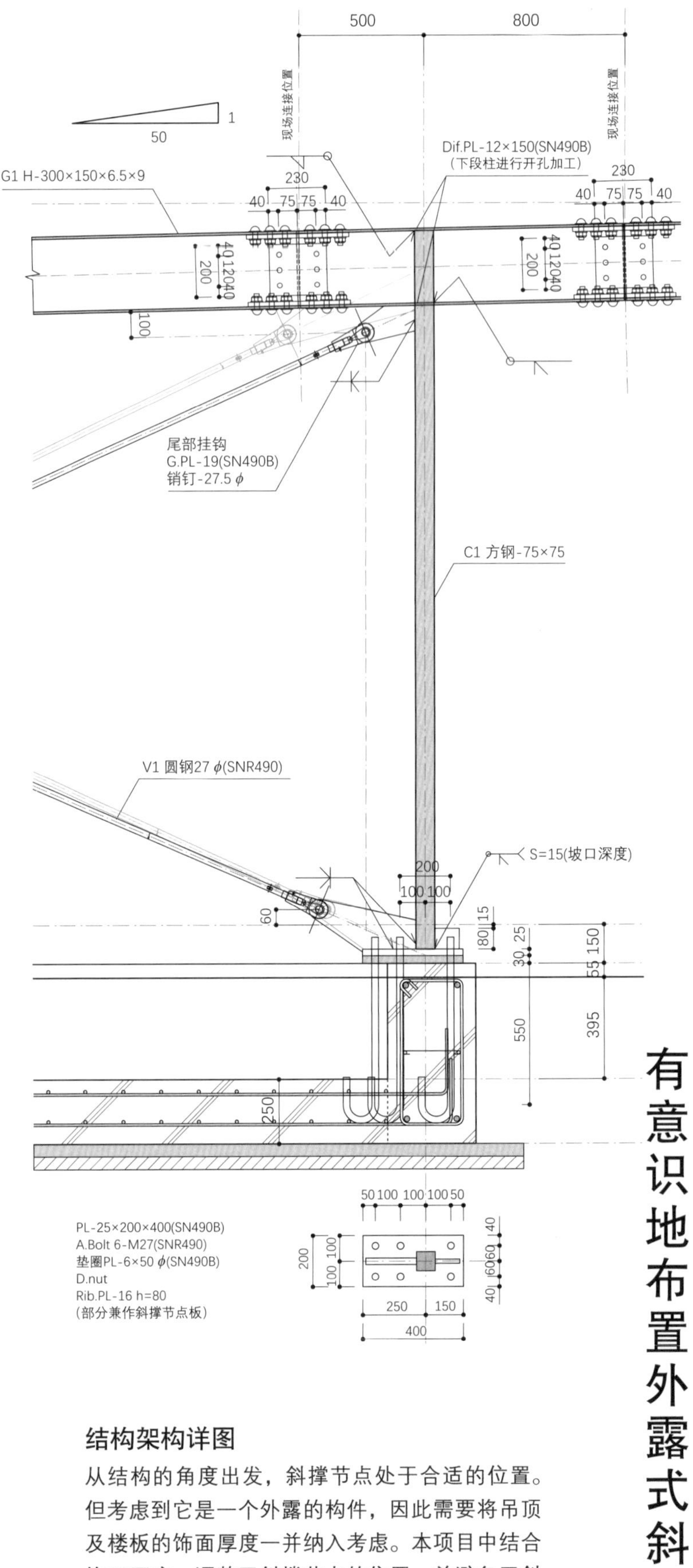

500
800
现场连接位置
现场连接位置
1
50
G1 H-300×150×6.5×9
Dif.PL-12×150(SN490B)
（下段柱进行开孔加工）
230
40 75 75 40
230
40 75 75 40
40 120 40
200
40 120 40
200
100
尾部挂钩
G.PL-19(SN490B)
销钉-27.5 ϕ
C1 方钢-75×75
V1 圆钢27 ϕ(SNR490)
S=15(坡口深度)
200
100 100
60
15
80
30 25
150
55
550
395
250
50 100 100 100 50
PL-25×200×400(SN490B)
A.Bolt 6-M27(SNR490)
垫圈PL-6×50 ϕ(SN490B)
D.nut
Rib.PL-16 h=80
(部分兼作斜撑节点板)
200
100 100
40
60 60
40
250
150
400

结构架构详图

从结构的角度出发，斜撑节点处于合适的位置。但考虑到它是一个外露的构件，因此需要将吊顶及楼板的饰面厚度一并纳入考虑。本项目中结合饰面厚度，调整了斜撑节点的位置，并避免了斜撑节点板只露出部分的表现方式。

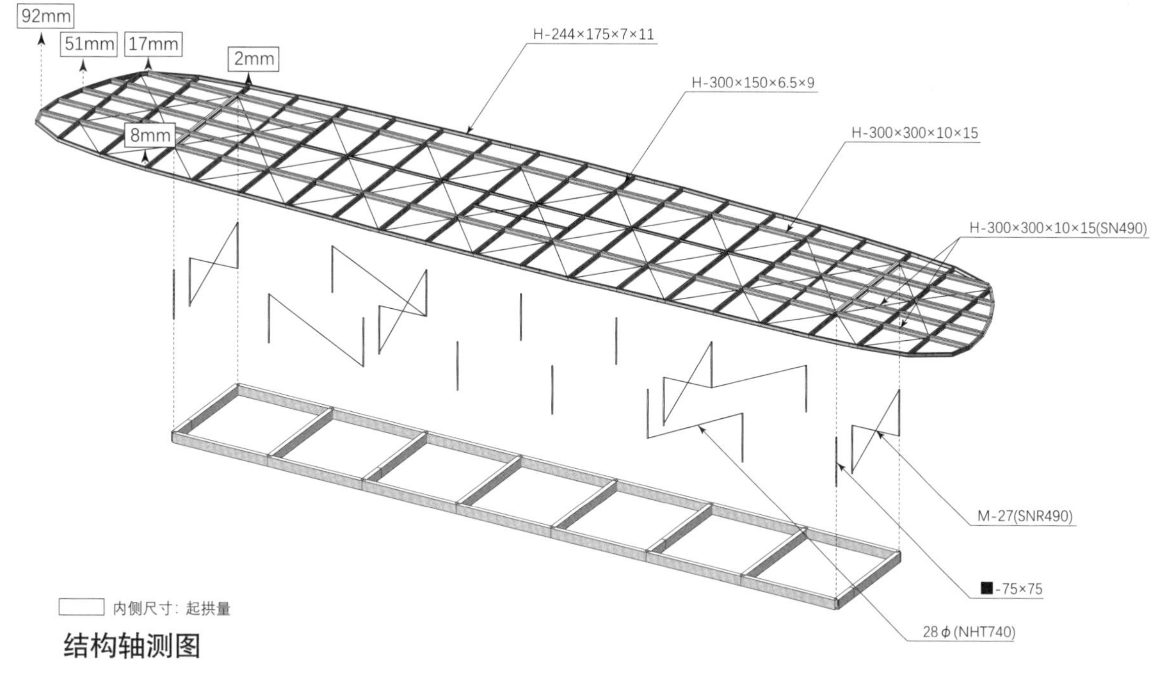
92mm
51mm
17mm
2mm
8mm
H-244×175×7×11
H-300×150×6.5×9
H-300×300×10×15
H-300×300×10×15(SN490)
M-27(SNR490)
■-75×75
28ϕ(NHT740)
内侧尺寸：起拱量

结构轴测图

本项目结合梁柱的布置来建立抗侧体系，考虑到钢结构是外露的，因此结合平面布局，采用了框架支撑结构来尽可能减少梁柱的尺寸。

由于在建筑短边方向布置了墙体，所以在墙体内部设置了对角斜撑。在建筑长边方向，沿着玻璃墙面分别布置正反方向的单向斜撑。

如果想减少斜撑的数量，可以改用受压型斜撑，但是结构的尺寸会变大。在本项目中，考虑到结构需要外露，所以还是选择了受拉的斜撑来表现钢结构轻盈的特性。在与建筑师讨论时，我结合斜撑的数量及钢材的类型大致估算了结构构件的尺寸，并在建筑师可接受的范围内确定了结构的形式。

最终采用了PC钢材与尾部挂钩式斜撑，以及十字螺旋扣。

从建筑长边看

8.5 m挑檐的空间

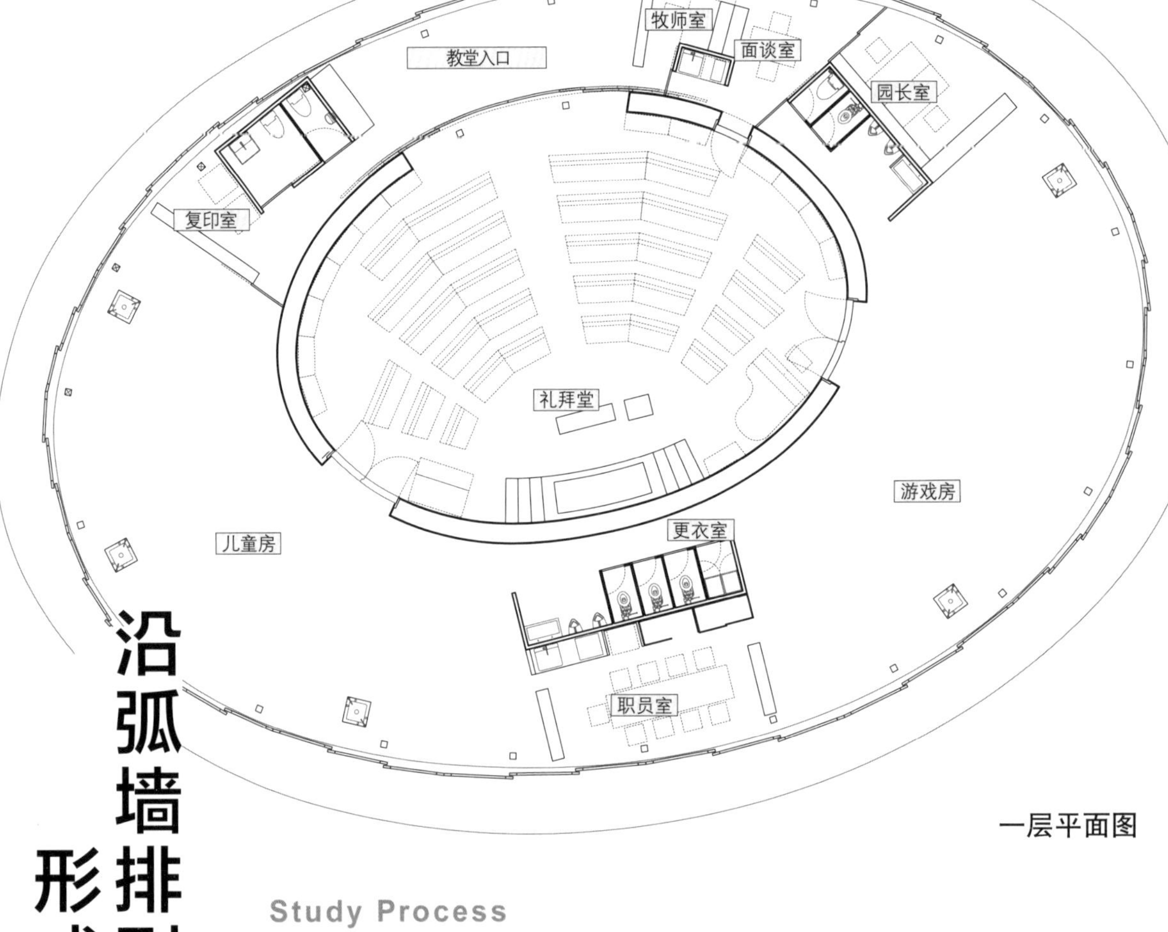

牧师室
面谈室
教堂入口
园长室
复印室
礼拜堂
游戏房
更衣室
儿童房
职员室

一层平面图

沿弧墙排列柱子并形成剪力墙

茅崎锡安基督教会／圣鸠幼儿园

手塚贵晴 · 手塚由比（手塚建筑研究所）

木结构

柱列式剪力墙

Study Process

—由弧形墙组成的结构是怎样的？

——柱列如何抵御水平力？

———如何实现开放式外墙？

本项目是教会与幼儿园合用的建筑，小教堂被周边的游乐室和托育室所包围，并用曲面墙壁来明确划分空间。

每个房间的吊顶高度都不同，小教堂是光线由上方射入的一处高敞空间，托育室则需要低矮的空间来贴合儿童的尺度，因此建筑的外观犹如一个高帽子的形状。由于设置了屋顶广场，所以屋盖需要尽可能地压低，来与建筑周围的院子形成更好的连续感。托育室也考虑了与周围院子的关系，由于在建筑外围没有使用结构墙，因此室内的弧形墙是该项目中唯一的墙体。

平面布局在最初阶段就确定了，因此结构设计的主题是如何布置剪力墙。

如果仅靠弧形墙来抵抗水平力，那就需要强度很大的抗震构件。虽然可以使用柱子与斜撑形成集成材结构，但是会浪费很多空间，因此在本项目中我们提出了通过列柱来形成剪力墙的方案。

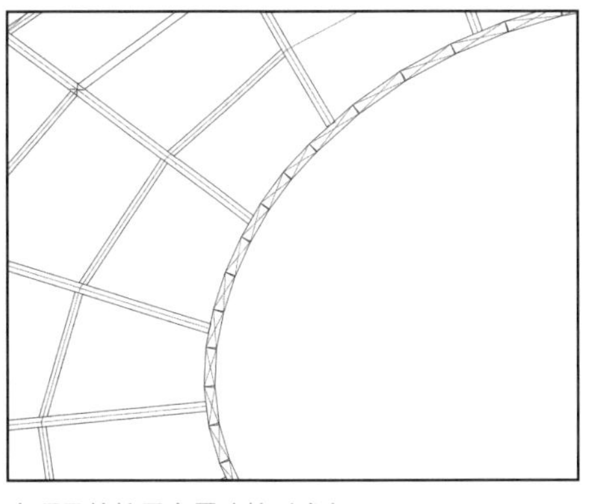

本项目的柱子布置（柱列式）
柱子沿着曲线排列，根据曲率的不同，有三种不同宽度的柱子，排列时使它们相接形成弧形墙

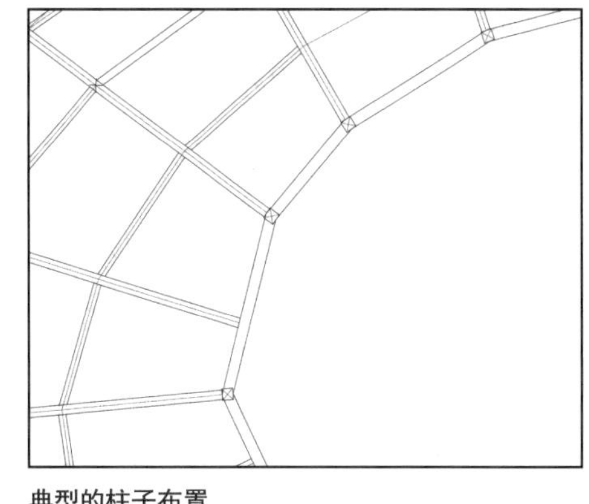

典型的柱子布置
一般情况都是沿着曲线以适当的间距布置柱子，在柱子之间设置斜撑与梁进行连接，形成多边形的弯曲形状

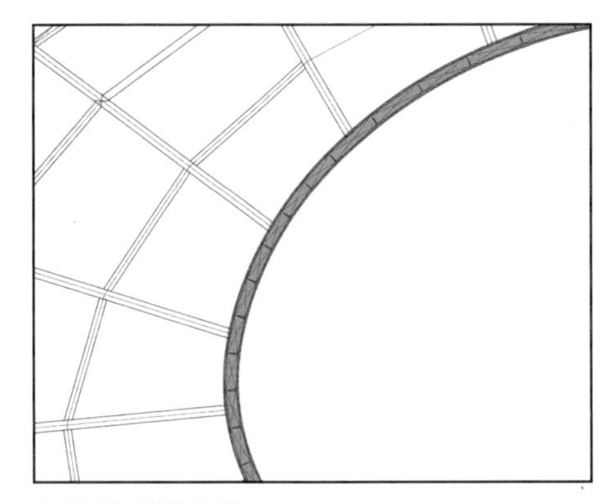

本项目的墙体位置
薄墙体的实现是因为弧形的墙体完全由柱子构成，这将有助于最大限度地扩大内部面积。龙骨也容易调整

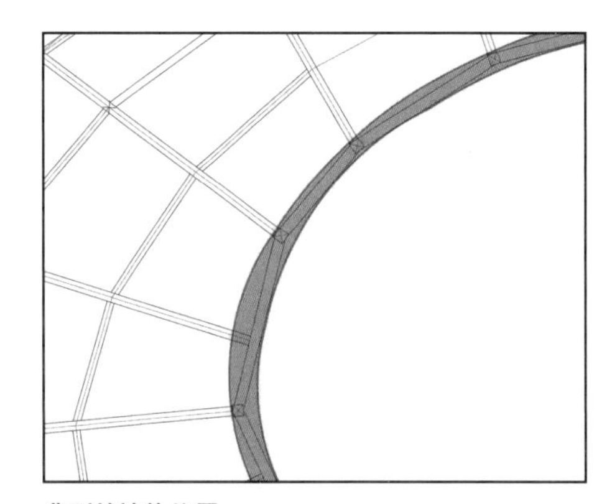

典型的墙体位置
墙体的饰面因为要包含多边形，所以墙体会变厚，占用室内面积。从结构到饰面的尺寸是变化的，因此需要采用其他材料

书架上的景象
竖放的书和倾放的书在几何上有什么不同？如果我们看一下倾放的书的底部，会发现它形成了一个个三角形的空隙，这个空隙是由于书本之间的位移而产生的，这意味着相邻的书本之间如果以一种防止位移的方式连接在一起，它们就会处于稳定的状态

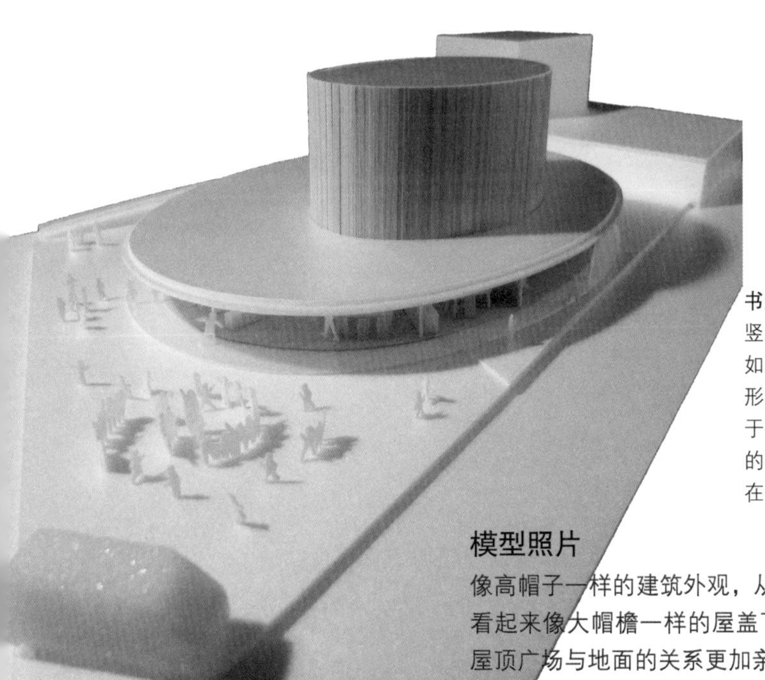

模型照片
像高帽子一样的建筑外观，从较低层部分升起的高敞空间是教堂。看起来像大帽檐一样的屋盖下，布置了游乐室和托育室，为了让屋顶广场与地面的关系更加亲近，这部分的空间层高被压低了

内部的弧形墙作为剪力墙，外围的柱子只需承担垂直荷载。窗扇的划分决定了外围柱子的排布，并进一步确定了放射方向上梁的布置。

由于剪力墙集中在建筑物中央，因此屋盖的水平刚度就显得非常重要。本项目为此设计了钢结构的水平支撑。为了确保支撑的有效性，结构设计在梁的中间还设置了承压构件。由此，屋盖梁的结构布置基本得到了确定。

为了保证建筑功能使用上的流线，我们在柱列墙上设置了开洞（阴影部分），这部分的柱列墙作为开洞墙梁起到了结构的作用。

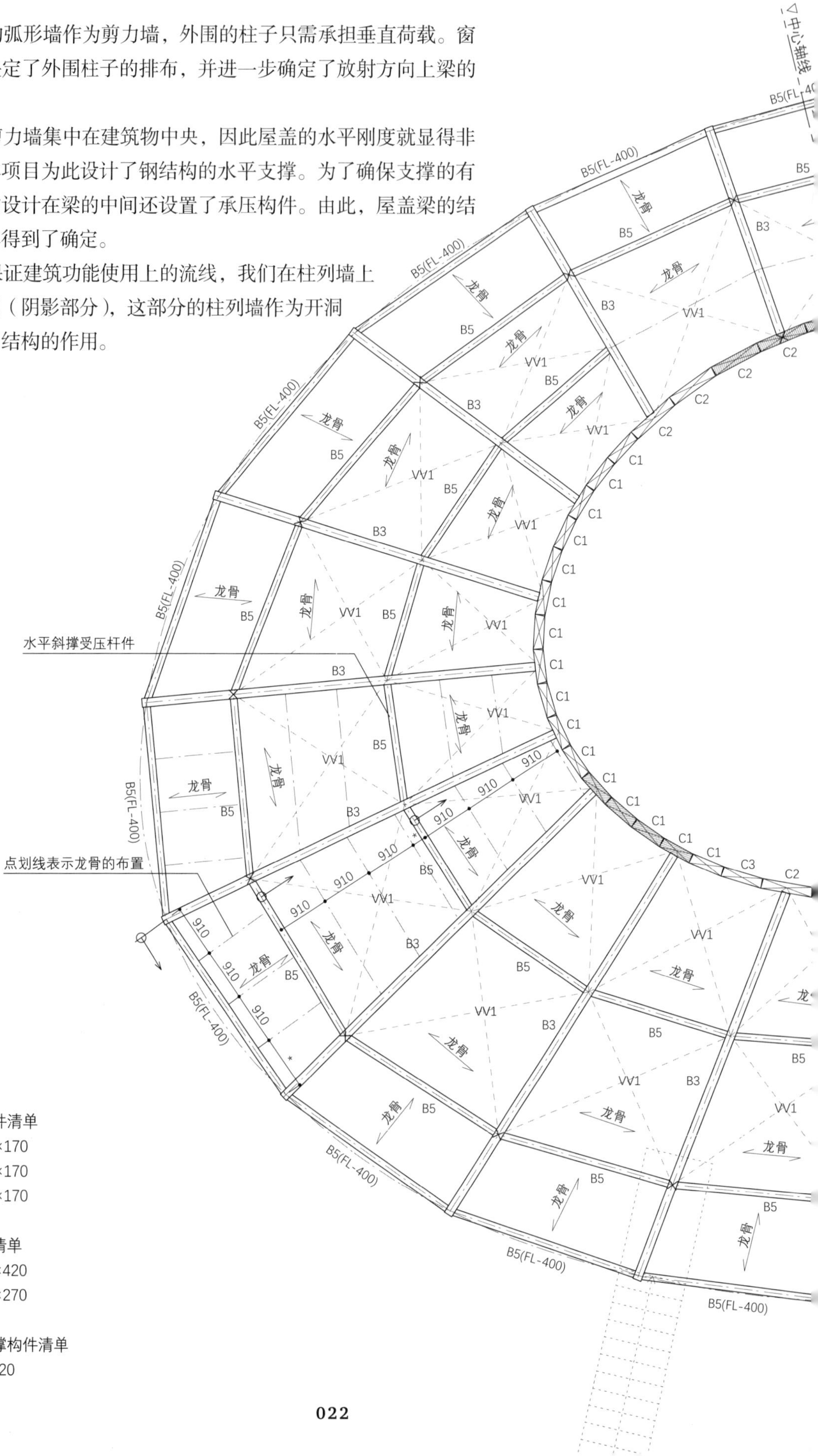

▽中心轴线
B5(FL-40
B5(FL-400)
B5
龙骨
B5
B3
B5(FL-400)
龙骨
B3
龙骨
VV1
B5
龙骨
VV1
C2
C2
B5
B3
C2
B5(FL-400)
龙骨
龙骨
VV1
C2
B5
龙骨
VV1
C1
C1
B3
龙骨
VV1
C1
C1
B5(FL-400)
龙骨
B5
龙骨
VV1
B5
龙骨
VV1
C1
C1
C1
C1
水平斜撑受压杆件
B3
C1
B5(FL-400)
龙骨
B5
龙骨
VV1
B5
龙骨
VV1
C1
C1
910
910
VV1
C1
B3
910
C1
点划线表示龙骨的布置
910
龙骨
B5
C1
C1
C3
C2
910
910
VV1
VV1
910
龙骨
B3
龙骨
VV1
910
龙骨
B5
B5
龙骨
910
VV1
B3
B5
龙骨
B5(FL-400)
B5
VV1
B3
B3
B5
龙骨
VV1
龙骨
B5
B5
龙骨
B5(FL-400)
B5
龙骨
B5
龙骨
B5(FL-400)
B5(FL-400)

柱子构件清单

C1: 600×170

C2: 900×170

C3: 700×170

梁构件清单

B3: 150×420

B5: 120×270

水平斜撑构件清单

VVI: I-M20

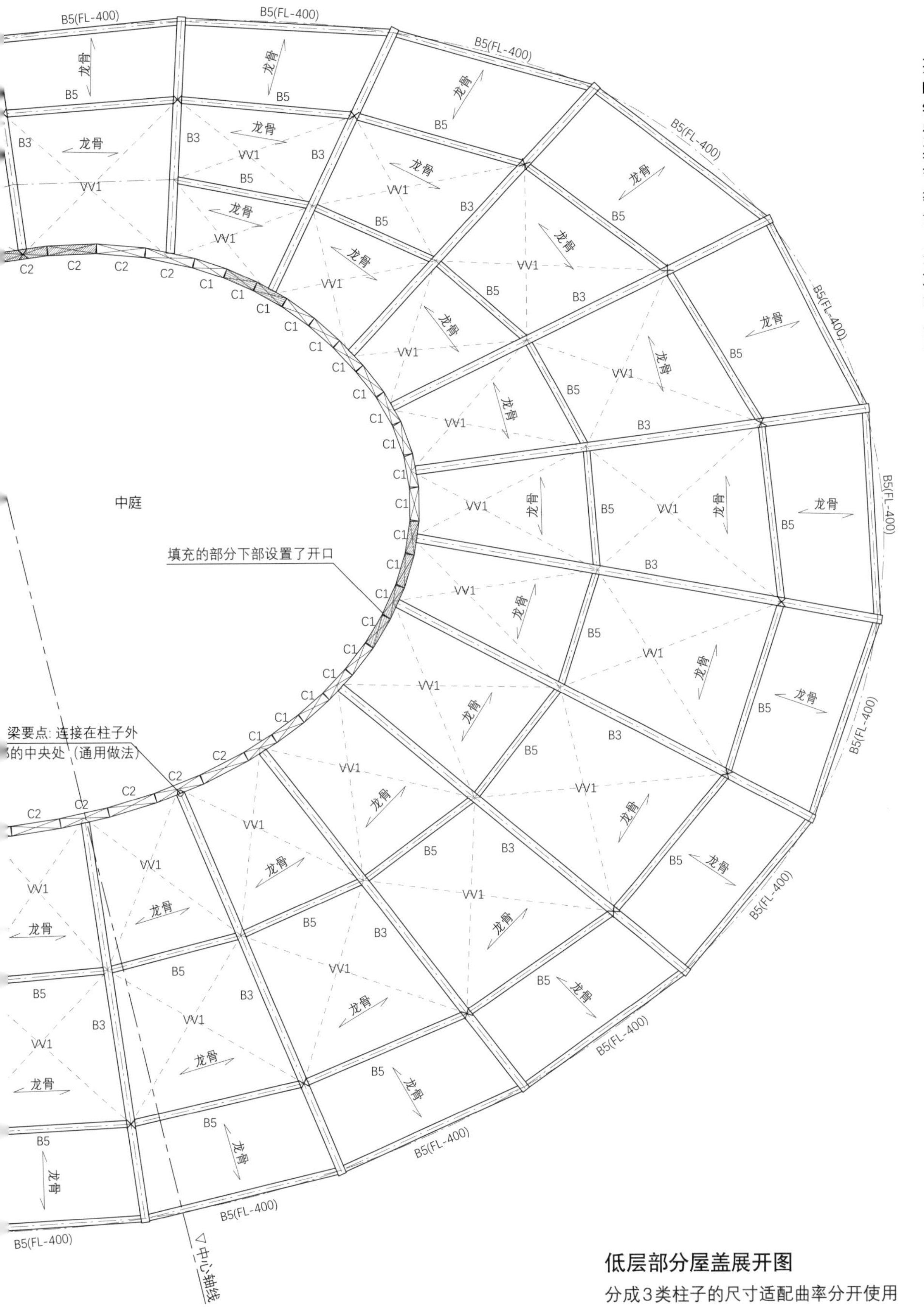
B5(FL-400)
龙骨
B5
B3
VV1
C1
C2
中庭
填充的部分下部设置了开口
梁要点: 连接在柱子外
的中央处（通用做法）
▽中心轴线

低层部分屋盖展开图

分成3类柱子的尺寸适配曲率分开使用

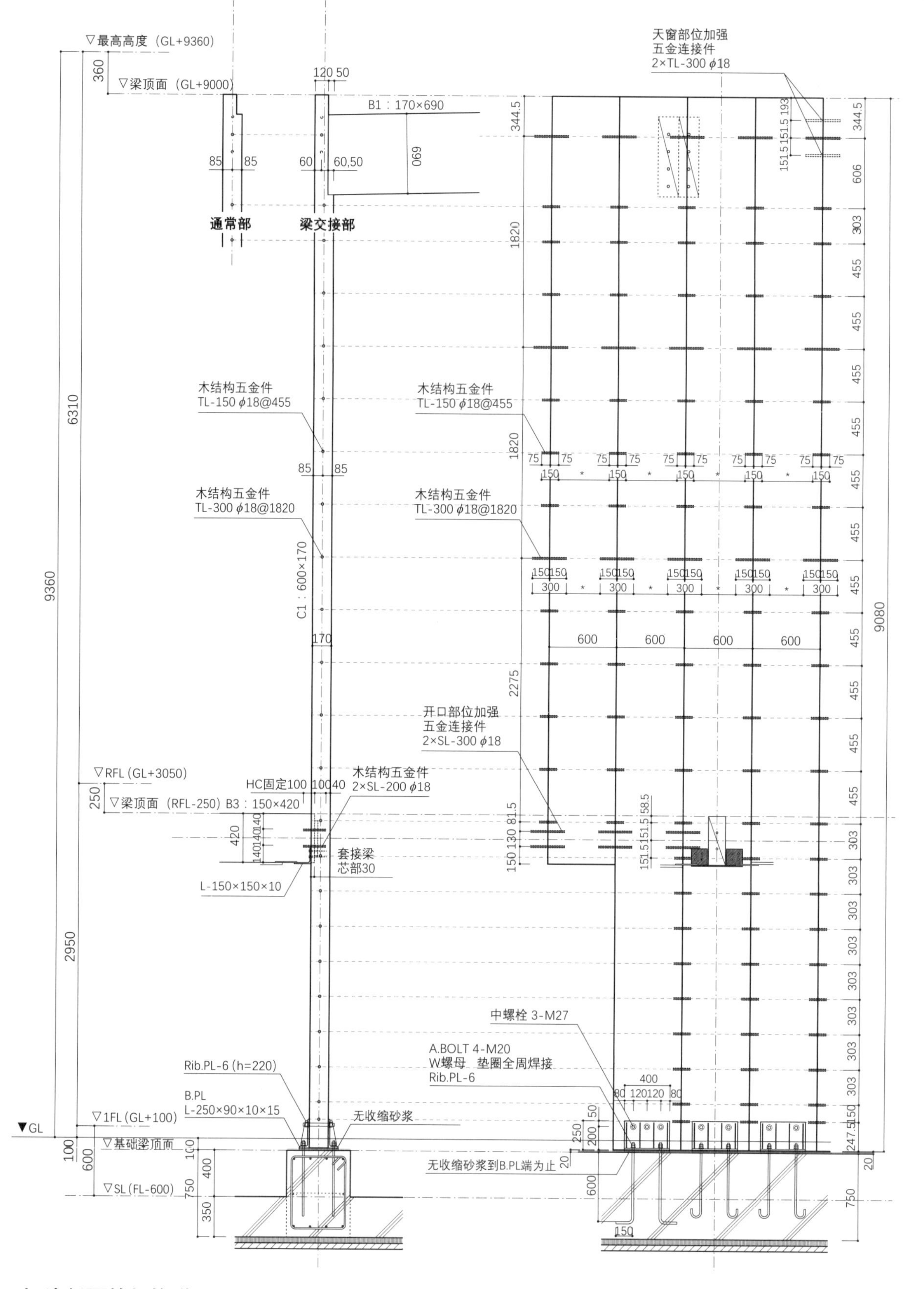

▽最高高度（GL+9360）
▽梁顶面（GL+9000）
B1：170×690
通常部
梁交接部
木结构五金件
TL-150 φ18@455
木结构五金件
TL-300 φ18@1820
C1：600×170
▽RFL（GL+3050）
▽梁顶面（RFL-250）B3：150×420
HC固定100
木结构五金件
2×SL-200 φ18
套接梁
芯部30
L-150×150×10
Rib.PL-6（h=220）
B.PL
L-250×90×10×15
无收缩砂浆
▽1FL（GL+100）
▼GL
▽基础梁顶面
▽SL（FL-600）
天窗部位加强
五金连接件
2×TL-300 φ18
开口部位加强
五金连接件
2×SL-300 φ18
中螺栓 3-M27
A.BOLT 4-M20
W螺母 垫圈全周焊接
Rib.PL-6
无收缩砂浆到B.PL端为止

短边剖面的架构详图

柱脚被角钢基础夹住，并使用双剪螺栓予以紧固，与径向的屋面梁之间采用了榫接方式，并使用胶合杆接合

弧形墙架构详图

柱子之间是通过胶合杆进行连接的，相互之间可以传递剪力。在开洞上方的墙梁部分设置了更长的胶合杆

胶合杆节点剪力测试
基于剪切强度和剪切刚度的测试结果，在分析模型中予以反映

柱列式剪力墙的面内剪力测试
评估剪力墙数量时可以明确壁倍率（译者注：日本建筑法规中对剪力墙强度的计算规范，以配置了厚15 cm、宽9 cm的斜撑的墙体作为壁倍率1.0的基准值）

建造时的场景
柱子的宽度根据曲率分为三种宽度（600 mm、700 mm和900 mm）；运抵工地时，600 mm宽度的柱子已经提前在工厂中由两根接合为一根

构件组装时的场景
由于安装柱子时连接杆会妨碍施工，所以在木材上预先开孔，并确保连接杆间的滑动来调整位置

柱列墙和径向梁
柱列墙节点的五金件全都收纳于截面内，从外侧无法直接看到。为了让接合件上的黏合剂固化并稳定，水平方向的支撑安装工序需要在接合完成之后进行

—圆形平面的梁柱是怎样布置的?

——消除中心柱的方法

——— 构件在中心处交接的节点处理方法

圆形平面的梁柱布置

无瑕托儿所

手塚贵晴·手塚由比（手塚建筑研究所）

木结构

抵抗推力的斜撑

建筑师向我们展示了一个模型，它看起来就像大小不一的、撑开的雨伞聚集在一起。这些雨伞依偎在一起，构成了一个大的建筑。

每一把伞都由托育室和多功能室等构成，通过外围的檐下空间相互串联形成走廊。因为每一个屋顶都是独立的，并且高度也不同，所以单个伞状空间都要满足结构独立的需求。此外，空间中央没有像伞柄一样的柱子承重，所以只能通过外围的柱子来支撑屋盖。

首先明确每一个单元共通的梁柱布置原则。外围设置的木质窗框需要按照一定的间距来排布，结合窗框布置柱子，由此决定了从中心向外放射的梁的布置，再根据窗框宽度来微调每一个圆形平面的尺寸。由此，因为径向梁的间距是确定的，所以外露的椽子的端头也可以相互对齐。

屋檐下的通道
每栋建筑都是独立的，但可以共享屋檐下的空间，本设计希望檐下空间能够相互连续起来。在屋檐下设置了倾斜的柱子，来确保结构的稳定性

多功能室
径向梁的数量是由圆形平面的周长和窗框分割之间的关系来确定的

鸟瞰建筑群
一个圆圈就是一个房间，集合在一起后就是本项目的托儿所。共享檐下空间处的屋盖采用了玻璃材质

利用径向梁与圆周方向梁实现中心无柱空间

径向梁的弯曲应力图（恒定荷载情况下）
梁的弯矩在柱子处上部受拉。梁的边界条件相当于一侧铰接、一侧刚接的应力状态，这样有利于抑制变形

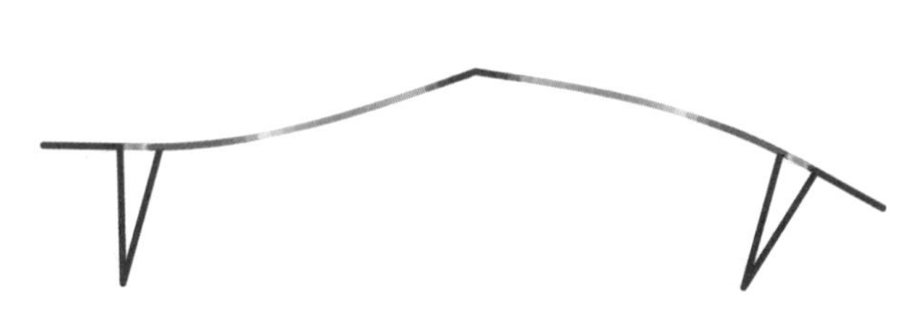

径向梁的变形图（地震荷载情况下）
用不同的颜色来表示梁受到的弯曲应力状态，可以看到梁的底部受到弯曲应力较大（红色部分），这与框架结构的受力形式是一样的

将屋盖在圆心处抬高，并朝着圆心布置径向梁。由于汇聚的梁在交点处采用铰节点相互接合，所以如果中心没有柱子的话，屋顶就会倒塌，这是因为屋盖受到水平方向展开的侧推力。在本项目中，我们通过将力传导到闭合圆周方向的梁上，来实现受力的平衡。

此外，因为墙体的布置不足，如何应对水平力是一个需要研究的问题。如果单纯增加墙体，那就需要将其布置在外围，这与通透开放的设计理念是相违背的，因此，我们决定增加一个框架结构的屋盖斜柱，这样就不需要增设墙体了。结合径向梁布置屋盖斜柱，模拟刚节点的状态来应对水平力。由于有了斜柱，受垂直荷载时梁的端部更接近于固定端，可以抑制变形并能减小梁截面的尺寸。

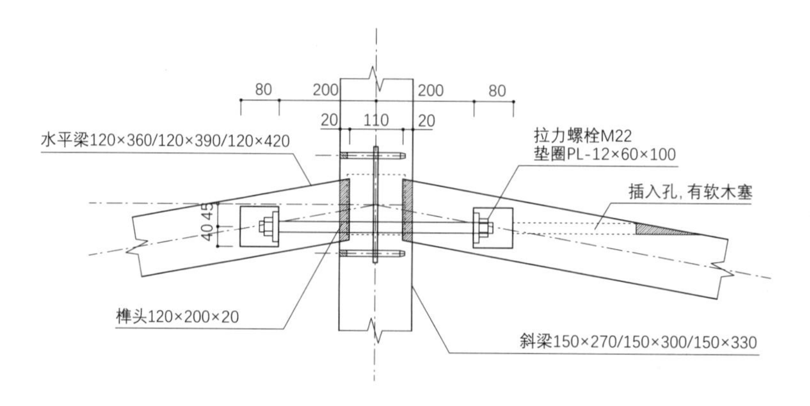

80
200
200
80
20
110
20
水平梁120×360/120×390/120×420
拉力螺栓M22
垫圈PL-12×60×100
插入孔，有软木塞
40
45
榫头120×200×20
斜梁150×270/150×300/150×330

径向梁和圆周梁交接处详图（平面）

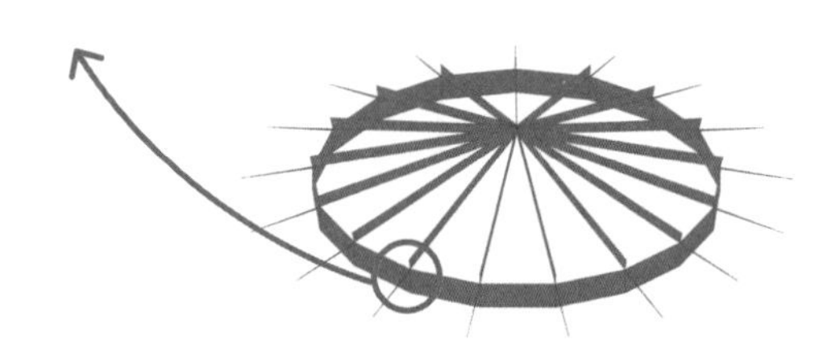

圆周梁轴向受力图（恒定荷载情况下）
屋盖受到的侧推力从径向梁传导到圆周梁，由于圆周是封闭的，因此可以实现结构的平衡与稳定

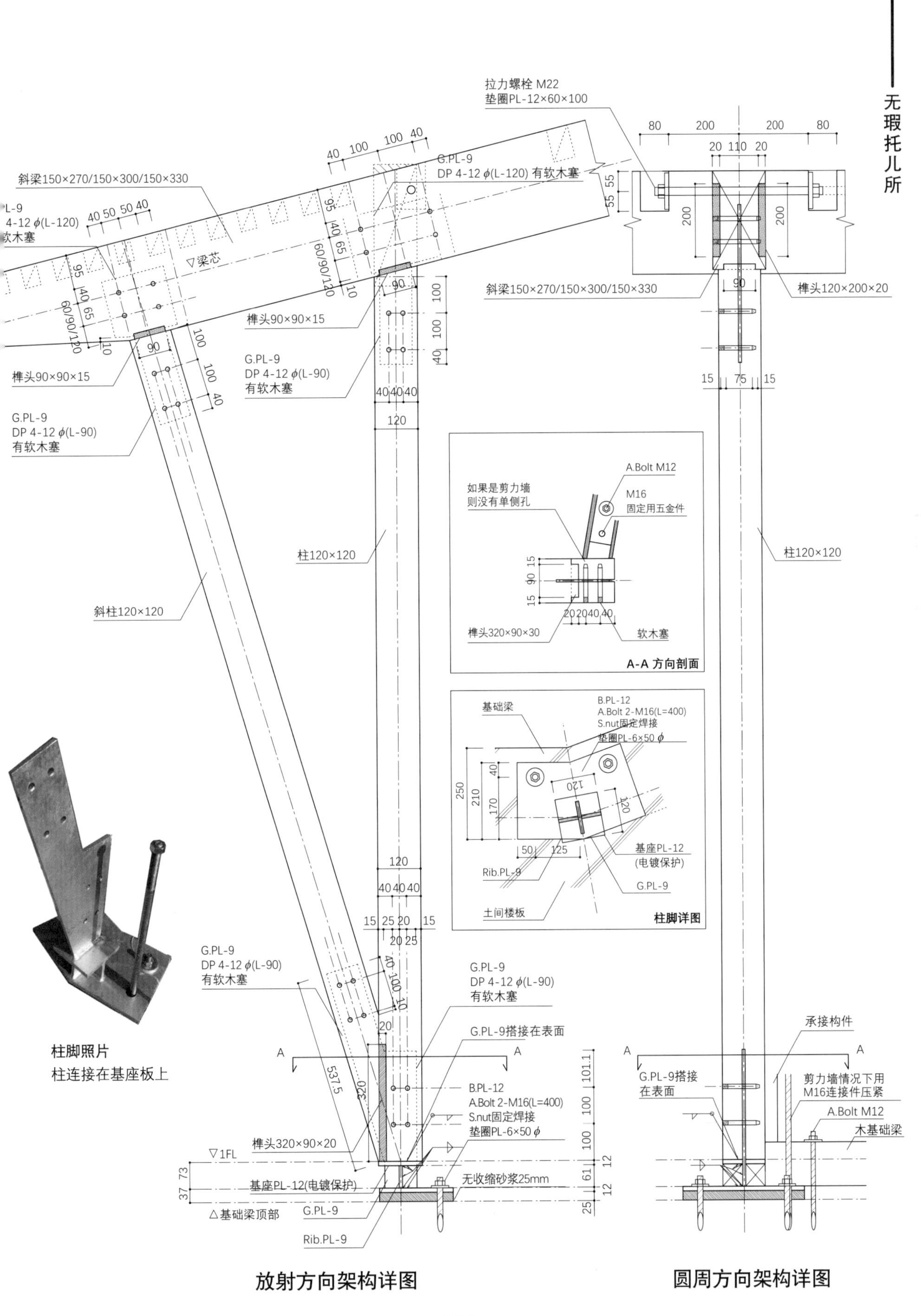

拉力螺栓 M22
垫圈PL-12×60×100
斜梁150×270/150×300/150×330
G.PL-9
DP 4-12 φ(L-120) 有软木塞
梁芯
椽头90×90×15
G.PL-9
DP 4-12 φ(L-90)
有软木塞
柱120×120
斜柱120×120
椽头120×200×20
如果是剪力墙
则没有单侧孔
A.Bolt M12
M16
固定用五金件
椽头320×90×30
软木塞
A-A 方向剖面
基础梁
B.PL-12
A.Bolt 2-M16(L=400)
S.nut固定焊接
垫圈PL-6×50 φ
基座PL-12
(电镀保护)
Rib.PL-9
G.PL-9
土间楼板
柱脚详图
柱脚照片
柱连接在基座板上
G.PL-9搭接在表面
椽头320×90×20
▽1FL
基座PL-12(电镀保护)
△基础梁顶部
无收缩砂浆25mm
承接构件
剪力墙情况下用
M16连接件压紧
木基础梁
在表面

放射方向架构详图

圆周方向架构详图

思考构件在中心处交接的细部

径向梁总是在圆心处集中，梁的数量越多，它们开始相交的位置就离圆心越远。应力如何传递是一个难点。

考虑到结构外露的情况，我们决定采用榫接的方式设置一个悬空的短柱。根据应力大小来决定榫头及短柱上下两端的尺寸，以传导梁所受的轴力与剪力，并根据梁的数量来调整短柱的大小。

我们通过布置楔子抑制相邻梁构件之间的位移，来应对径向梁从中心连接件脱离的可能性。上拔力会传递到相邻的梁上并在闭环中保持平衡，最终实现了“除非把所有梁都抽出，否则一根梁也不会动”的稳定状态。

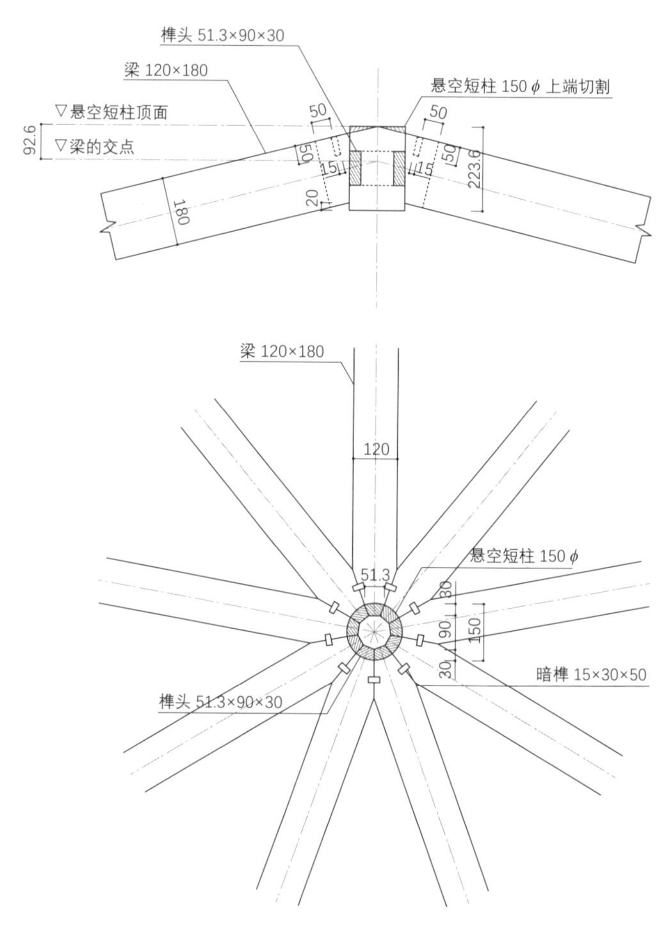

榫头 51.3×90×30
梁 120×180
悬空短柱 150 ϕ 上端切割
▽悬空短柱顶面
▽梁的交点
92.6
50
50
50
50
15
15
223.6
20
180
梁 120×180
120
悬空短柱 150 ϕ
51.3
30
90
150
30
暗榫 15×30×50
榫头 51.3×90×30

更衣・淋浴室　屋顶部详图

更衣・淋浴室/向上看屋顶

俯视径向梁集中的中心部

建造时的场景

在中央设置了临时的柱子。在径向梁交汇的中心处设置了悬空的短柱，以实现无柱的室内空间

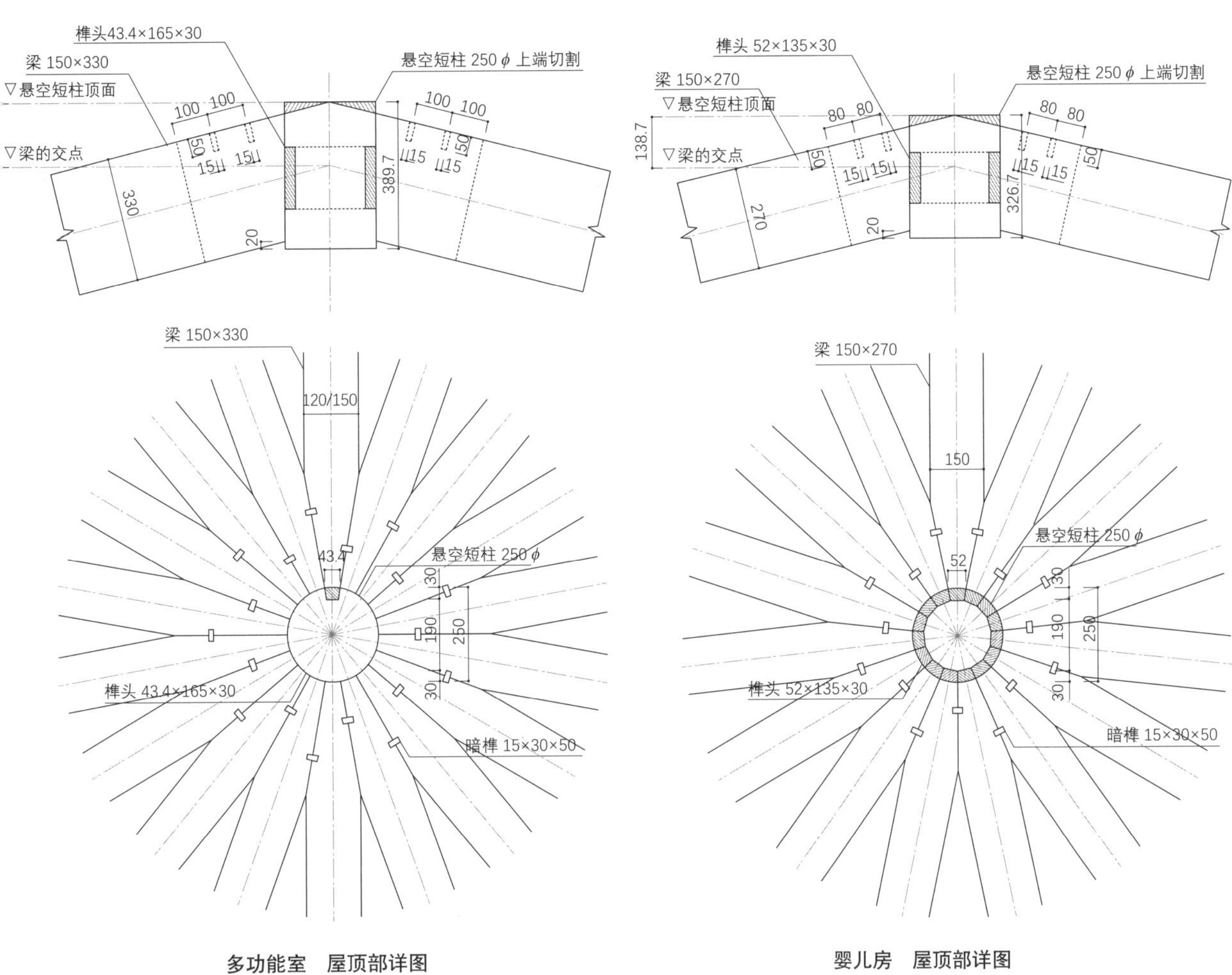
椽头43.4×165×30
梁 150×330
▽悬空短柱顶面
▽梁的交点
悬空短柱 250φ 上端切割
100
50
15
330
389.7
20
椽头 52×135×30
梁 150×270
80
138.7
270
326.7
120/150
43.4
悬空短柱 250φ
190
250
30
椽头 43.4×165×30
暗椽 15×30×50
150
52
椽头 52×135×30

多功能室　屋顶部详图

婴儿房　屋顶部详图

多功能室/向上看屋顶

婴儿房/向上看屋顶

设计时充分考虑边界的厚度

如果说建筑设计是分隔空间、划分领域，那么在边界处就会有墙及楼板的存在。当在边界处开洞时，就形成了开口，人、视线，以及风和光线都可以通过。在开口处，用来分隔空间的墙体、楼板的厚度就变得可见了。这个厚度不仅在视觉上，同时也在感官上对人的体验具有很强的影响，因此设计师需要对此充分考虑并进行设计。

我们知道楼板的厚度是难以减少的，因为楼板由受弯构件组成，厚度越薄产生的变形就越大，会引起振动干扰等问题。

楼板的构成

从楼板的饰面层到吊顶为止，整体上称为“楼板的厚度”

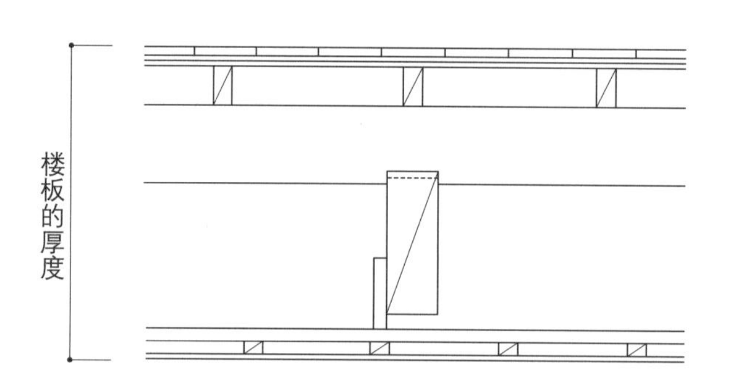

楼板的厚度
饰面: 木地板
底材: 胶合板12×2
龙骨: 45×90@455
次梁: 120×180
主梁: 120×330
吊顶龙骨连接件
吊顶龙骨
饰面: 吊顶

1

降低楼板厚度的方法之一是减少组成楼板的构件。将次梁以龙骨的形式密布并取消吊顶，结构外露，就可以实现楼板变薄的效果

2

布置密布的龙骨来替代楼板上的地板饰面，梁采用钢结构以减小结构尺寸。光线与风可以在龙骨之间的空隙自由穿过，上下空间虽然被分隔了，但又被紧密联系在一起

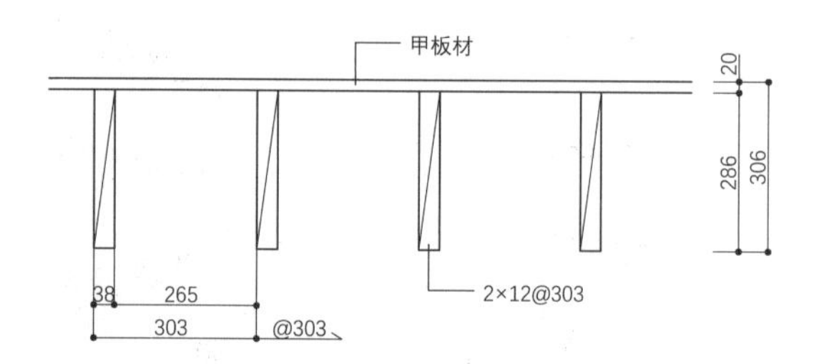

甲板材
20
286
306
38
265
303
@303
2×12@303

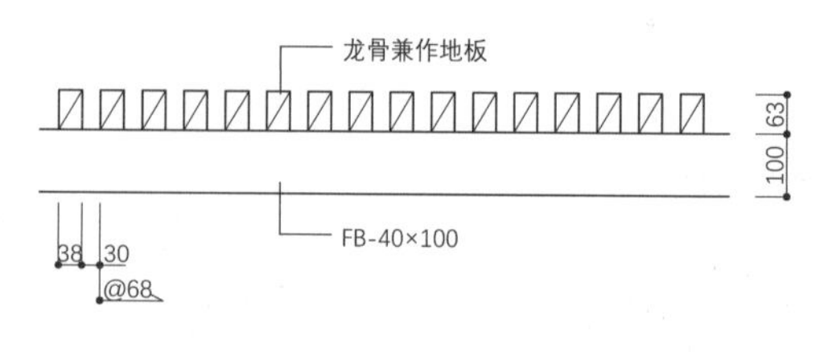

龙骨兼作地板
63
100
FB-40×100
38
30
@68

开口

02

结构构件的布置和尺寸是根据平面的布局和建筑的形式来确定的，但与此同时，对建筑内外关系的理解也很重要。如果是以创造一个没有内外隔断的开放内部环境为目标的话，那么结构的构件应该小而少；而一个封闭的空间则需要布置墙体，结构的构件可以设置在墙体内。

特别是当我们在布置抵抗地震、风等水平力的结构要素时，总是会涉及建筑内外的关系。作为两种主要的结构类型，框架结构的梁柱截面较大，开口部无遮挡；支撑结构则能利用墙体，减小其他梁柱的尺寸。如果结构形式的设计也能强化建筑内外的关系的话，建筑设计与结构设计就能相得益彰。

在讨论结构构件布置的设计过程中，意匠性、经济性、可加工性、施工便利性和结构设计的合理性等诸多评判因素都摆在桌面上，我们需要反复进行探讨与选择。然而，结构类型很多是在相对早期的阶段就决定的，我想其主要原因大概是建筑师所追求的内外关系从设计一开始就没有改变过吧。

本章介绍的项目都是根据建筑内外关系来决定结构类型和构件布置的，包括：一栋在单方向上有大开口的住宅；一栋建于东京都内住宅区内，在阻挡街道视线的同时允许光线进入的住宅；一家在露台上架设屋盖的海边餐厅。构件之间的关系也依此确定，并进行构件节点的设计。

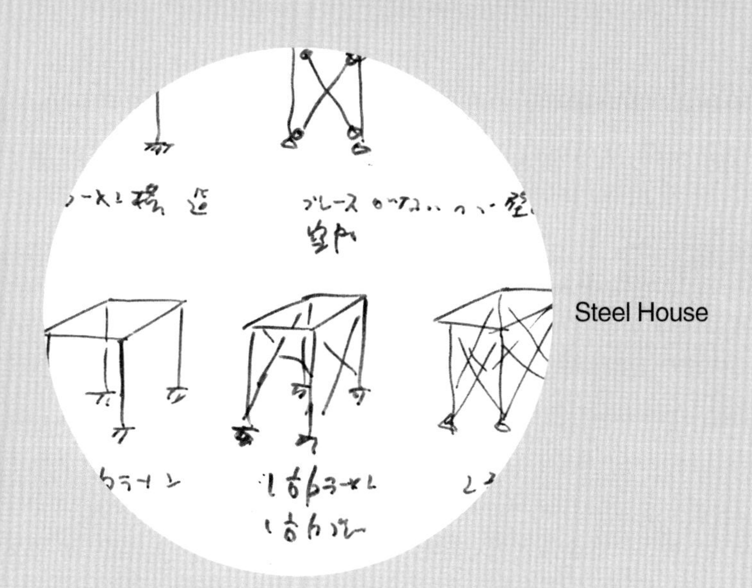

Steel House

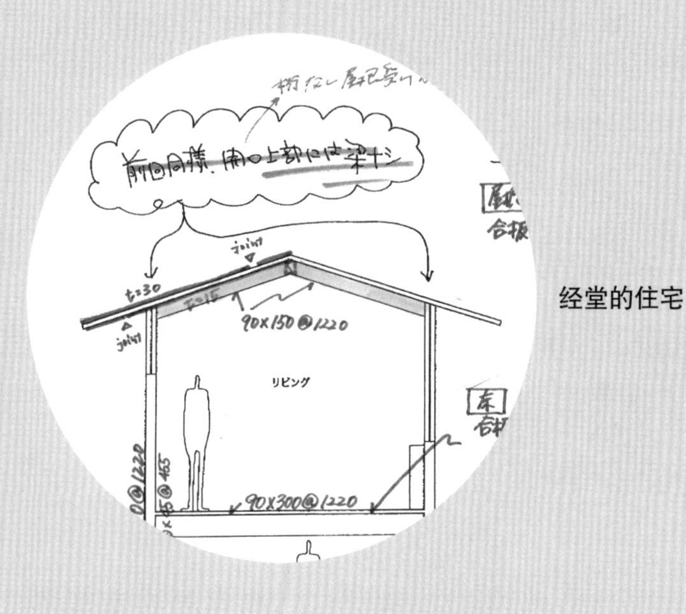
joint
90X150@1220
リビング
90X300@1220

经堂的住宅

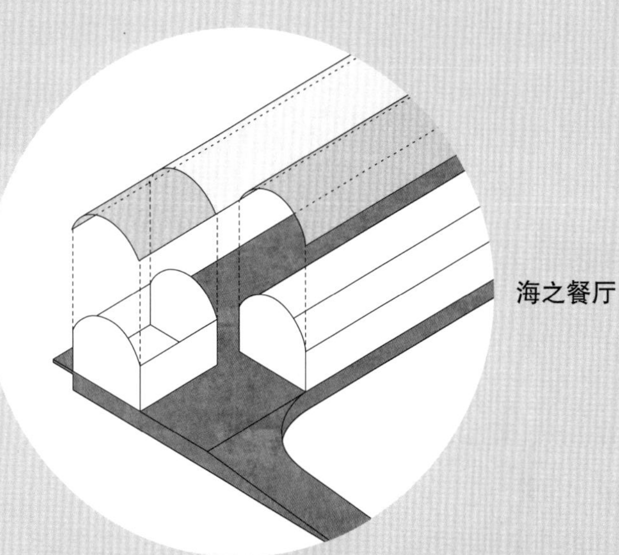

海之餐厅

寻找与空间契合的结构类型

Steel House

能作文德（能作文德建筑设计事务所）

钢结构

外露的钢结构

本项目中，建筑朝向正对街道的庭院设置了跨层的大通高空间和落地窗。各个房间集中在建筑的内侧，考虑到两侧邻接住宅，因此垂直于道路方向的墙面开口较少，由少量窗洞构成。

与建筑师讨论时，经常会聊到例如“这里能放斜撑吗”等对应水平力的结构选型的话题，因为这会大幅影响梁柱的截面尺寸，进而决定开口部位的设计。项目规模越小，结构构件在平面图中所占的比例就越大。虽然想采用小尺寸的构件，但实现框架结构较难。另一方面，我们也不希望在开口前设置斜撑。到底怎么办才好呢？

就像在这个项目中，因为有大开口，能够设置斜撑的地方有限，所以我们开始讨论如何实现一个小截面尺寸的框架结构。

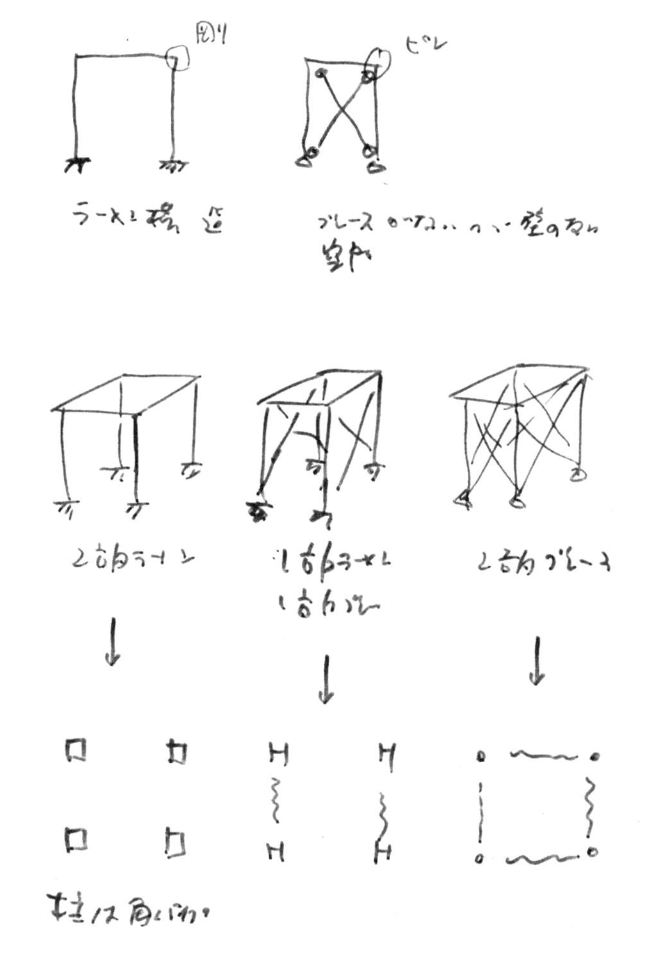

框架和支撑的不同

节点会不同，以及有无斜撑的区别

X，Y方向的不同思考

可根据不同方向改变结构类型，以适配空间特征

根据结构类型不同，柱截面也会有所差异

根据不同方向采用的结构类型，柱的形状和尺寸不同。该项目在不同方向分别使用了框架结构和支撑结构

笔记：结构类型和柱截面

Study Process

—设计一个有二层通高的钢框架结构

——柱脚节点处理妥当了吗？

———考虑热浸镀锌的现场刚接方法

探讨平面和柱的布置

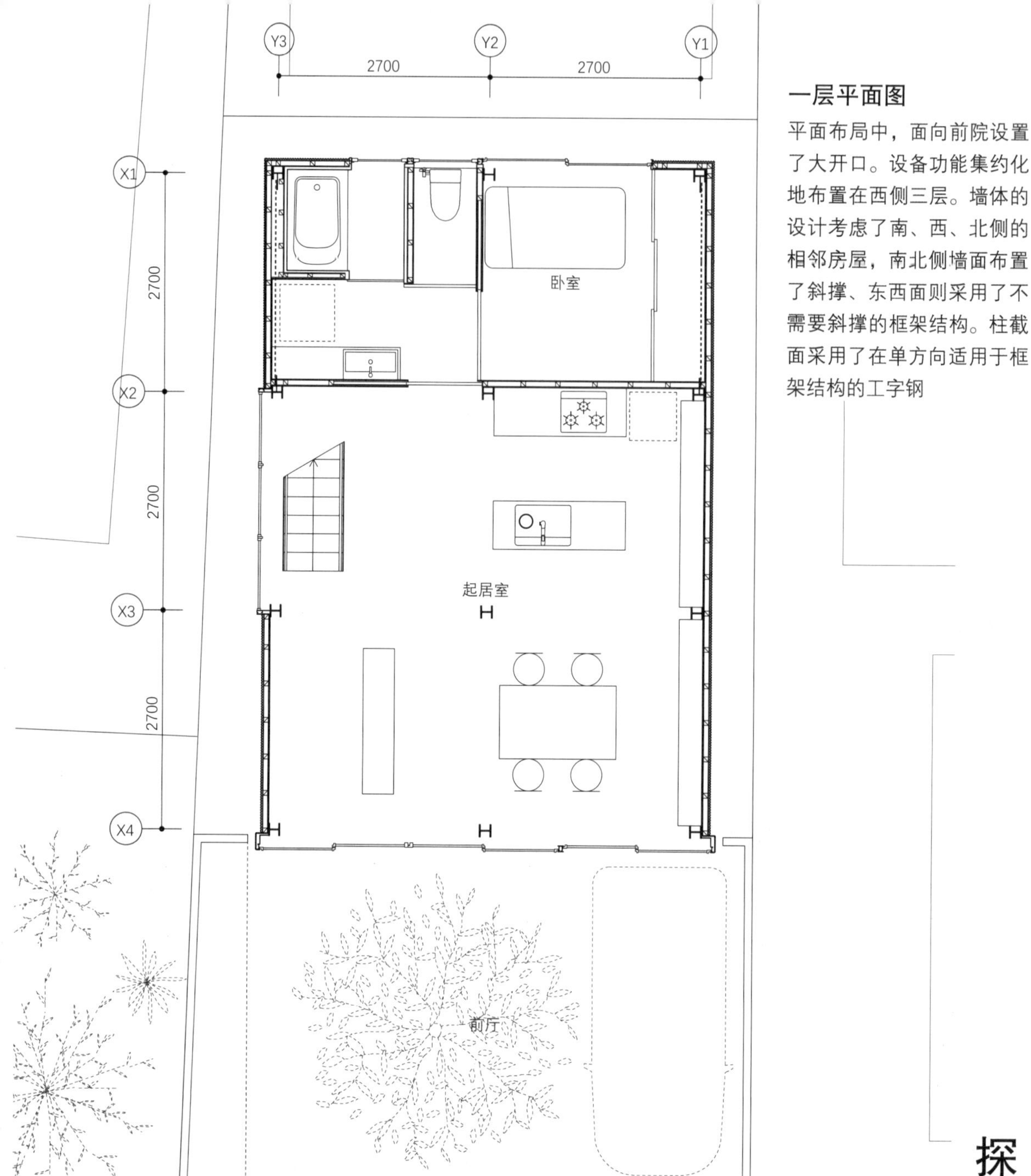
Y3
Y2
Y1
2700
2700
X1
X2
X3
X4
2700
2700
2700
卧室
起居室
前厅

一层平面图

平面布局中，面向前院设置了大开口。设备功能集约化地布置在西侧三层。墙体的设计考虑了南、西、北侧的相邻房屋，南北侧墙面布置了斜撑、东西面则采用了不需要斜撑的框架结构。柱截面采用了在单方向适用于框架结构的工字钢

柱头柱脚为刚接，先暂定柱子的截面，并倒推计算所需柱子的数量。从现成的工字钢制品尺寸来看，125×125需要24根，150×150需要12根，175×175则需要6根。考虑到柱数减少会导致梁截面变大，再结合二层、三层的平面位置，我们发现布置12根柱是可行的，由此判断“柱截面150×150是合适的”。

变形及应力根据柱头柱脚的边界条件而不同。一端为铰接的情况与两端都是刚接的情况相比，变形大4倍、应力大2倍（见草图）。两端都刚接有利于减小梁柱截面，但关键点在于节点的外观和柱脚的施工便利性。

剖面图

该方案采用“变形的外露式柱脚”。该细部使柱子看起来像是穿了木屐，便于将其隐藏在一层楼板内，并使柱尽可能地靠近基地边界

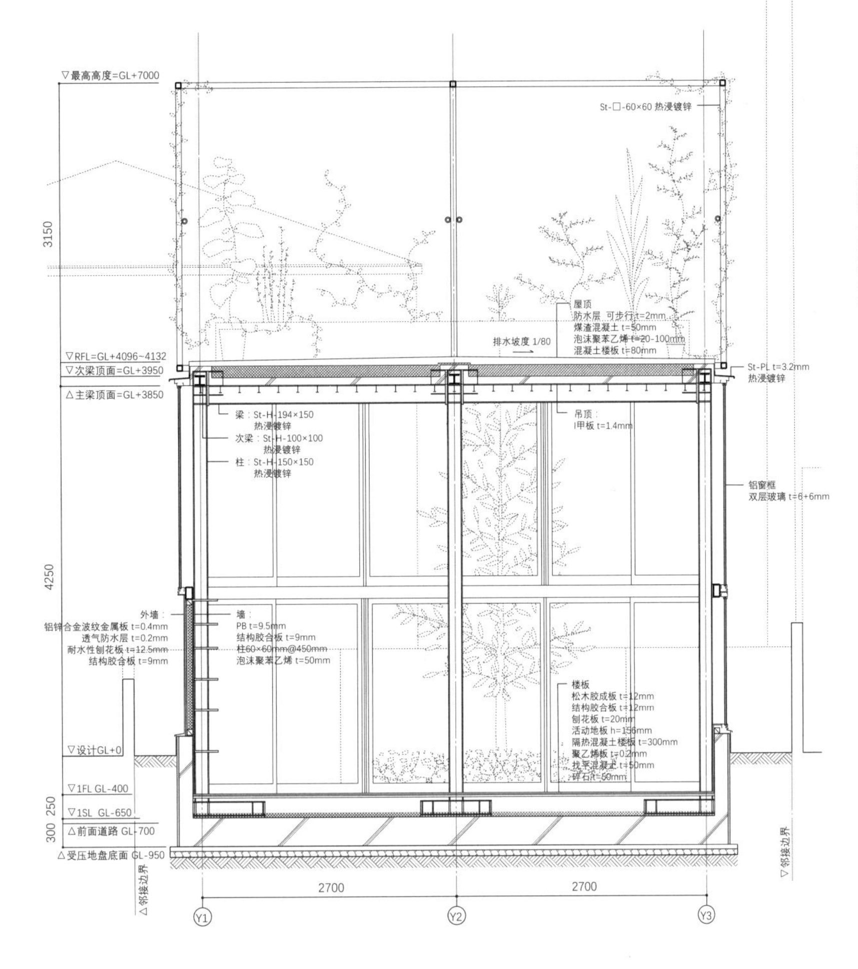

▽最高高度=GL+7000
St-□-60×60 热浸镀锌
3150
屋顶
防水层 可步行 t=2mm
煤渣混凝土 t=50mm
泡沫聚苯乙烯 t=20-100mm
混凝土楼板 t=80mm
排水坡度 1/80
▽RFL=GL+4096~4132
▽次梁顶面=GL+3950
△主梁顶面=GL+3850
St-PL t=3.2mm
热浸镀锌
梁：St-H-194×150
热浸镀锌
次梁：St-H-100×100
热浸镀锌
柱：St-H-150×150
热浸镀锌
吊顶：
I甲板 t=1.4mm
铝窗框
双层玻璃 t=6+6mm
4250
外墙：
铝锌合金波纹金属板 t=0.4mm
透气防水层 t=0.2mm
耐水性刨花板 t=12.5mm
结构胶合板 t=9mm
墙：
PB t=9.5mm
结构胶合板 t=9mm
柱60×60mm@450mm
泡沫聚苯乙烯 t=50mm
楼板
松木胶成板 t=12mm
结构胶合板 t=12mm
刨花板 t=20mm
活动地板 h=150mm
隔热混凝土楼板 t=300mm
聚乙烯板 t=0.2mm
找平混凝土 t=50mm
碎石 t=50mm
▽设计GL±0
▽1FL GL-400
250
▽1SL GL-650
300
△前面道路 GL-700
△受压地盘底面 GL-950
△邻接边界
▽邻接边界
2700
2700
Y1
Y2
Y3

柱脚节点的草图

柱脚刚接的一般做法是将钢柱埋入混凝土基础内。但因混凝土基础过大，以及需要在主结构体施工的过程中进行建造等情况，会带来施工困难、成本增加、工期拉长等问题。但此处的柱脚部设置了短梁，钢结构之间刚接。短梁与锚栓的一体化，确保一定的旋转刚度，可保证其与刚性柱脚有同等的性能

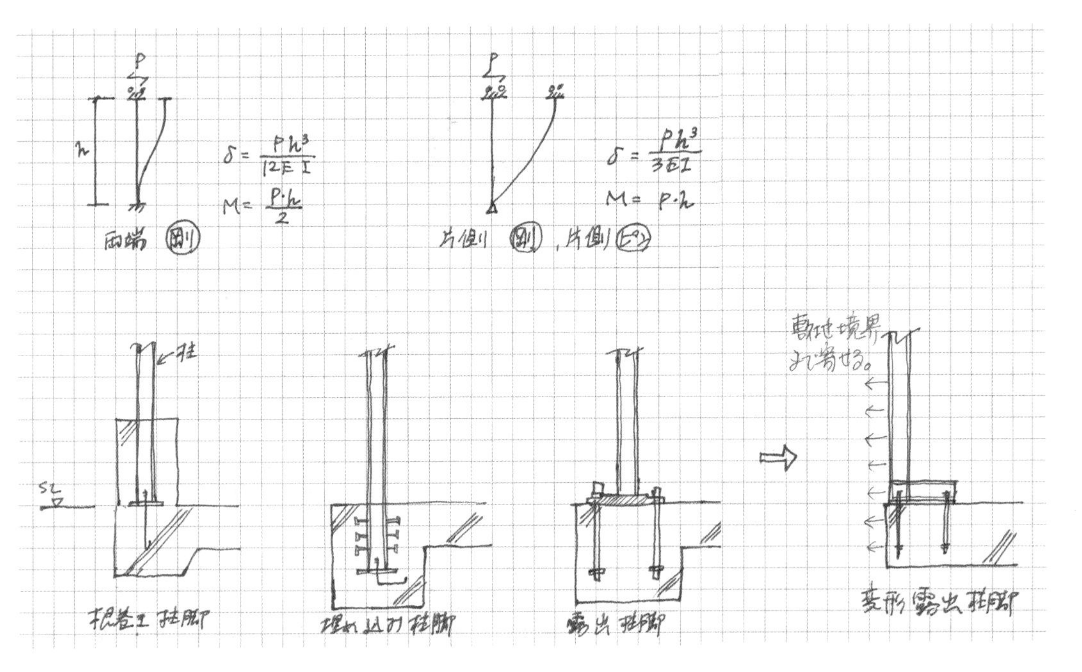

P
h
δ = Ph³/12EI
M = P·h/2
δ = Ph³/3EI
M = P·h
SL
柱

设计简易的节点

如果使用框架结构，现场的节点也需要刚接。一般而言，梁柱的节点是在工厂制造的，稍稍加长的梁则是在现场进行刚性连接的，这种情况下的连接方式如右图所示采用螺栓或焊接连接。如若要考虑外观，则焊接连接更合适，但也会影响热浸镀锌的性能。

因此，在这个项目中，我们提出了一种用“螺栓连接”作为梁柱节点的方法。虽然不是完全的刚性连接，但这种做法可以通过调整螺栓间距确保其刚性。

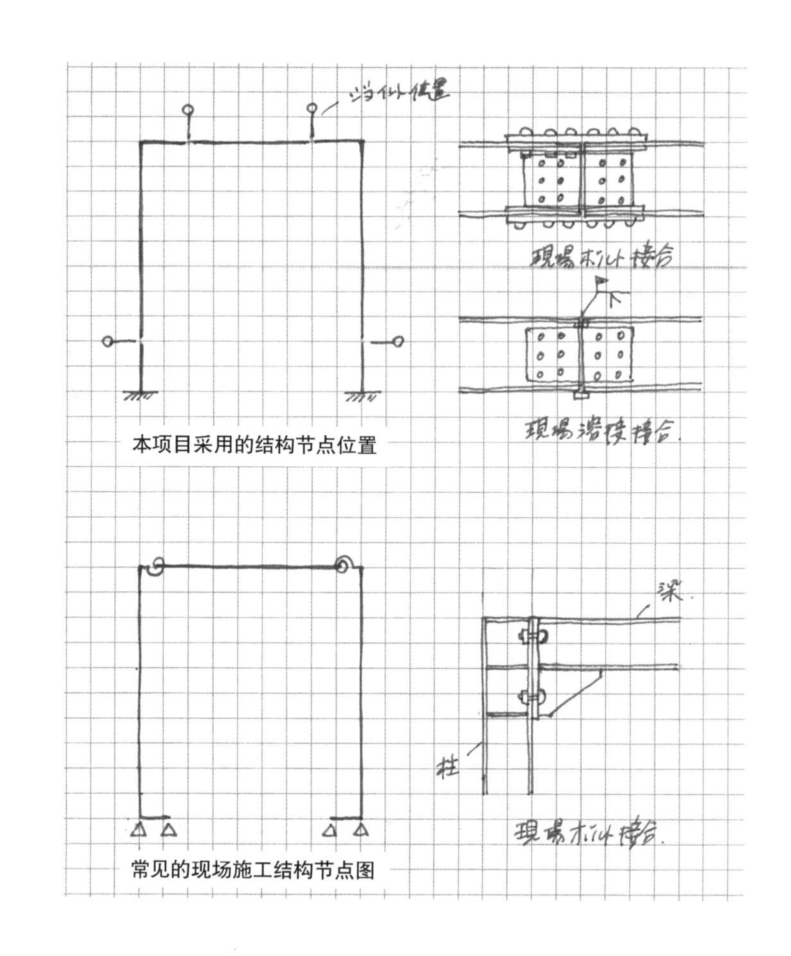

梁
柱

本项目采用的结构节点位置

常见的现场施工结构节点图

考虑用螺栓进行现场连接

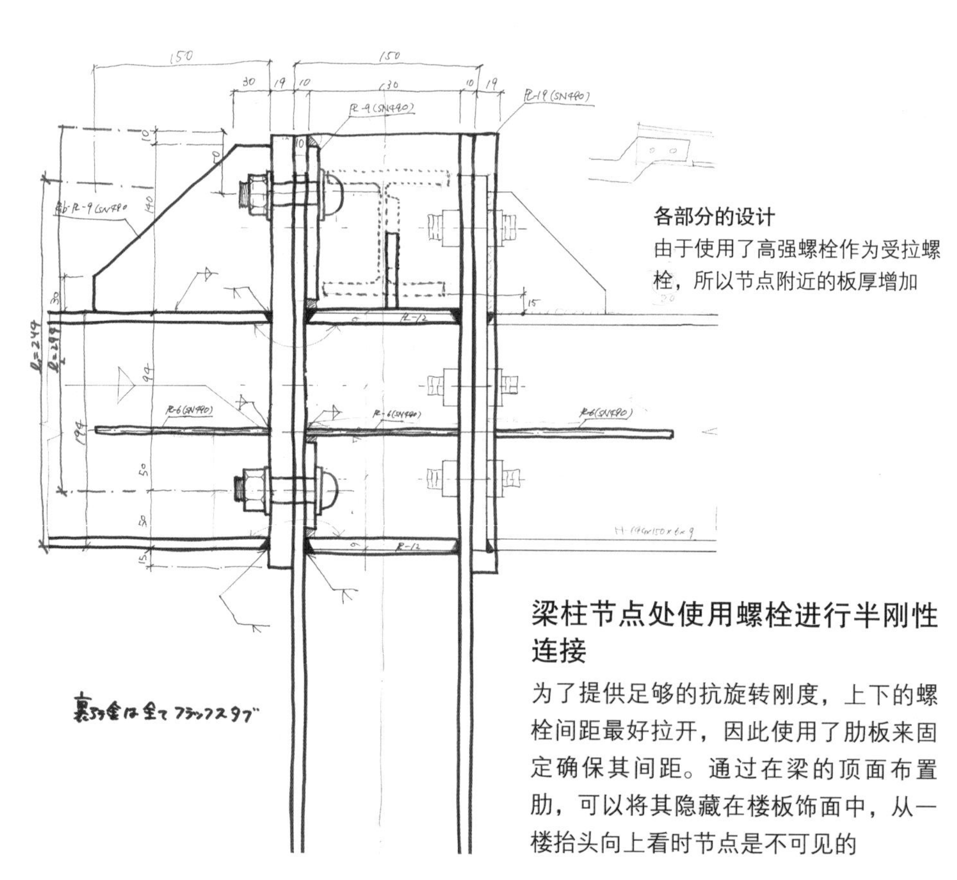

150
150

各部分的设计

由于使用了高强螺栓作为受拉螺栓，所以节点附近的板厚增加

梁柱节点处使用螺栓进行半刚性连接

为了提供足够的抗旋转刚度，上下的螺栓间距最好拉开，因此使用了肋板来固定确保其间距。通过在梁的顶面布置肋，可以将其隐藏在楼板饰面中，从一楼抬头向上看时节点是不可见的

施工时的节点

向上突出的肋板使螺栓之间的距离拉开，确保了旋转刚度。垂直布置的次梁也与节点一样被隐藏在楼板内，设计中考虑了仰视楼板时的视线

边柱·中柱的节点

连接处被设计成边柱和中柱对称的形式，所以需要加工的形状只有1种。用作柱的工字钢的成品翼缘很薄，厚度10 mm，所以用板材进行加固。为了将螺栓保持在梁柱截面内，在对接焊接部分采用了不使用背衬金属的焊接方式，以减小截面尺寸

研究楼板底面外露的结构

普通楼板的构成

使用钢结构时，楼板的底面主要有两种。1A~1C的干式底座做法及2A~2C的混凝土底座做法。由建筑的防火性能、隔音性能、防水性能等功能性要求来决定楼板的组成：

1A　用轻钢结构作龙骨，上铺胶合板（屋面板）
1B　木结构龙骨，上铺胶合板（屋面板）
1C　直接将ALC板放在次梁上作为楼板
2A　压型钢板和现浇顶混凝土组成的组合楼板
2B　模具用闭口压型钢板上浇混凝土形成的楼板
2C　用传统的模具做法浇筑的混凝土楼板

在本项目中，楼板上有露台，基于室内的观感，我们采用了2B的做法：闭口压型钢板和湿法混凝土楼板的构成

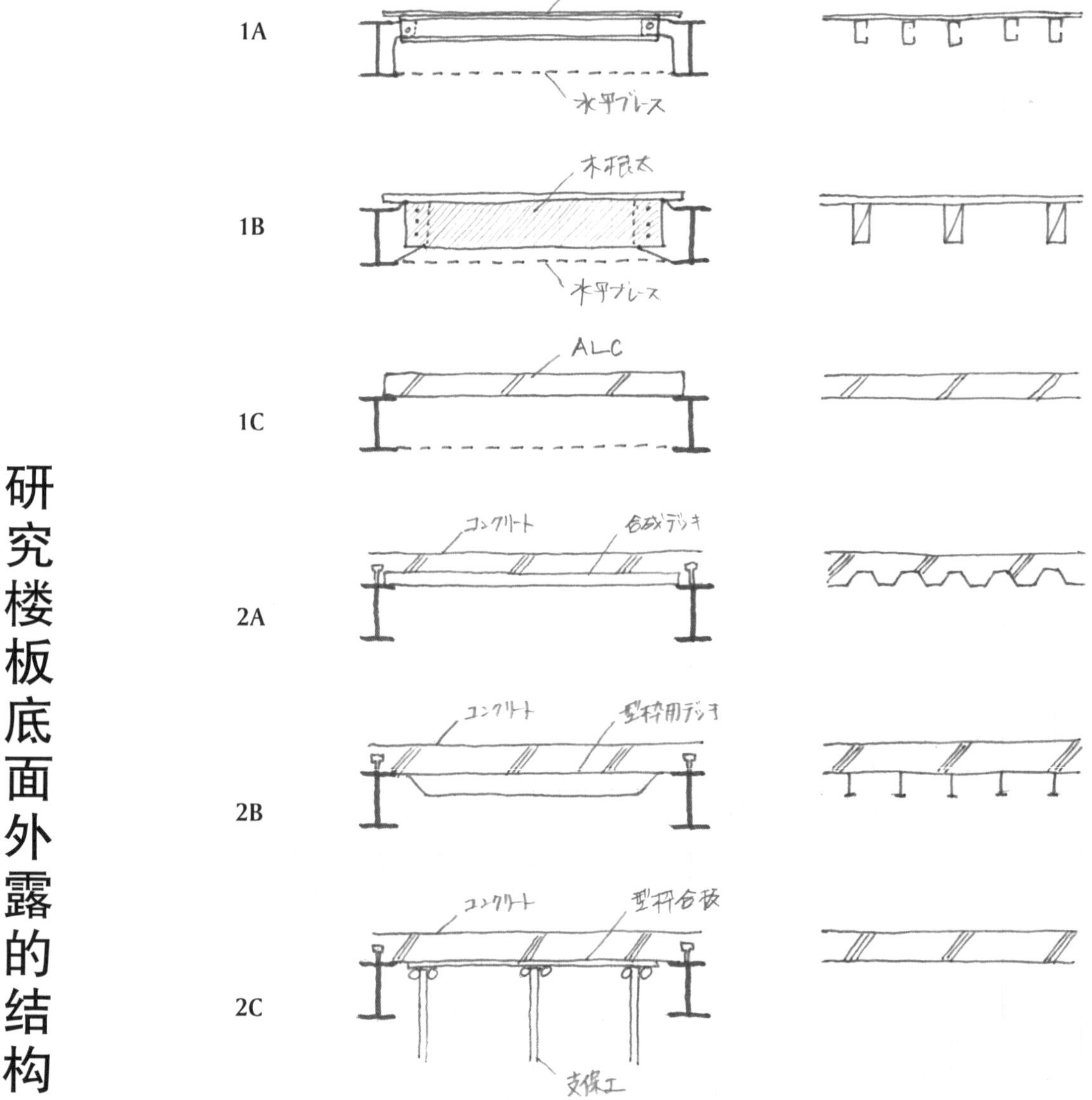

1A
軽量鉄骨
水平ブレース
1B
木根太
水平ブレース
1C
ALC
2A
コンクリート
合成デッキ
2B
コンクリート
型枠用デッキ
2C
コンクリート
型枠合板
支保工

Study Process

—如何实现薄屋盖？

——如何制作夹芯板？

———钢骨和木材的连接如何处理？

————如何将家具作为结构？

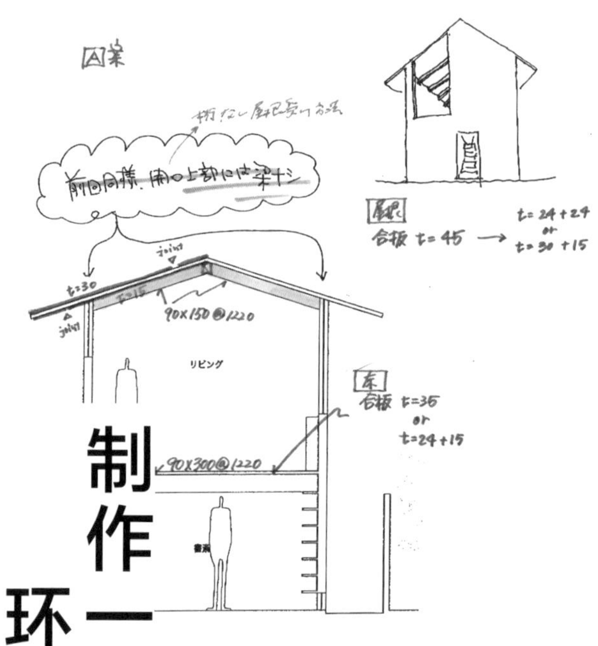

A案
前回同様、開口上部には梁ナシ
屋根
合板 t=45 → t=24+24 or t=30+15
t=30
t=15
90×150@1220
リビング
床
合板 t=35 or t=24+15
90×300@1220

制作一个吸纳外部环境的薄屋盖

结构构件的布置研究❶　A方案

在木梁上放置胶合板的方案。使用常见的斜梁的形式，檐口只用胶合板出挑

结构构件的布置研究❷　B方案

使用重叠的胶合板来代替梁的方案。会出现接缝和重叠方法上的问题

初期讨论的草图

经堂的住宅

长谷川豪（长谷川豪建筑设计事务所）

木结构（部分钢结构）

夹芯板

本项目是坡屋顶的木结构住宅。屋檐的出挑比一般的住宅更多，当与建筑师讨论“如何建造”的时候，我们发展出了一个包括了木材以外的材料的方案。

方案最初是从“想做薄屋盖”开始的。诚然，因为传统的框架施工方法是在椽子等小屋组上架设屋盖结构的做法，所以便于在室内架设平的吊顶板。从屋盖到吊顶板之间的内部尺寸会变得相当可观，会出现阁楼。且建筑师还有“希望建筑物的外观和内部保持一致”的要求，我们便讨论采用斜梁的形式，这样可以缩小梁本身的尺寸，并使屋檐变薄。从那之后便发展出了梁檐合一的形式。

首先讨论的是A方案，布置斜梁，屋檐仅用胶合板支撑的方案。用

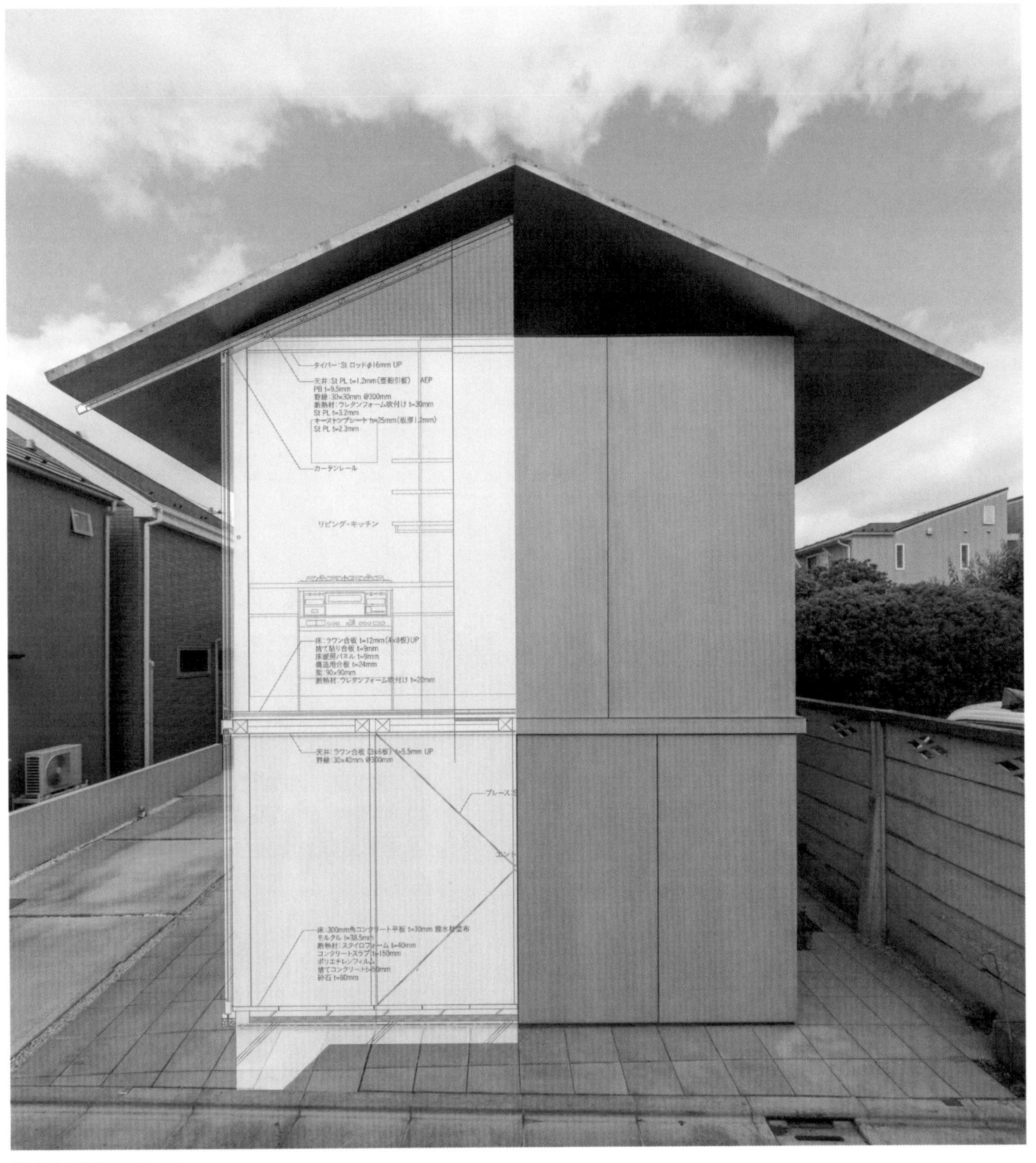
タイバー：St ロッドφ16mm UP
天井：St PL t=1.2mm（亜鉛引板） AEP
PB t=9.5mm
野縁：30×30mm @300mm
断熱材：ウレタンフォーム吹付け t=30mm
St PL t=3.2mm
キーストンプレート h=25mm（板厚1.2mm）
St PL t=2.3mm
カーテンレール
リビング・キッチン
床：ラワン合板 t=12mm（4×8板）UP
捨て貼り合板 t=9mm
床暖房パネル t=9mm
構造用合板 t=24mm
梁：90×90mm
断熱材：ウレタンフォーム吹付け t=20mm
天井：ラワン合板（3×6板）t=5.5mm UP
野縁：30×40mm @300mm
床：300mm角コンクリート平板 t=30mm 撥水材塗布
モルタル t=38.5mm
断熱材：スタイロフォーム t=40mm
コンクリートスラブ t=150mm
ポリエチレンフィルム
捨てコンクリート t=50mm
砕石 t=80mm

外观和剖面的叠合图

胶合板实现屋檐及山墙端缘出挑的做法比较常见，但通常不过数毫米。而本方案要用胶合板支撑超过1 m的出挑，因此需要使用常规尺寸以上的厚度。据此我们提出了重叠胶合板的方案。

B方案是用屋檐的层叠胶合板直接延长作为梁使用。考虑到提高了刚度的屋面板本身可以同时作为梁使用，而梁的必要刚度则通过增加层叠胶合板的厚度来确保。由于胶合板是有标准规格的，不能像梁一样保证足够的长度，所以考虑通过交错重叠的方法来确保整体性。然而节点的复杂性、现场施工的诸多不确定性，以及木结构特有的蠕变问题，使我们意识到这个做法可能会有点困难。

另一方面，因为建筑师考虑通过吊顶板面引进室外光线，我们正在商议使用钢板，于是便有了“那将它直接用作结构如何”的讨论。

使用柔性压型钢板制作夹芯板

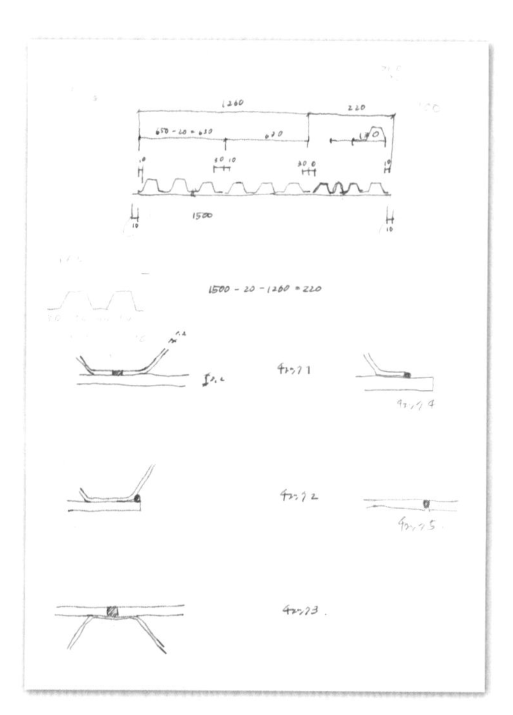

1260
220
1500
1500 - 20 - 1260 = 220

焊接方法的研究

因为薄铁板在焊接时会穿孔，所以我们找出都有哪些焊接的做法模式，并对其可行性进行验证。热输入的大小因焊接方法而异，我们向施工方咨询了实际制造的可行性

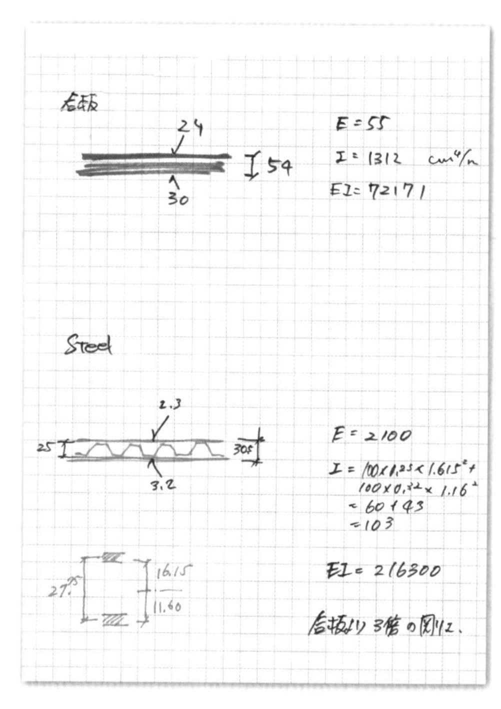

24
54
30
E=55
I=1312 cm⁴/m
EI=72171
Steel
2.3
25
30.5
3.2
E=2100
EI=216300

截面性能的讨论

通过改变材料和组成部分，来研究如何保证必要的截面性能。因为最初考虑过使用胶合板，为了使用弯曲刚度更强的钢板来做夹芯板，我们对其性能进行了估算。用2.3 mm和3.3 mm的钢板内夹柔性压型钢板作夹芯板的情况下，可确保约3倍于54 mm胶合板的弯曲刚度

如果用钢板来制作梁和屋檐，钢板自身会过重，因此我们开始讨论用中空材料做夹层。

钢的杨氏模量比胶合板高约40倍，单凭此即可知它的硬度非比寻常了。之前考虑到的胶合板的蠕变问题，在钢材上也不会发生，因此所需的中空材料最多用25 mm的柔性压型钢板也就足够了。经过计算发现其弯曲刚度是层叠胶合板的3倍，最终的厚度也能比胶合板更薄。虽然钢板也是有标准规格尺寸的，但能找到比胶合板长得多的板材，因此能做到从屋檐到屋脊一板成型。

考虑到可以控制重量并提高施工便利性，我们采用了2.3 mm厚度的薄钢板。这种厚度的话可以直接打螺钉，因此次要构件也可省去。需要注意的是，为保证钢板和柔性压层钢板的整体性，需要在现场采用焊接或面板化处理等方式进行连接。

通过多次绘制草图、制作等比例大模型、与施工方沟通问题等方式，我们希望能制作出高精度的夹芯板。

Rib.PL-3.2@180
弯折 PL-4.5
中号螺栓 M8@180
s.nut 垫圈PL-1.6
PL-2.3
螺栓紧固连接后，
焊接盖子
PL-4.5×41.2
30-270
30-270
PL-2.3
2.3
25
3.2
波纹钢板 t=1.2(KP-1)
PL-3.2

B部详图

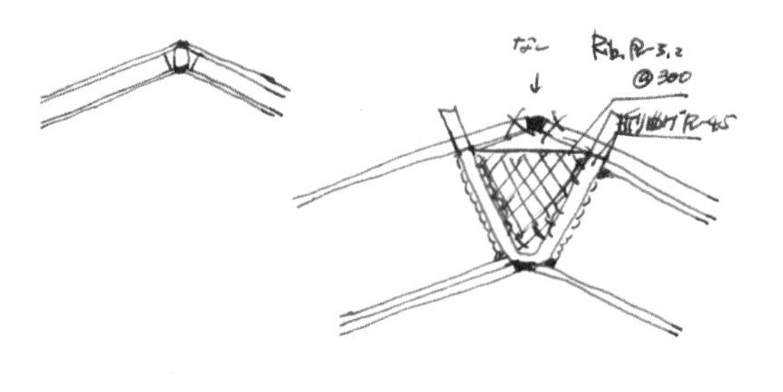

屋脊部分（B部分）研究草图

研究屋脊部分夹芯板之间的现场连接处的节点做法。我们也考虑过将两板直接对接的做法，但因为对接的两部分是倾斜的，制造精度难以保证，所以采取了用弯曲板材制成大梁，并在其上连接屋面板的方式

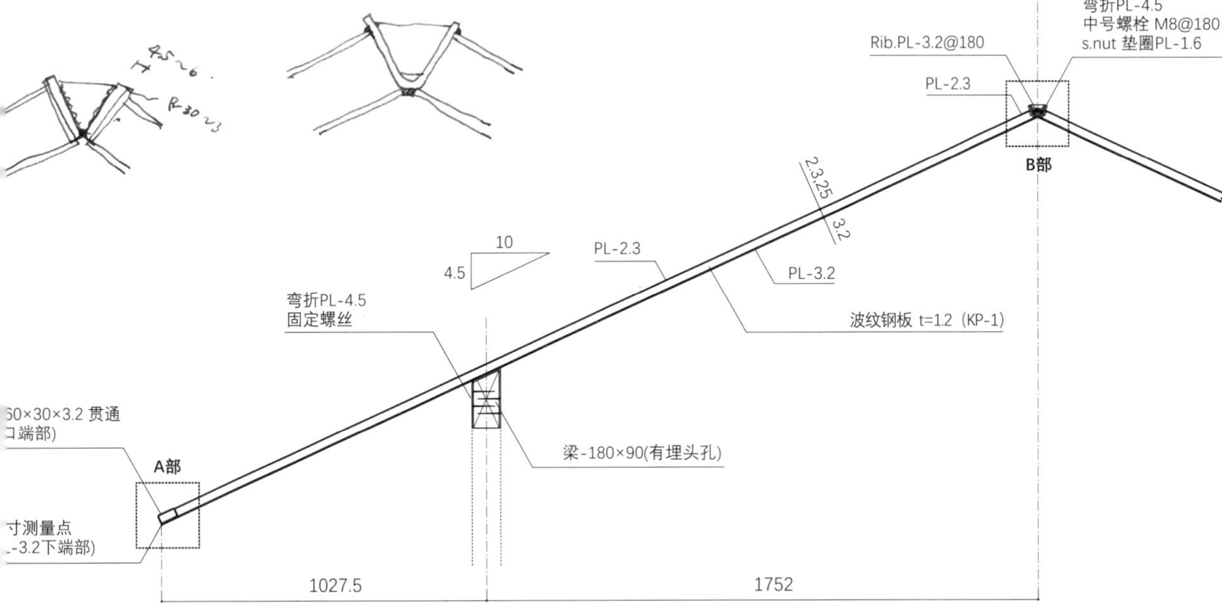
弯折PL-4.5
中号螺栓 M8@180
s.nut 垫圈PL-1.6
Rib.PL-3.2@180
PL-2.3
B部
2.3.25
3.2
PL-3.2
10
4.5
PL-2.3
波纹钢板 t=1.2（KP-1）
弯折PL-4.5
固定螺丝
60×30×3.2 贯通
口端部)
A部
梁-180×90(有埋头孔)
寸测量点
.-3.2下端部)
1027.5
1752

屋顶架构剖面图

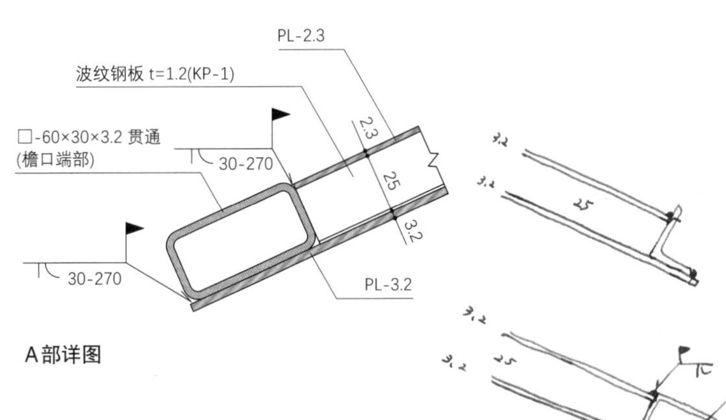
PL-2.3
波纹钢板 t=1.2(KP-1)
□-60×30×3.2 贯通
(檐口端部)
30-270
2.3
25
3.2
30-270
PL-3.2
A部详图

檐口部分（A部分）研究草图

在工厂制做好一定宽度的夹芯板后在现场进行连接。其宽幅由运输限制和产品尺寸决定，但是现场连接时必须确保精度。为了保证檐口的平直度，在施工现场用一根方管穿过檐口，用作封檐板

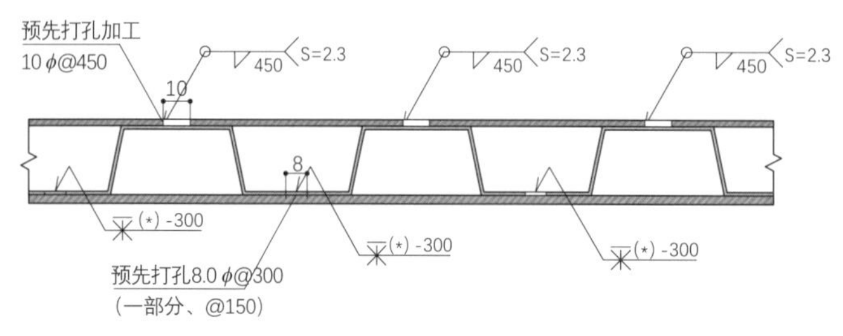
预先打孔加工
10 φ@450
10
450
S=2.3
8
(*) -300
预先打孔8.0 φ@300
(一部分、@150)

屋面板的通常部分❶详图

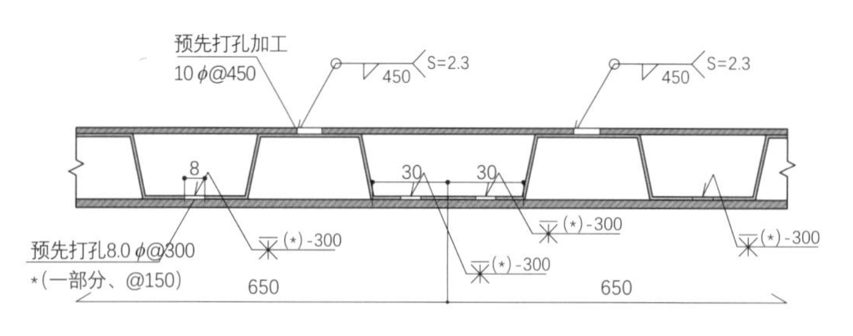
预先打孔加工
10 φ@450
450
S=2.3
8
30
30
(*) -300
预先打孔8.0 φ@300
*(一部分、@150)
650
650

屋面板的通常部分❷详图

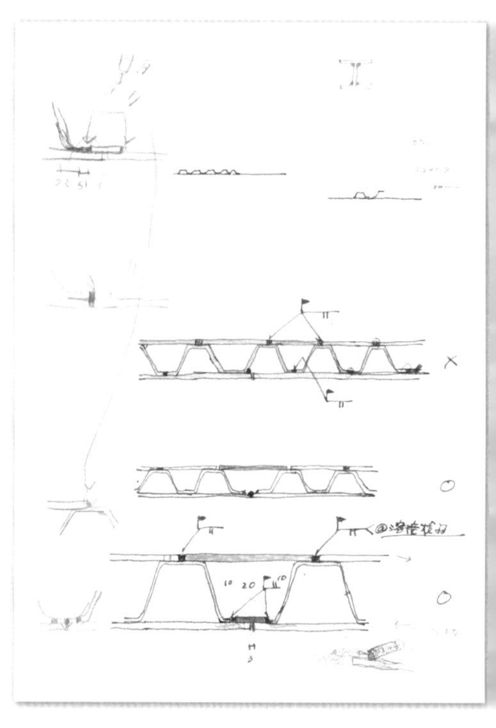

现场板材制作的方法

讨论板材节点处设置的盖板的安装做法。通常考虑从上方进行焊接

屋面板剖面图

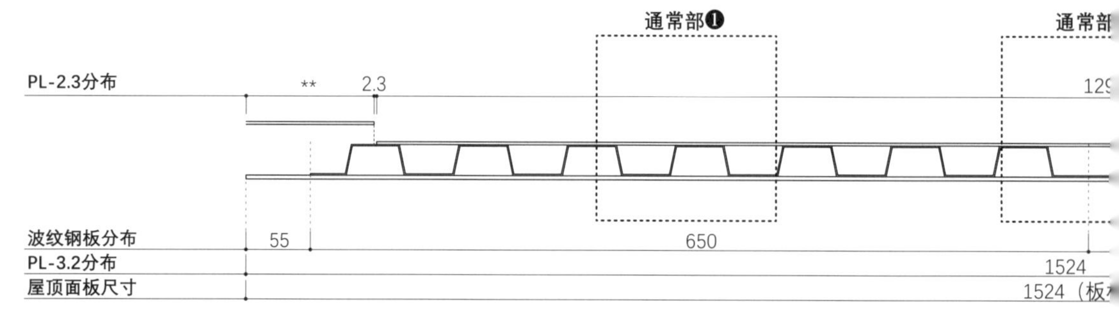
通常部❶
PL-2.3分布
**
2.3
波纹钢板分布
55
650
PL-3.2分布
1524
屋顶面板尺寸
1524

探讨板材制作的方法

夹芯板并排排列的样子

在中心设置临时支柱，承接夹芯板

在工厂制作的夹芯板

底板被放大

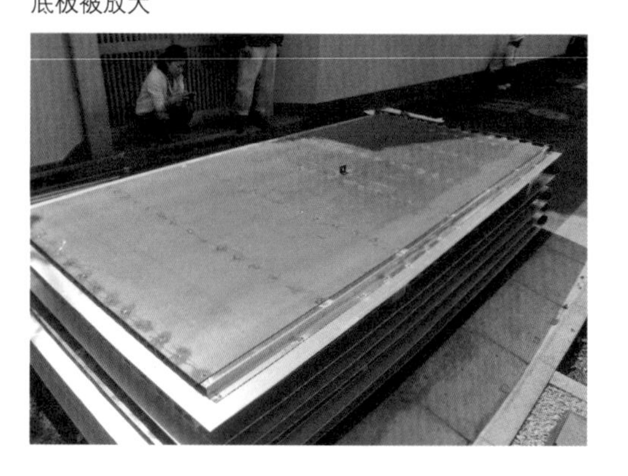

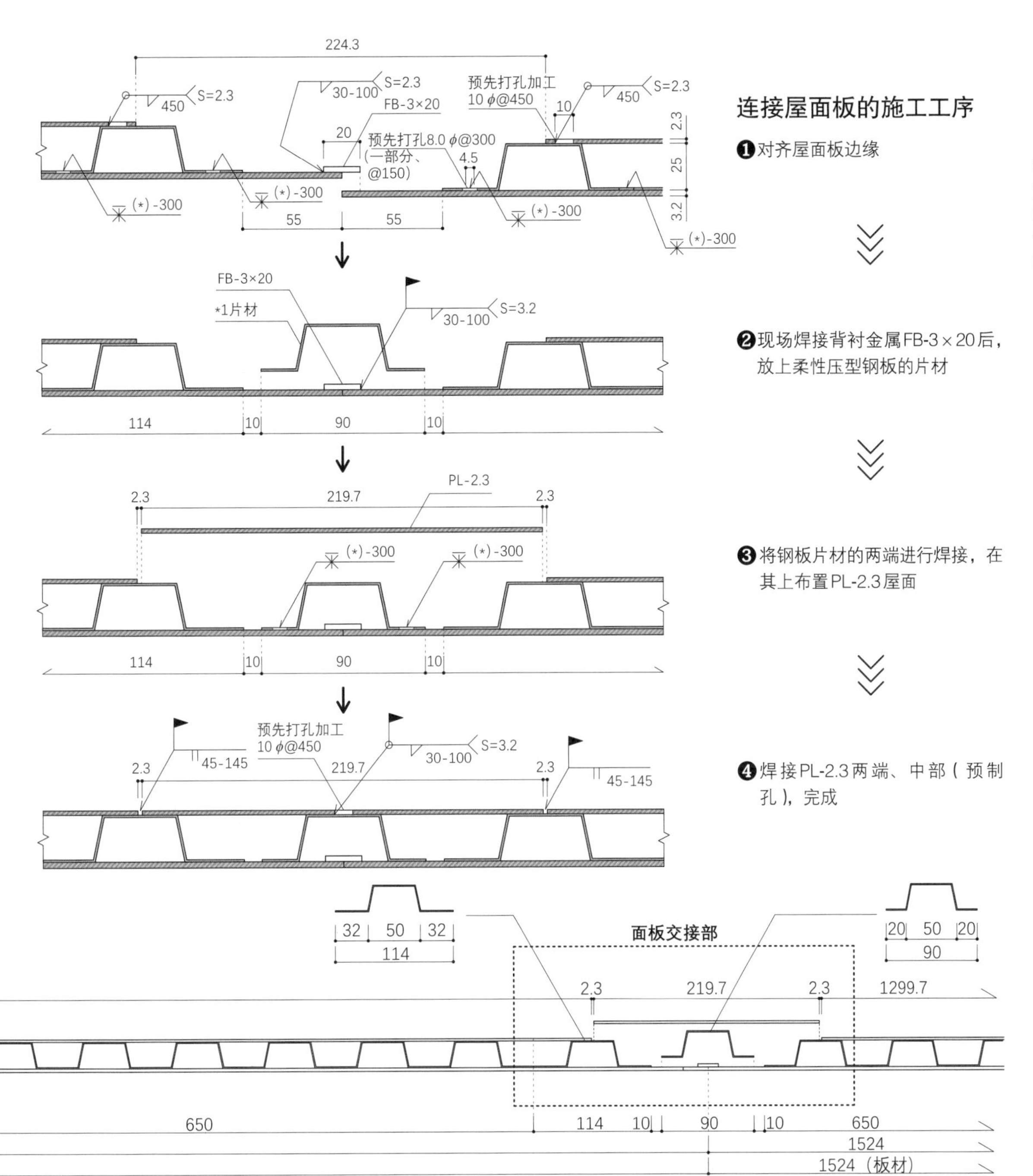
224.3
S=2.3
450
30-100
S=2.3
FB-3×20
预先打孔加工
10 φ@450
10
450
S=2.3
20
预先打孔8.0 φ@300
(一部分、
@150)
4.5
2.3
25
3.2
(*)-300
(*)-300
(*)-300
(*)-300
55
55
FB-3×20
*1片材
30-100
S=3.2
114
10
90
10
PL-2.3
2.3
219.7
2.3
(*)-300
(*)-300
114
10
90
10
预先打孔加工
10 φ@450
45-145
2.3
219.7
S=3.2
30-100
2.3
45-145
32
50
32
114
面板交接部
20
50
20
90
2.3
219.7
2.3
1299.7
650
114
10
90
10
650
1524
1524（板材）

连接屋面板的施工工序

❶对齐屋面板边缘

❷现场焊接背衬金属FB-3×20后，放上柔性压型钢板的片材

❸将钢板片材的两端进行焊接，在其上布置PL-2.3屋面

❹焊接PL-2.3两端、中部（预制孔），完成

屋脊部分

为了进行螺栓连接，先不安装顶板

布置夹芯板间的连接板

这里用了柔性压型钢板的片材

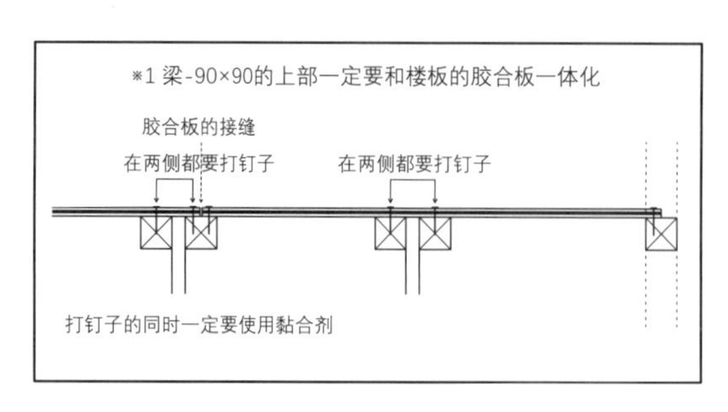

※1 梁-90×90的上部一定要和楼板的胶合板一体化
胶合板的接缝
在两侧都要打钉子
在两侧都要打钉子
打钉子的同时一定要使用黏合剂

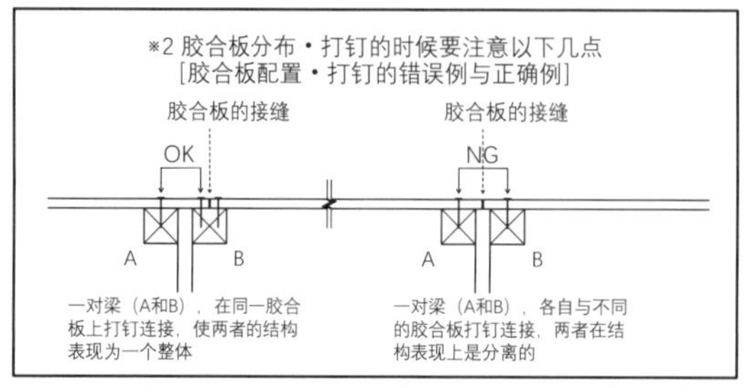

※2 胶合板分布・打钉的时候要注意以下几点
[胶合板配置・打钉的错误例与正确例]
胶合板的接缝
胶合板的接缝
OK
NG
A
B
A
B
一对梁（A和B），在同一胶合板上打钉连接，使两者的结构表现为一个整体
一对梁（A和B），各自与不同的胶合板打钉连接，两者在结构表现上是分离的

梁和胶合板的连接方法

将书架的侧板作为柱子使用

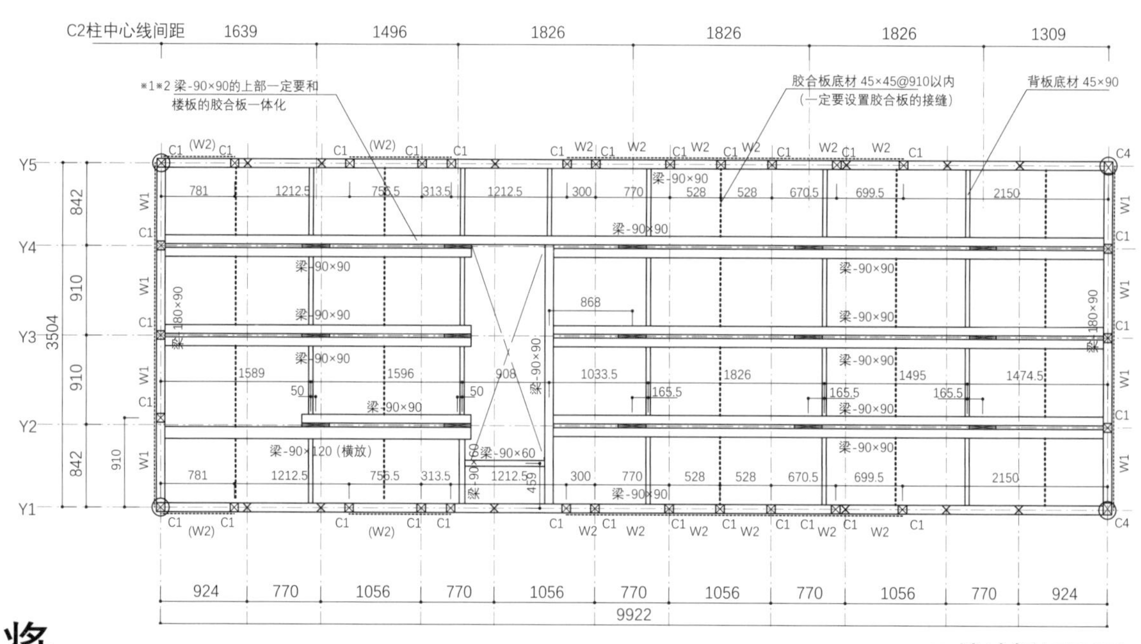

C2柱中心线间距
1639
1496
1826
1826
1826
1309
※1※2 梁-90×90的上部一定要和楼板的胶合板一体化
胶合板底材 45×45@910以内（一定要设置胶合板的接缝）
背板底材 45×90
Y5
Y4
Y3
Y2
Y1
842
910
910
842
3504
梁-90×90
梁-90×120（横放）
梁-90×60
924
770
1056
770
1056
770
1056
770
1056
770
924
9922

二楼地板平面图

将书架作为结构使用

我们一开始就考虑将所需的一定数量的书架作为柱子使用，以此确定了一层的平面布置。

虽然建筑短边跨度的3.5 m绝不能说算大，但如果架设一根梁的话，其梁高也会有210 mm左右。因此，构成书架的三块侧板被用作结构柱，将梁布置在两侧将其夹住。梁的跨度控制到1.8 m，并实现了高90 mm的截面。

为了使成为组合梁的这些梁能够直接承接楼板胶合板，我们将组合梁之间的间距减小到910 mm以下，使梁和胶合板成为一个整体，以保证其水平刚度。

由于需要注意胶合板的接缝位置及钉子的固定方式，我们单独绘制了图纸。为了避免侧板偏离家具应有的尺度，每层的书架板都有部分用作结构。为了应对柱的屈曲，我们采用了厚38 mm的2× 木材来制作柱子（译者注：2× 木材，即厚2英尺的系列木材）。

屋顶用“点”来支撑

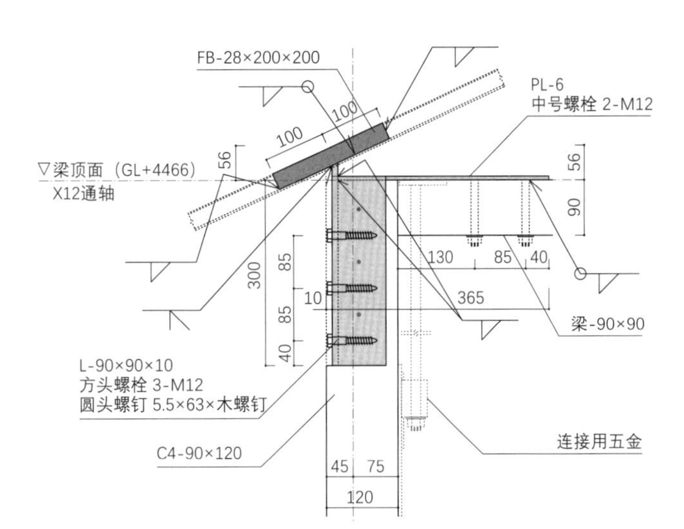
FB-28×200×200
100
100
PL-6
中号螺栓 2-M12
▽梁顶面（GL+4466）
X12通轴
56
56
90
300
85
85
40
10
130
85
40
365
梁-90×90
L-90×90×10
方头螺栓 3-M12
圆头螺钉 5.5×63×木螺钉
C4-90×120
连接用五金
45
75
120

节点详图

支撑屋盖部分的细部，将连接钢板的一侧部分下移，只用10 mm厚度的板来支撑。屋盖侧则在夹芯板中埋入200 mm见方、厚28 mm的板材，这样它们就能被牢固地焊接在一起

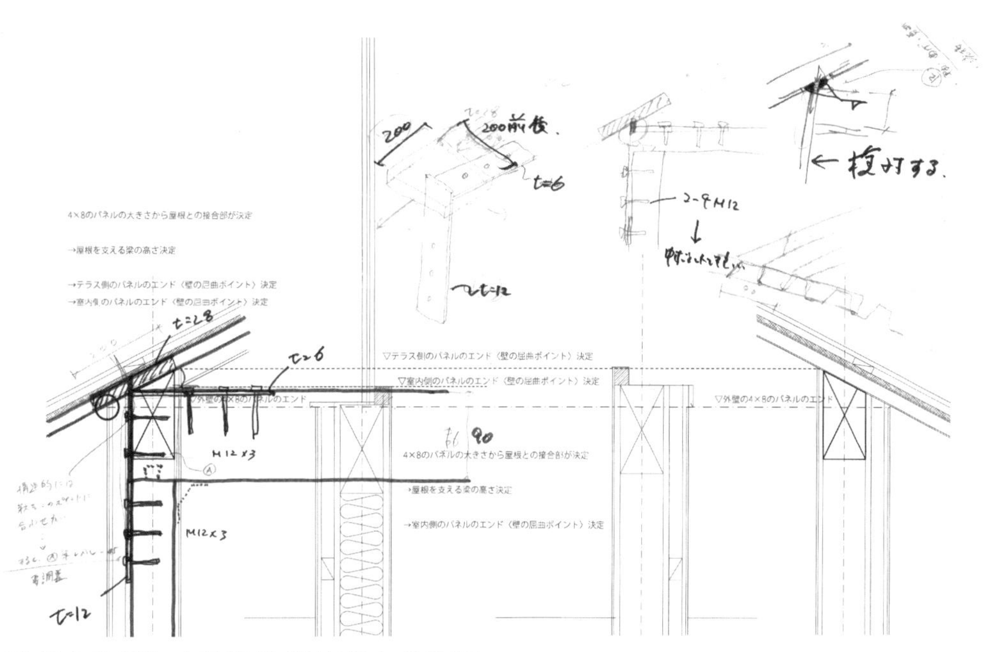

思考夹芯板和山墙结构墙的节点的草图

将薄屋盖放在木结构上

夹芯板制成的坡屋盖由道路侧的墙体支撑着。墙壁自身在横梁的高度位置结束，因此由横梁和两面剖屋盖形成了三角形开口这样的几何关系。

因为山墙面在结构上也是建筑短边方向的抗震要素，所以想妥善处理其节点，它也是抵抗侧推力的重要部分。设计图上画的是屋盖和墙“点”接的理想状态，与稳固连接的结构正好相反。因此，考虑将可见的部分最小化，将可传递墙内水平、垂直两方向应力的连接钢板和板材焊接，并使用螺栓分别与木结构连接。

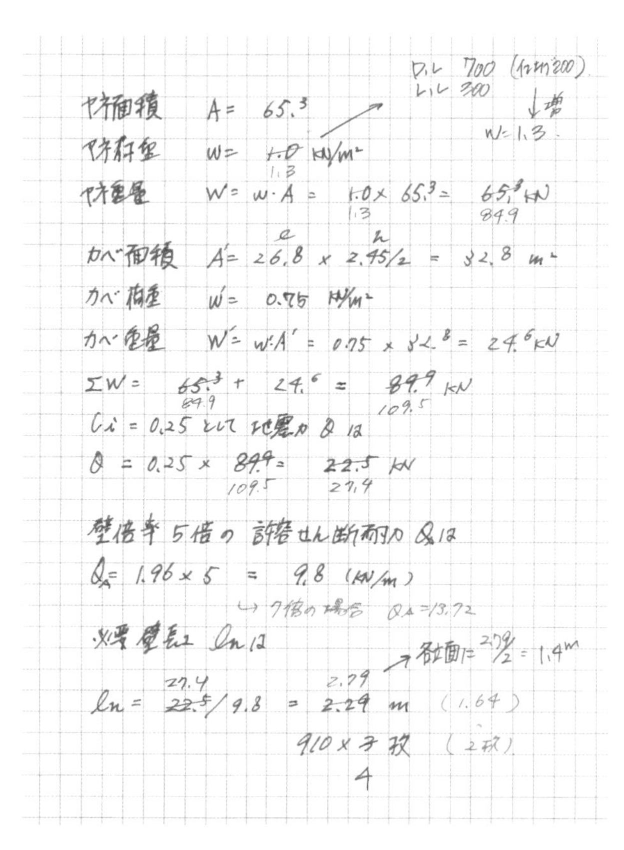

A= 65.3
W= w·A = 1.0× 65.3 = 65.3 kN
A'= 26.8 × 2.45/2 = 32.8 m²
W'= w'·A' = 0.75 × 32.8 = 24.6 kN
ΣW = 65.3 + 24.6 = 89.9 kN
Q = 0.25 × 89.9 = 22.5 kN
Qa= 1.96 × 5 = 9.8 (kN/m)
ln = 22.5/9.8 = 2.29 m

地震力和抗震墙数量的估算

粗略估计整体的重量算出地震力。倒推计算所需抗震构件长度，研讨所设想的立面是否可行。因为抗震墙的强度会因墙体规格不同而变化，需要确认设计意图并同时进行计算

思考影响立面的结构

横梁可能断开吗?

研究“能否去掉横梁”，以便使外部的屋檐和内部的下顶板看起来是连续的。夹芯板原本考虑按悬挑方向布置，但通过研究其布置在垂直于悬挑方向上能否成立，或设置拉杆防止侧推力等方法，我们也许能实现取消横梁的想法

抗震构件的布置研究❷

柱的位置偏移的部分，即使有墙也不能算作是抗震墙。这是为了防止地震时梁产生过大的剪力

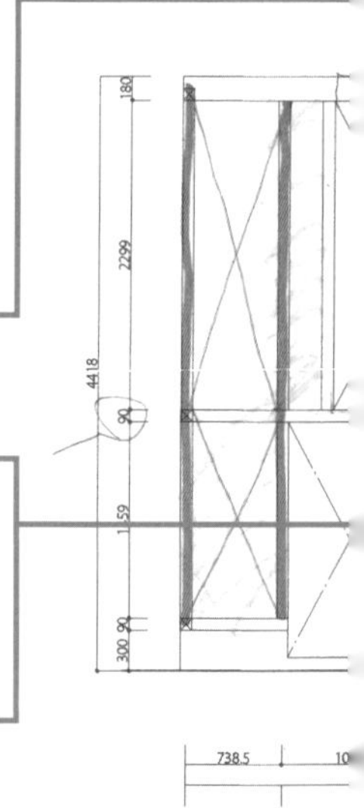

180
2299
4418
300
738.5
X1
X2

看向长边立面
因一楼和二楼采用了不同规格的外墙，所以使用错位接缝

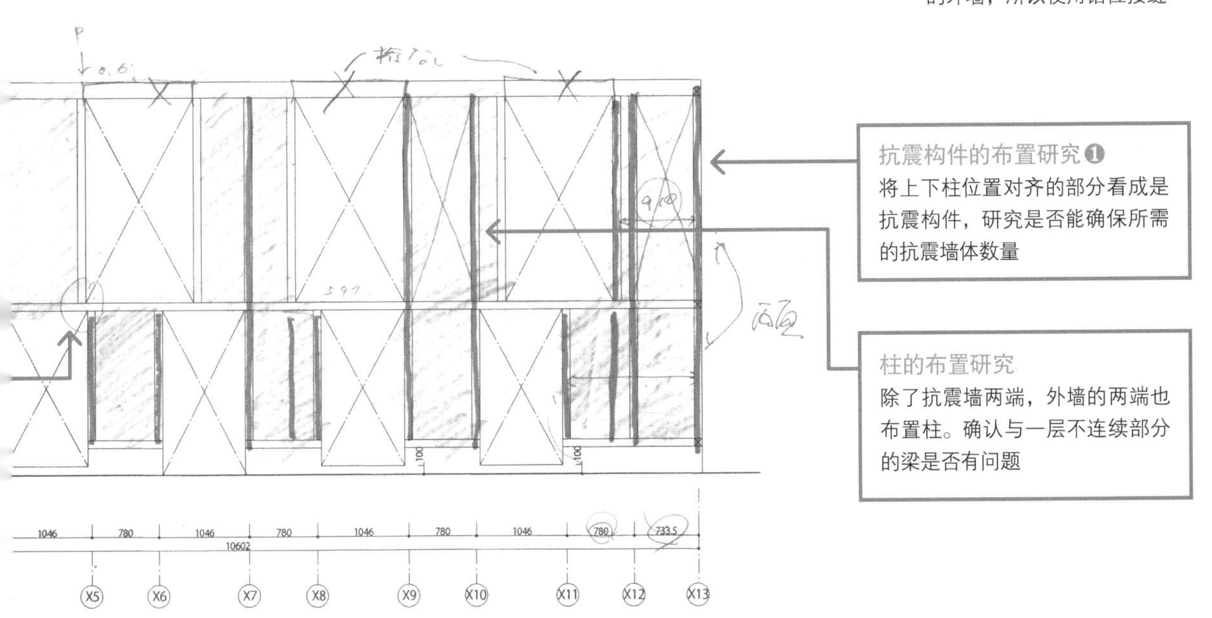
1046
780
1046
10602
780
1046
780
1046
780
733.5
X5
X6
X7
X8
X9
X10
X11
X12
X13

抗震构件的布置研究❶
将上下柱位置对齐的部分看成是抗震构件，研究是否能确保所需的抗震墙体数量

柱的布置研究
除了抗震墙两端，外墙的两端也布置柱。确认与一层不连续部分的梁是否有问题

Study Process

一如何做出半透明的筒拱屋盖？

——研究使用加劲板来做节点

———如何将次要构件用作结构？

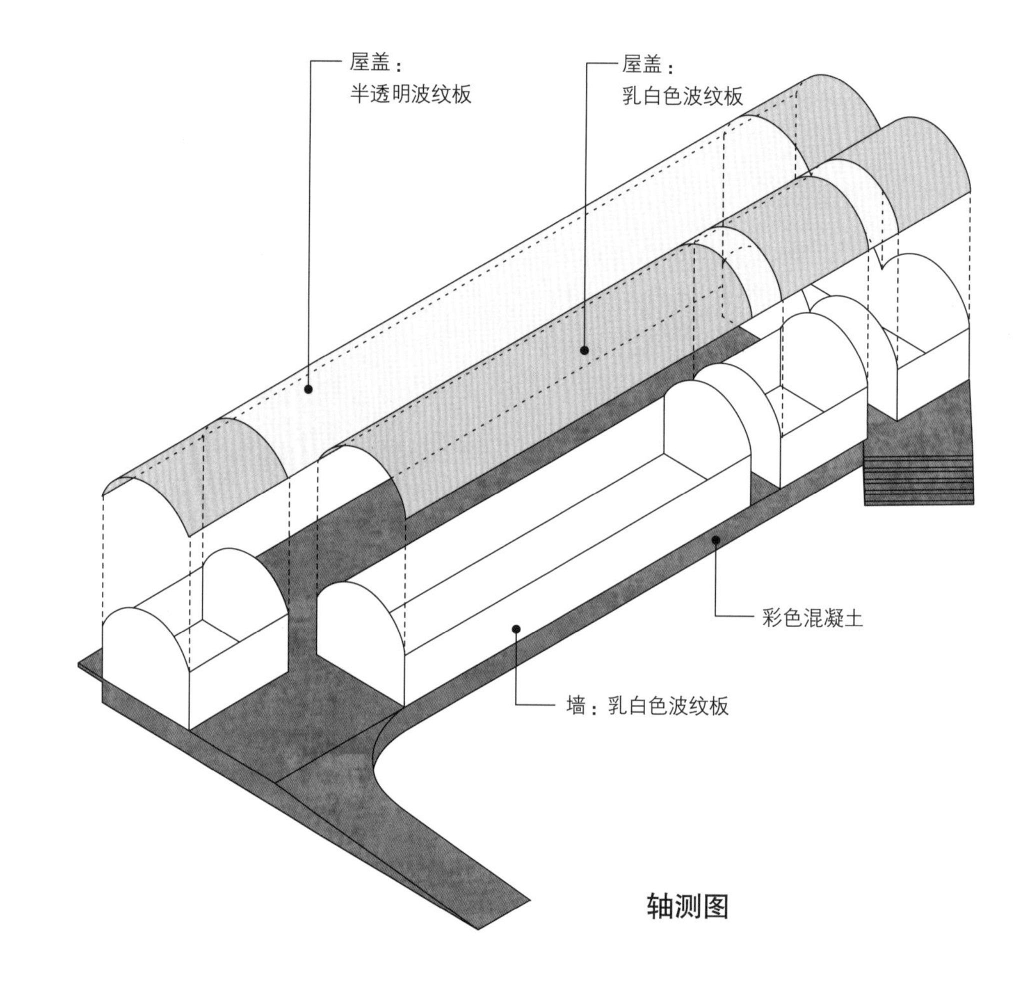
屋盖：
半透明波纹板
屋盖：
乳白色波纹板
彩色混凝土
墙：乳白色波纹板

轴测图

实现半透明的筒拱屋盖

海之餐厅

二俣公一（CASE-REAL）

钢结构

筒拱屋盖

在面朝大海展开的场地上设计的餐厅。建筑形式是两个错动组合的长方形平面，各架设了一个筒拱屋盖。面海的一侧是带有屋顶的室外空间，通过架设透光的半透明屋盖，使人可以在眺望大海的同时舒适地用餐。为了实现面海一侧的开放性，我们使用建筑设计中所需的墙作支撑结构，并计划将构件截面控制在宽度100 mm以内。

为了实现20 m的连续开口和透光的屋盖架构，设定将跨度均分为5份（约5.6 m），活用次要构件，以实现用较少的构件构成屋顶，强化屋盖架构的透明性。

从海上看
可以看出这是一个背靠大山的场地

仰视吊顶板
为了维持一定的曲率，细致地布置屋面下的支撑

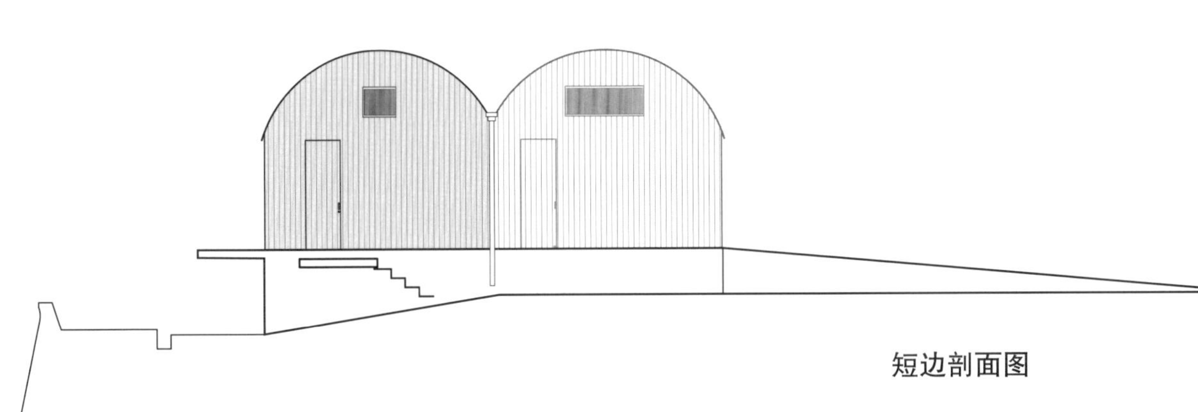

短边剖面图

从露台眺望大海
以适度的跨度布置柱，实现较小的结构构件截面

研究使用加劲板做节点

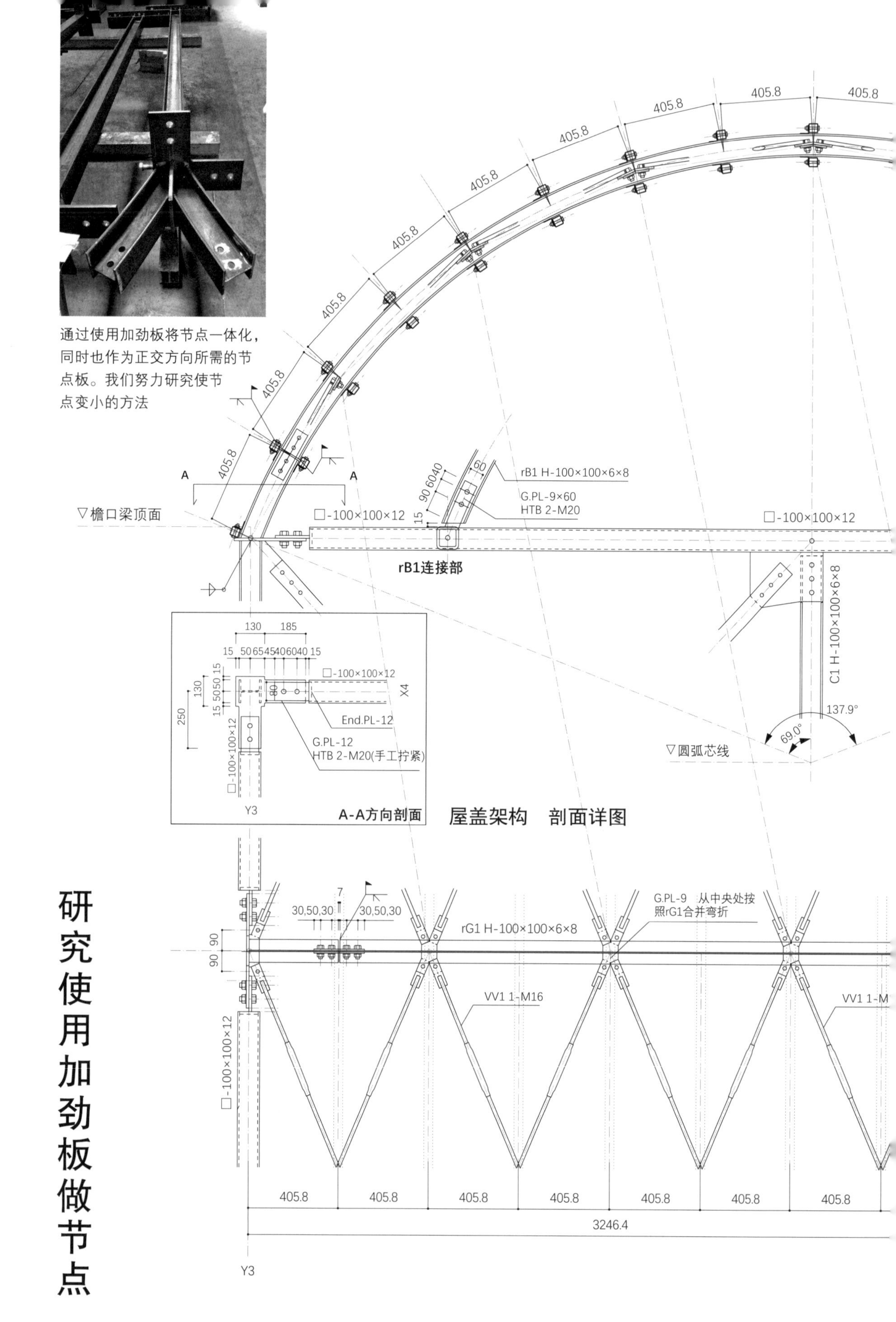
405.8
A
A
▽檐口梁顶面
□-100×100×12
rB1 H-100×100×6×8
G.PL-9×60
HTB 2-M20
90 6040
60
15
rB1连接部
□-100×100×12
C1 H-100×100×6×8
137.9°
69.0°
▽圆弧芯线
130
185
15 50 6545406040 15
□-100×100×12
X4
End.PL-12
G.PL-12
HTB 2-M20(手工拧紧)
250
130
15 5050 15
80
□-100×100×12
Y3
A-A方向剖面
屋盖架构　剖面详图
7
30,50,30
30,50,30
90 90
rG1 H-100×100×6×8
G.PL-9　从中央处按
照rG1合并弯折
VV1 1-M16
VV1 1-M
□-100×100×12
405.8
3246.4
Y3

通过使用加劲板将节点一体化，同时也作为正交方向所需的节点板。我们努力研究使节点变小的方法

架构详图

由于结构是由小尺度构件组成的，所以表达了各交接处的节点。筒拱屋盖和柱，梁的节点，通过加劲板被整合成一体。这是考虑到从不同方向来的梁、拉杆、拉杆节点板之间的连接，可以将加劲板作为节点板的一部分使用。由于屋盖和吊顶板均为波纹聚碳酸酯板，其强度和刚度决定了椽子的分布（间距约400 mm）。通过使椽子同时承受水平支撑，我们希望实现更小的结构轮廓，使用更少的结构构件

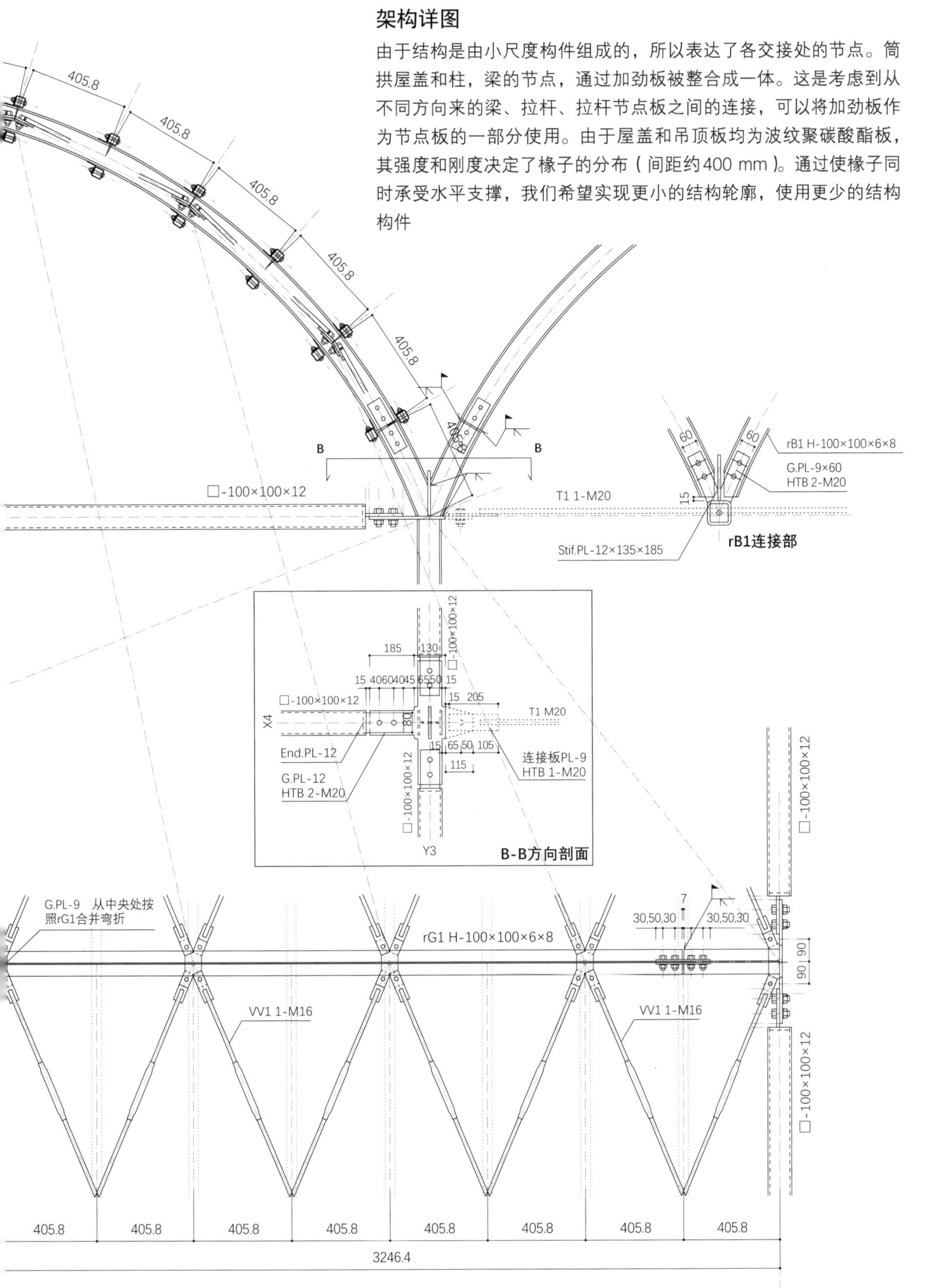

405.8
B
B
□-100×100×12
T1 1-M20
60
60
rB1 H-100×100×6×8
G.PL-9×60
HTB 2-M20
15
Stif.PL-12×135×185
rB1连接部
□-100×100×12
185
130
15 4060 40 45 65 50 15
15 205
T1 M20
□-100×100×12
X4
End.PL-12
G.PL-12
HTB 2-M20
15 65 50 105
115
连接板PL-9
HTB 1-M20
□-100×100×12
Y3
B-B方向剖面
□-100×100×12
G.PL-9 从中央处按照rG1合并弯折
rG1 H-100×100×6×8
7
30,50,30
30,50,30
90
90
VV1 1-M16
VV1 1-M16
□-100×100×12
405.8
3246.4
2520
Y2

屋盖架构 展开平面详图

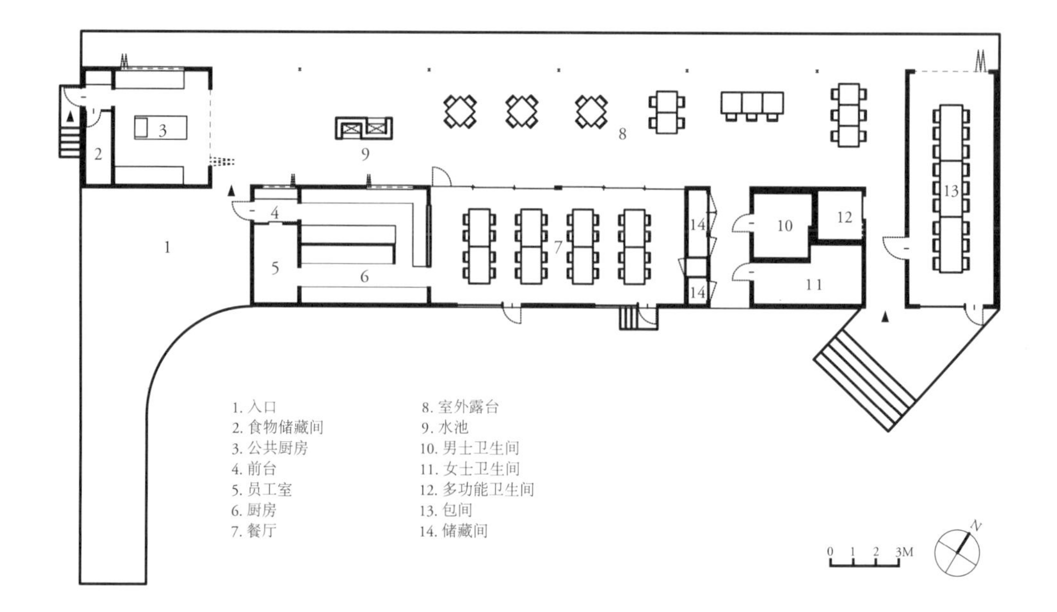
1
2
3
4
5
6
7
8
9
10
11
12
13
14
14
1. 入口
2. 食物储藏间
3. 公共厨房
4. 前台
5. 员工室
6. 厨房
7. 餐厅
8. 室外露台
9. 水池
10. 男士卫生间
11. 女士卫生间
12. 多功能卫生间
13. 包间
14. 储藏间
0 1 2 3M
N

平面图

在平面中，开放的空间与封闭的空间适度地混合，因为必须要设置墙体，便正好在墙内布置斜撑。由于斜撑在平面上的布置是不均衡的，所以我们调整了各个斜撑的截面，以使结构整体达到平衡。这种情况下屋盖的水平刚度很重要

将次要构件作为结构使用的架构

施工过程外观

考虑建筑位于沿岸区域，所有构件均为热浸镀锌

施工过程内景
H-100×100的柱间隔5.67 m，梁间隔1.89 m等距布置

上：拉杆的固定处。将拉杆的端头穿过柱上的孔，使用垫圈固定的做法
下：夜里望向大海。结构体成为海与天之间镶边的剪影

朝海一侧的露台
面向大海设置的20 m开口和半透明筒拱屋盖

精通估算

在与建筑师的讨论中，有时如果不当面给出构件截面，讨论便无法继续推进。因此，使用计算器完成估算是很有价值的。每个结构设计师大概都准备了给自己用的估算公式吧，这里仅介绍我日常使用的作为例子。

估算所需的截面惯性矩、截面模量，来决定梁的大小。

钢结构的话可以查钢材表，木结构的话可以手算矩形截面。

钢结构–简支梁

$In = 2 \cdot w \cdot L^3$（cm^4）（变形角度约1/300）

$Zn = w \cdot L^2$（cm^3）（测定值约0.75）

木结构–简支梁

$In = 100 \cdot w \cdot L^3$（$cm^4$）（变形角度约1/700）

$Zn = 15 \cdot w \cdot L^2$（$cm^3$）（测定值约0.83）

In = 所需截面惯性矩（cm^4）
Zn = 所需截面模量（cm^3）
w = 负担荷重（kN/m）
L = 荷载（m）
钢材强度与SN400相当
木材强度与集成材E120相当

梁的变形角度的标准根据是否上人而不同，所以每回都要乘以系数。
钢结构楼板上人的情况下是1/400，屋盖等则是1/300。木结构楼板上人的情况下是1/700，屋盖等则是1/500。
因边界状况而不同的情况也要乘以系数。
一侧刚接的情况下In乘0.42；两侧刚接的情况下In乘0.2，Zn乘2/3

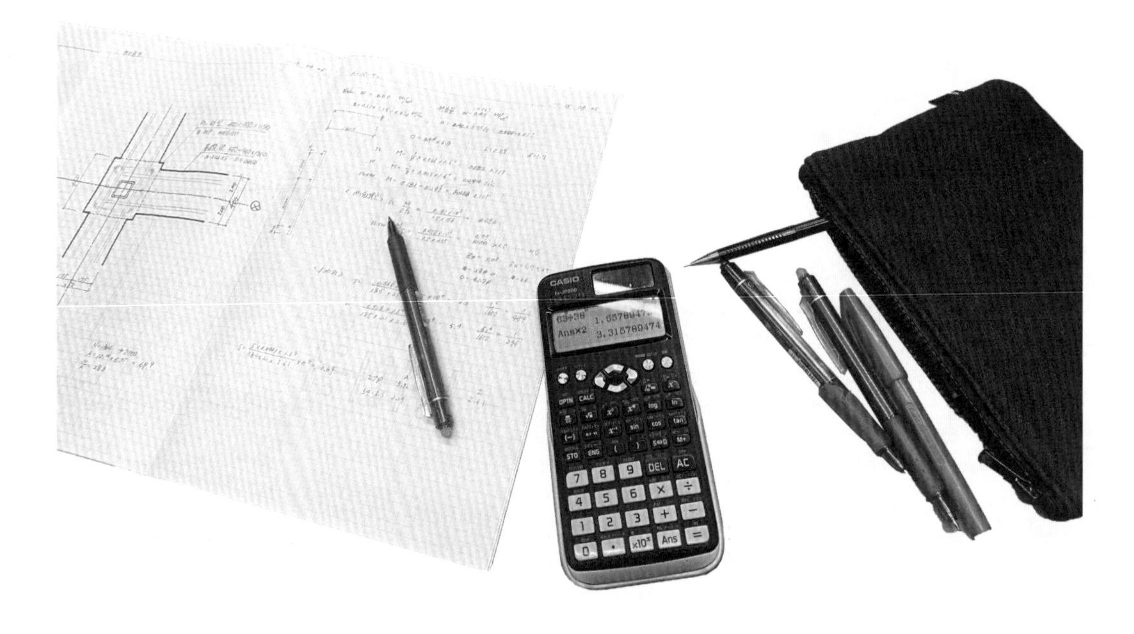
CASIO

03

斜材

斜撑、网架等倾斜的构件经常作为结构要素出现。框架结构与支撑结构可以说是两大主要结构形式，倾斜构件由于具有很高的实用意义，其运用相当普遍。

除了作为结构构件的斜撑、网架，建筑中还存在其他的倾斜要素，比如倾斜的楼梯及坡道、倾斜的屋盖。倾斜的楼梯连接上下层，组织垂直交通流线；屋盖以一定的坡度抬起，排雨除雪。西式的屋盖结构中，利用倾斜的角度，开创了单柱桁架及双柱桁架的形式。

上述例子中利用建筑中的倾斜要素来发展结构的探索，在当代也是可能的。此外，将倾斜的构件作为结构进行合理布置，利用其轴向的刚度来传递应力，可以实现自由度较高的建筑设计。

本章将结合以下几个项目进行说明：第一个项目是建在斜坡上的住宅，仅用四根桩基来支撑一层高的桁架梁，以回应不可避免的场地关系；第二个项目为了将屋盖的几何形状作为结构使用，额外添加辅助线形式的梁柱来实现网架结构；第三个项目则精心设计了椽子的布置，使屋盖坡度发挥结构价值。

倾斜的构件，就其本身而言，可能会影响视线及流线的畅通。但如果能在结构设计中充分利用建筑中倾斜的元素，这些问题也许就可以迎刃而解。

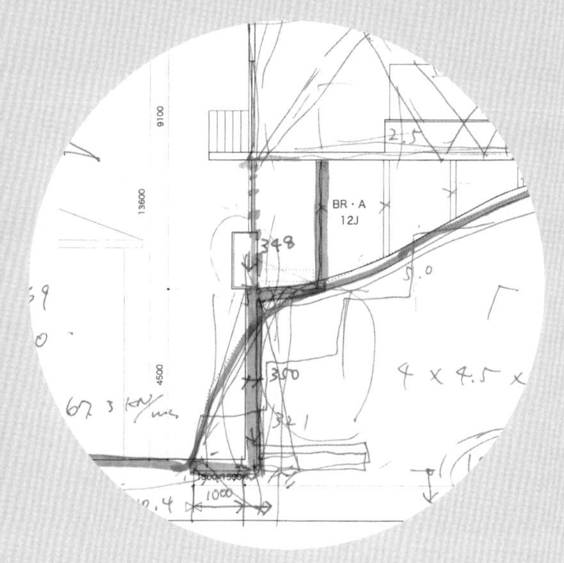

川崎的住宅

富冈商工会议所会馆

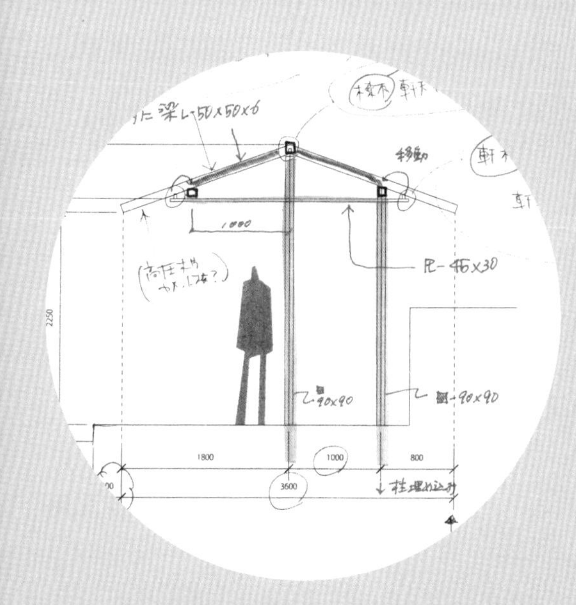

春日大社公交车站

Study Process

—斜坡上的建筑物有哪些注意点？

——在木结构建筑中，如何实现更大跨度？

———如何处理木桁架的节点？

————斜坡上基础施工的难易度如何？

利用外墙实现更大跨度

川崎的住宅

长谷川豪（长谷川豪建筑设计事务所）

木结构

桁架梁

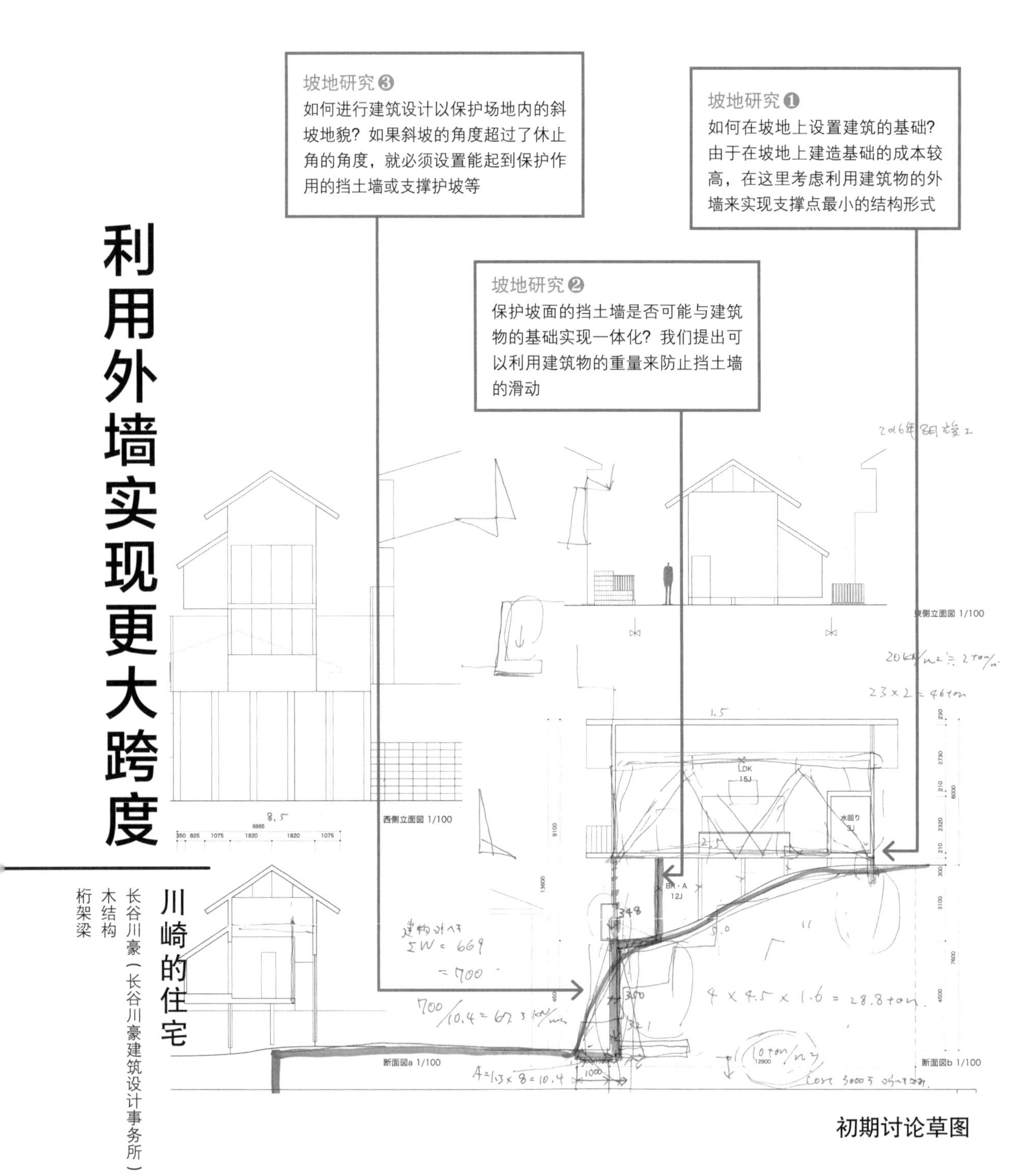

坡地研究❸
如何进行建筑设计以保护场地内的斜坡地貌？如果斜坡的角度超过了休止角的角度，就必须设置能起到保护作用的挡土墙或支撑护坡等
坡地研究❶
如何在坡地上设置建筑的基础？由于在坡地上建造基础的成本较高，在这里考虑利用建筑物的外墙来实现支撑点最小的结构形式
坡地研究❷
保护坡面的挡土墙是否可能与建筑物的基础实现一体化？我们提出可以利用建筑物的重量来防止挡土墙的滑动
東側立面図 1/100
西側立面図 1/100
断面図a 1/100
断面図b 1/100
LDK
15J
水回り
3J
BR・A
12J

初期讨论草图

场地的形状对于方案有很大影响，既会体现在平面上，也会体现在剖面上。越是在特殊情况下，比如坡地，这种影响的程度就越大。

在项目用地的南侧，有一片低矮的住宅开发用地。周边建造的住宅，有的习惯于将斜坡填平，有的则设置半埋在坡地中的地下室，不管怎样，它们的建成都是基于对地形的大幅度改造。而本项目的出发点，是希望能尊重原有地形，尽量减少对坡地的处理，设置具有较高的经济合理性的挡土墙。

建筑师与结构师反复通过草图与讨论，来研究对于休止角（土壤能自我支撑并保持稳定状态的角度）的想法、挡土墙的形式，以及建筑物重量的作用位置等话题。如果要设置挡土墙来保护坡地，那么挡土墙的滑动就成了一个问题，为了提高负重以增加摩擦力防止滑动，我们一致认同用挡土墙来承载建筑物的重量（在这种情况下，挡土墙将被用作建筑物的基础）。

沿着外墙设置的斜撑同时也在室内空间中得到表达

研究外墙桁架的配置

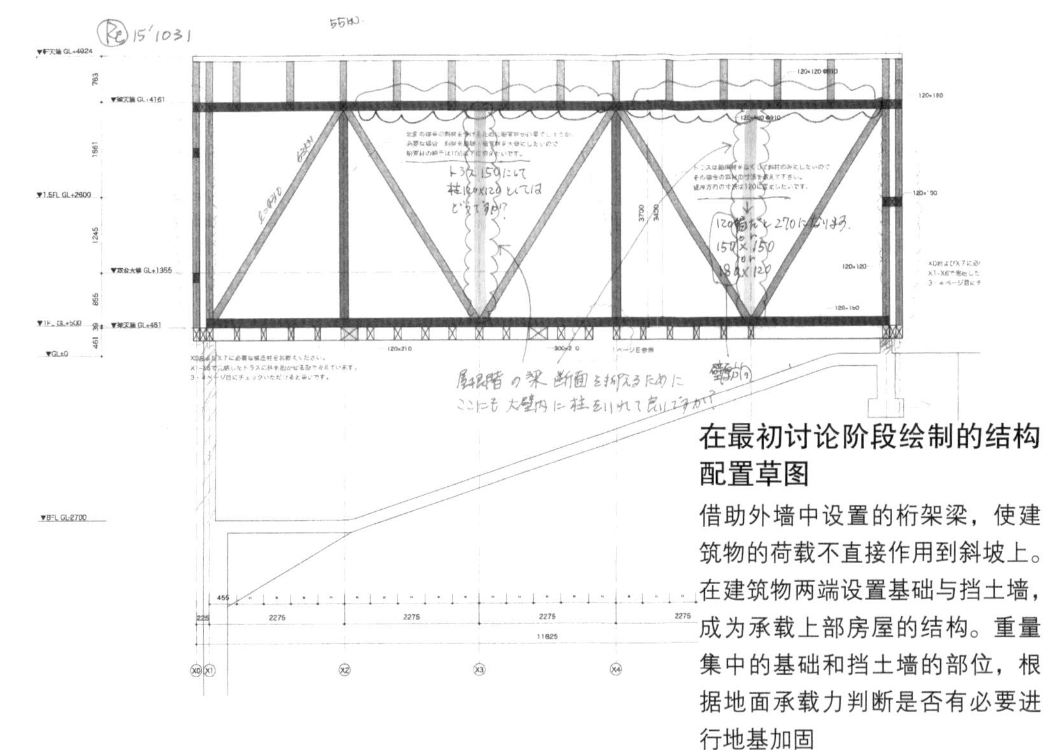

▼B'FL GL-2700
455
225
2275
2275
2275
2275
11825
X0 X1
X2
X3
X4

在最初讨论阶段绘制的结构配置草图

借助外墙中设置的桁架梁，使建筑物的荷载不直接作用到斜坡上。在建筑物两端设置基础与挡土墙，成为承载上部房屋的结构。重量集中的基础和挡土墙的部位，根据地面承载力判断是否有必要进行地基加固

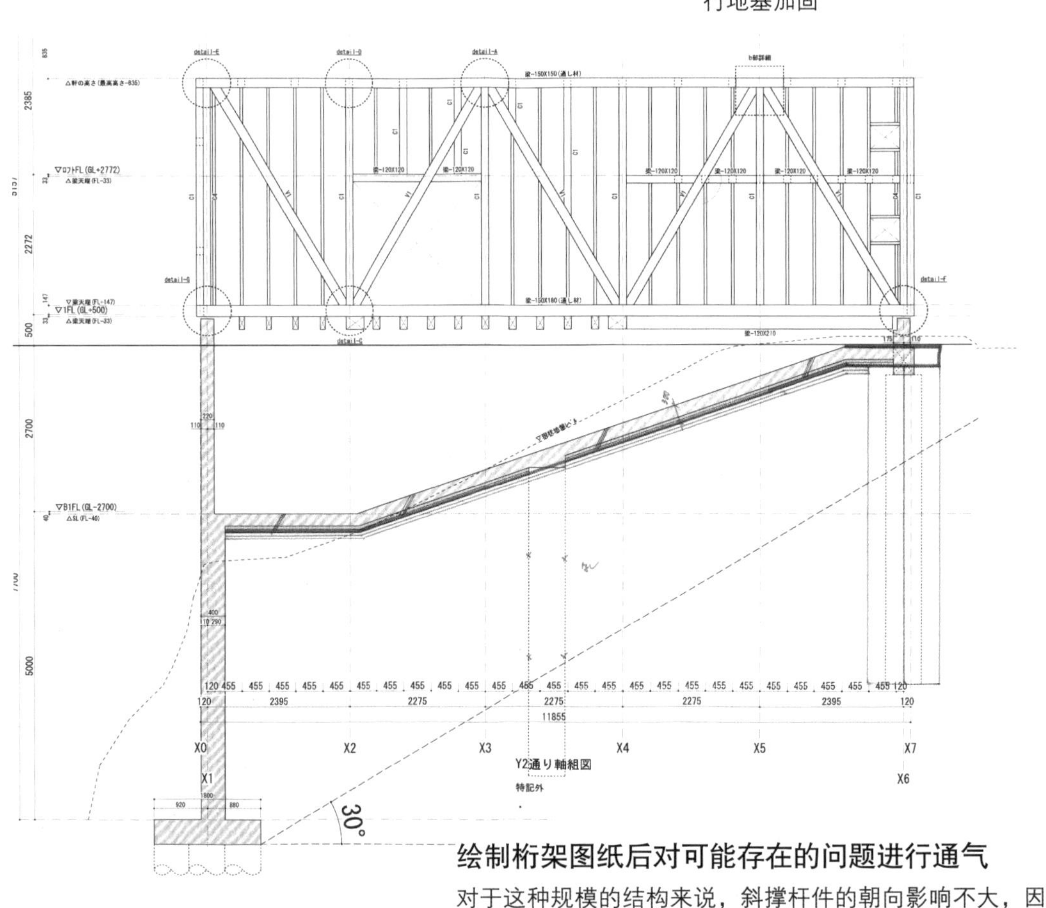

▽ロフトFL (GL+2772)
▽1FL (GL+500)
▽B1FL (GL-2700)
2385
2272
500
2700
5000
120
2395
2275
2275
2275
2395
120
11855
X0
X1
X2
X3
X4
X5
X7
X6
Y2通り軸組図
特記外
30°

绘制桁架图纸后对可能存在的问题进行通气

对于这种规模的结构来说，斜撑杆件的朝向影响不大，因此我们根据建筑的开口部进行了桁架方向的调整。荷载集中后有必要加固地基，我们提出了深层混合处理工法的方案。作用在挡土墙上的恒定水平力也需要被认真考虑

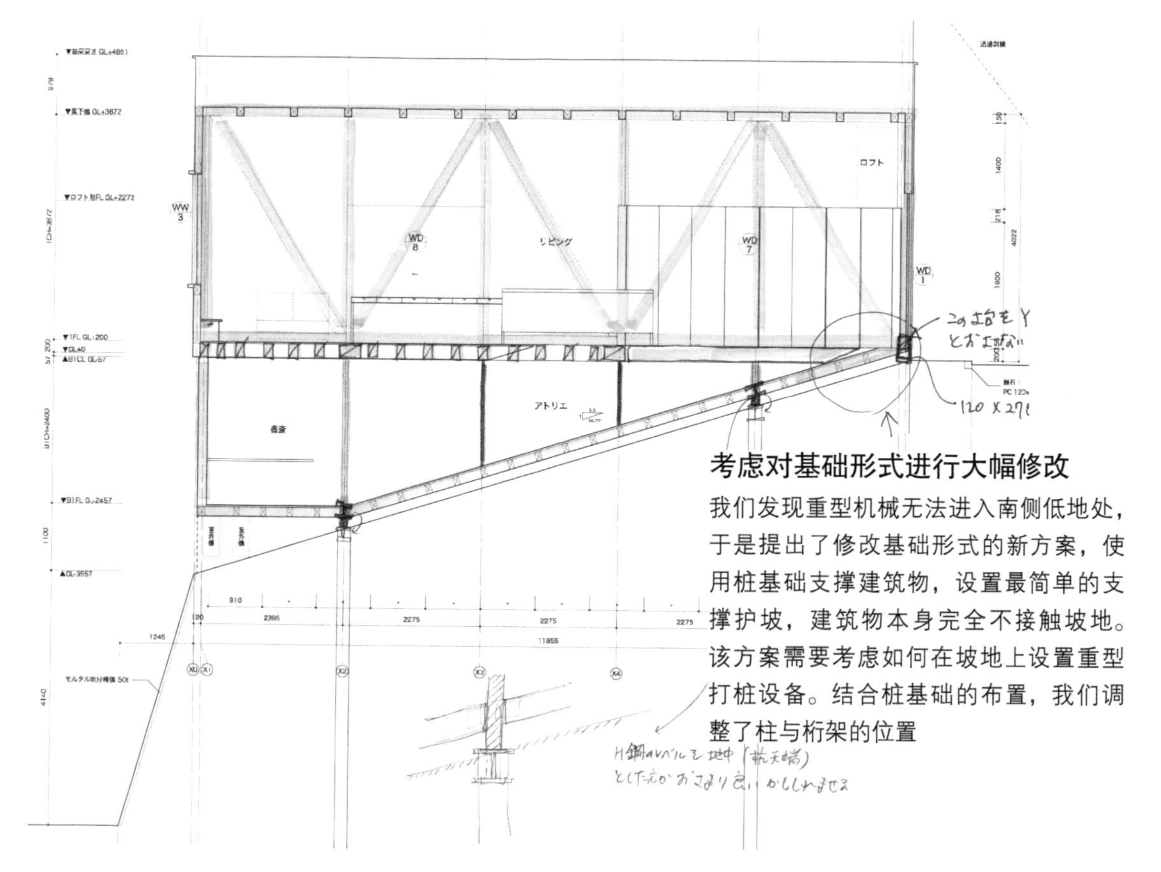
ロフト
リビング
アトリエ
書斎
120 X 270
11856

考虑对基础形式进行大幅修改

我们发现重型机械无法进入南侧低地处，于是提出了修改基础形式的新方案，使用桩基础支撑建筑物，设置最简单的支撑护坡，建筑物本身完全不接触坡地。该方案需要考虑如何在坡地上设置重型打桩设备。结合桩基础的布置，我们调整了柱与桁架的位置

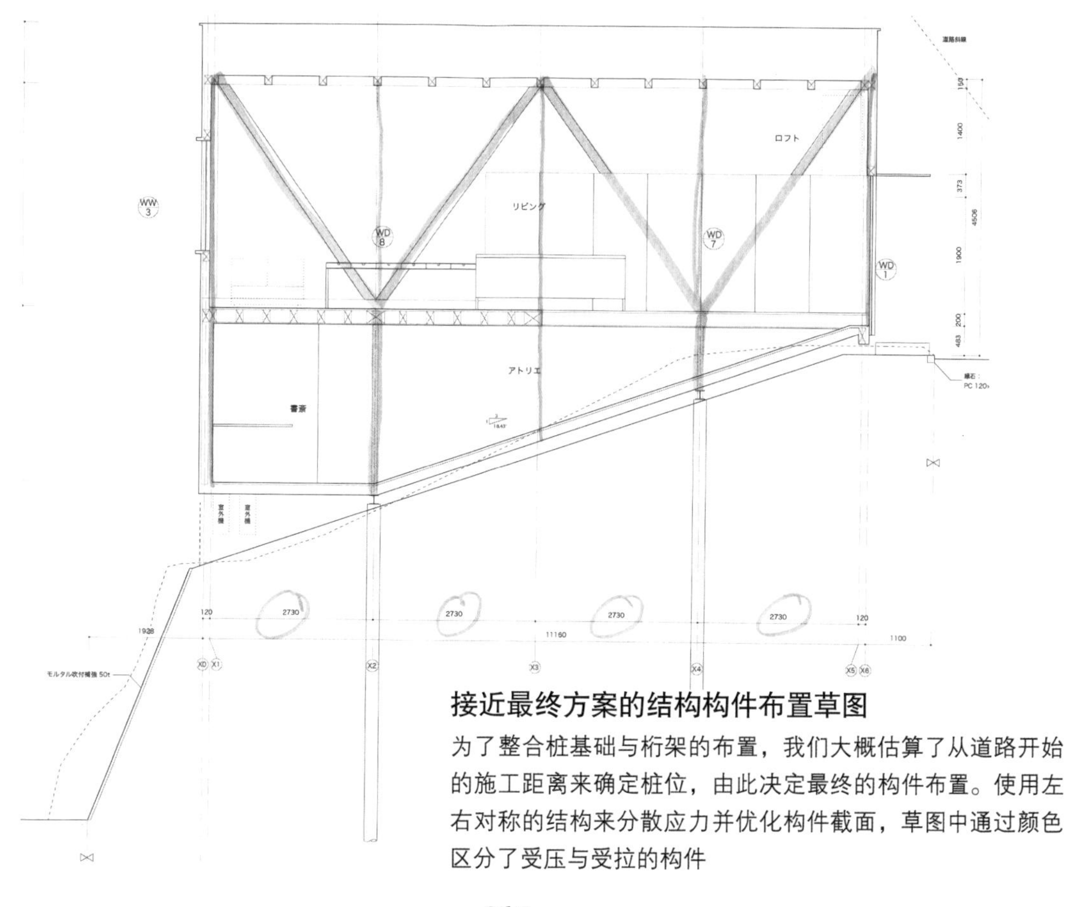
ロフト
リビング
アトリエ
書斎
11160

接近最终方案的结构构件布置草图

为了整合桩基础与桁架的布置，我们大概估算了从道路开始的施工距离来确定桩位，由此决定最终的构件布置。使用左右对称的结构来分散应力并优化构件截面，草图中通过颜色区分了受压与受拉的构件

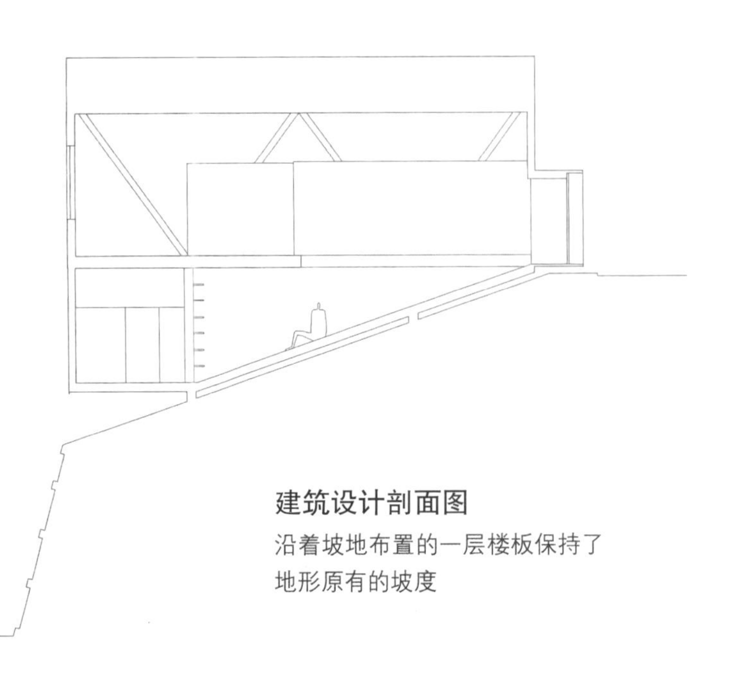

建筑设计剖面图

沿着坡地布置的一层楼板保持了地形原有的坡度

在坡地上进行桩基施工时，通常需要搭建临时操作面，确保重型机械在水平状态下进行打桩。这种施工技术是可行的，但是出于成本考虑，在小规模项目中一般不会这么做。

在本项目中，我们的操作方法是从水平的前侧道路处延伸出打桩机吊杆，从而能够在坡地上打桩。由于前侧道路非常狭窄，桩基材料只能临时放置在坡地上，每次看到都让人觉得提心吊胆，好在现场施工人员都很灵活机敏，在确保必要的安全性的同时，稳步推进施工进度。

从道路一侧开始的桩基施工

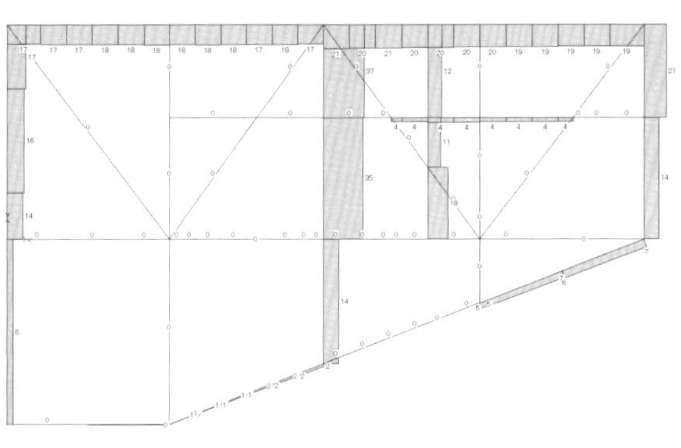

拉应力图

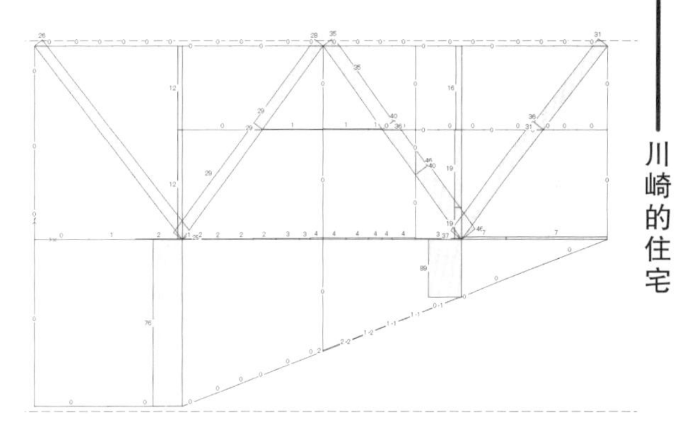

压应力图

应力分析图

建筑物是桁架结构支撑的，上图表达了压力与拉力的受力情况。在木结构设计中，受拉部位的节点设计至关重要，需要确定连接处的应力状态，根据所需的螺栓数量来设计构件截面

桩基施工的情景

吊杆挑出，桩基旋转压入地面

与桁架交接处的节点详图研究

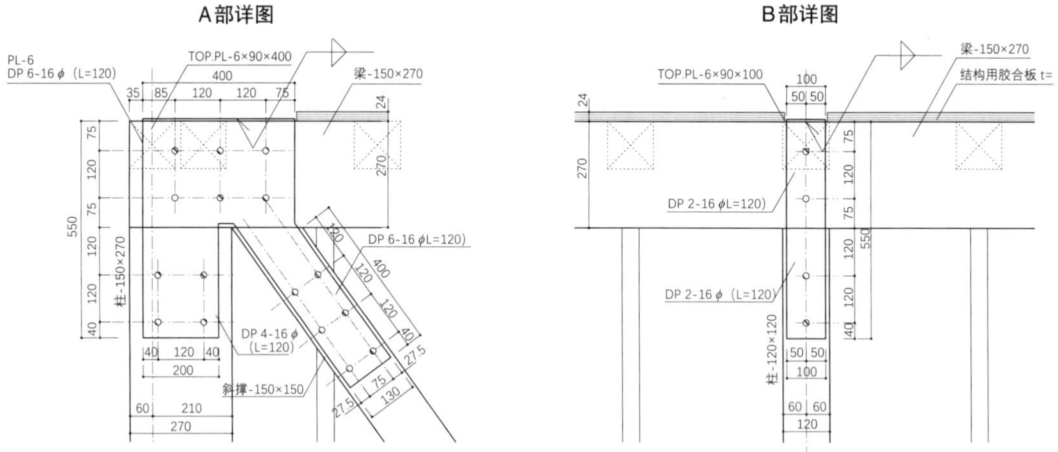

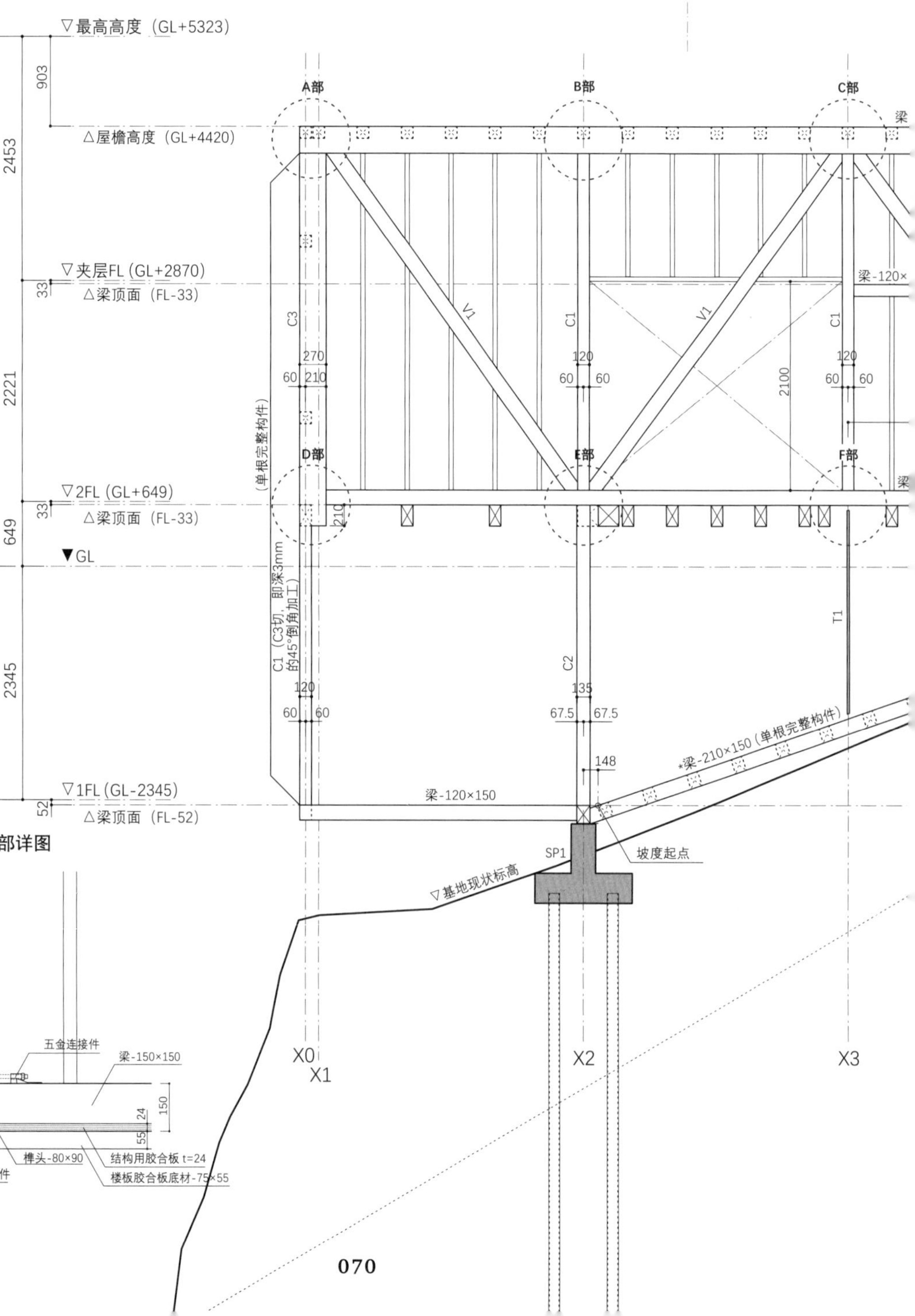

A部详图

PL-6
DP 6-16 ϕ (L=120)
TOP.PL-6×90×400
400
35 85 120 120 75
梁-150×270
24
270
75
120
75
120
120
40
550
柱-150×270
DP 6-16 ϕL=120)
120
120
400
120
40
27.5
DP 4-16 ϕ (L=120)
40 120 40
200
斜撑-150×150
75
130
27.5
60 210
270

B部详图

TOP.PL-6×90×100
100
50 50
梁-150×270
结构用胶合板 t=
24
270
DP 2-16 ϕL=120)
DP 2-16 ϕ (L=120)
75
120
75
120
120
40
550
柱-120×120
50 50
100
60 60
120

▽最高高度 (GL+5323)
903
△屋檐高度 (GL+4420)
2453
▽夹层FL (GL+2870)
33
△梁顶面 (FL-33)
5323
2221
▽2FL (GL+649)
33
△梁顶面 (FL-33)
649
▼GL
2345
2345
▽1FL (GL-2345)
52
△梁顶面 (FL-52)

A部
B部
C部
D部
E部
F部
梁
梁-120×
梁
C3
V1
C1
V1
C1
270
60 210
120
60 60
2100
120
60 60
(单根完整构件)
210
C1 (C3切, 即深3mm的45°倒角加工)
C2
T1
120
60 60
135
67.5 67.5
148
*梁-210×150 (单根完整构件)
梁-120×150
SP1
坡度起点
▽基地现状标高
X0
X1
X2
X3

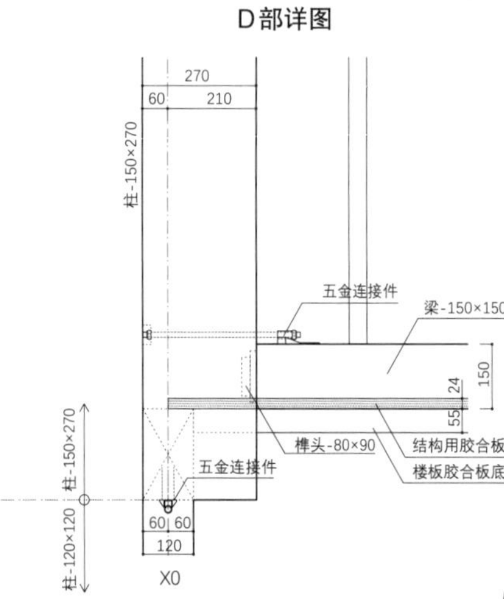

D部详图

270
60 210
柱-150×270
五金连接件
梁-150×150
150
24
55
榫头-80×90
结构用胶合板 t=24
楼板胶合板底材-75×55
五金连接件
柱-150×270
柱-120×120
60 60
120
X0

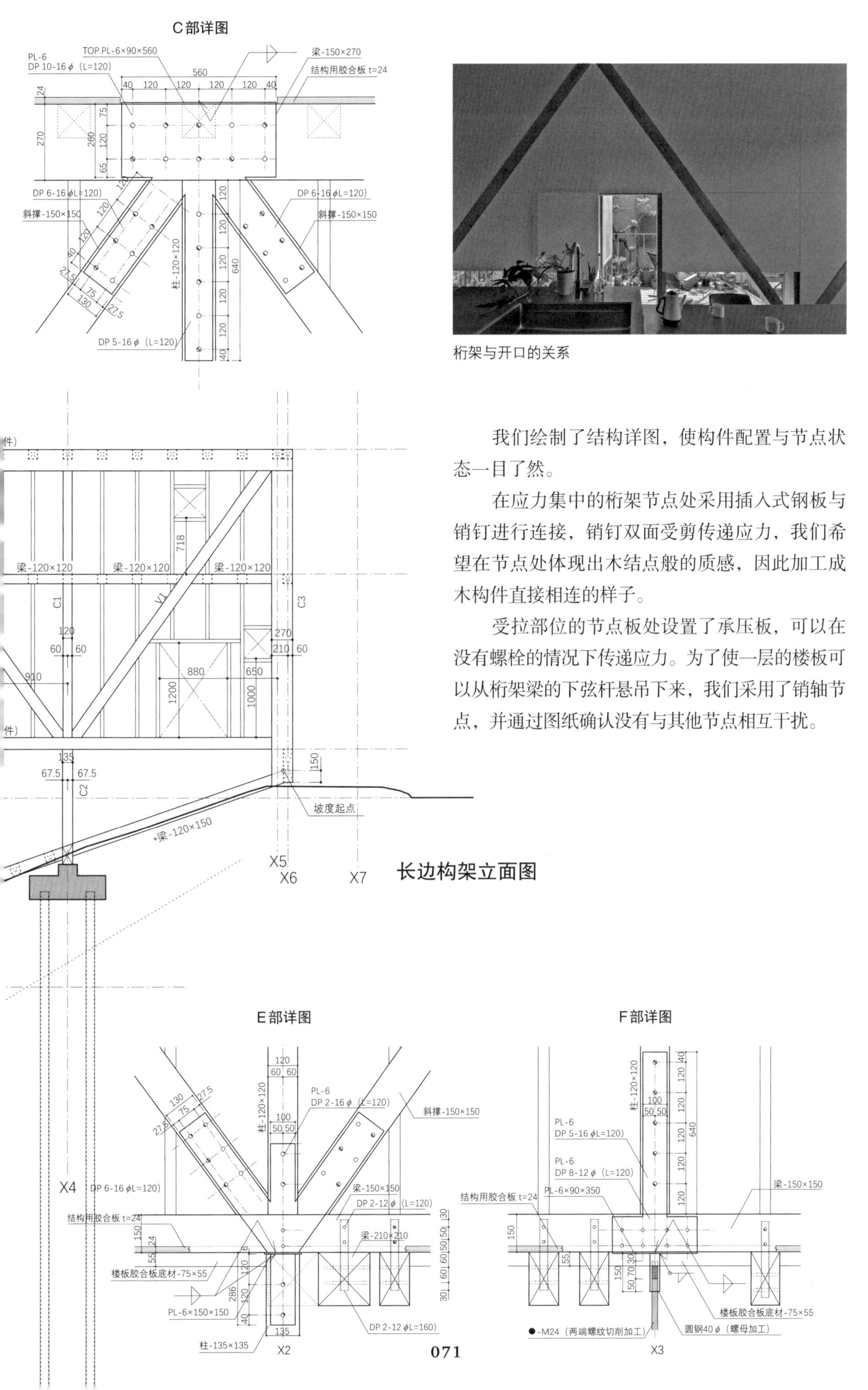
C部详图
PL-6
DP 10-16 ϕ（L=120）
TOP.PL-6×90×560
梁-150×270
结构用胶合板 t=24
560
40 120 120 120 120 40
DP 6-16 ϕL=120)
斜撑-150×150
柱-120×120
DP 5-16 ϕ（L=120）
长边构架立面图
梁-120×120
C1
C2
C3
V1
坡度起点
梁-120×150
X4
X5
X6
X7
E部详图
PL-6
DP 2-16 ϕ（L=120）
斜撑-150×150
柱-120×120
DP 6-16 ϕL=120)
结构用胶合板 t=24
梁-150×150
DP 2-12 ϕ（L=120）
梁-210×210
楼板胶合板底材-75×55
PL-6×150×150
DP 2-12 ϕL=160)
柱-135×135
X2
F部详图
柱-120×120
PL-6
DP 5-16 ϕL=120)
PL-6
DP 8-12 ϕ（L=120）
PL-6×90×350
结构用胶合板 t=24
梁-150×150
楼板胶合板底材-75×55
●-M24（两端螺纹切削加工）
圆钢40 ϕ（螺母加工）
X3

桁架与开口的关系

我们绘制了结构详图，使构件配置与节点状态一目了然。

在应力集中的桁架节点处采用插入式钢板与销钉进行连接，销钉双面受剪传递应力，我们希望在节点处体现出木结点般的质感，因此加工成木构件直接相连的样子。

受拉部位的节点板处设置了承压板，可以在没有螺栓的情况下传递应力。为了使一层的楼板可以从桁架梁的下弦杆悬吊下来，我们采用了销轴节点，并通过图纸确认没有与其他节点相互干扰。

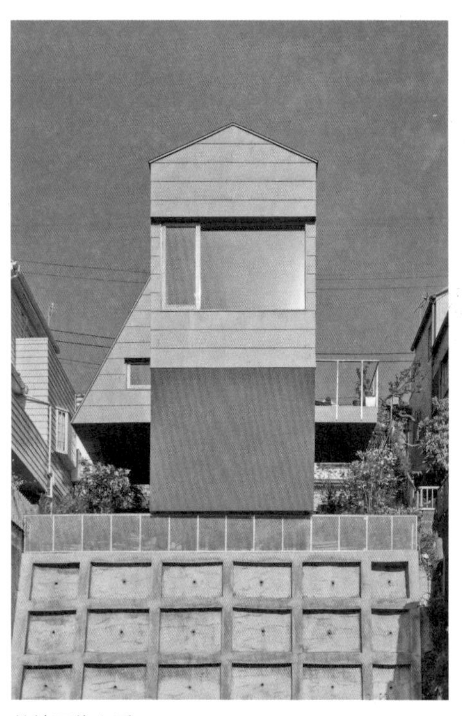

从坡下往上看

柱子截面有缺损

使用中号螺栓2-M12@600以下，
与梁一体化

创造出具有漂浮感的侧屋

从布置了横架的Y2与Y4长轴向两侧悬挑出单独的房间和露台，它们被设计成与主屋相连的侧屋的样子，关于它们的支撑方式，也与坡地上建造的话题有关。

通常在侧屋的下部也会设置基础。由于本项目在坡地上意图将基础最小化处理，所以不存在建筑自身的基础。比起仅仅为了侧屋而设置基础，我们选择了从结构主体悬吊支撑的结构形式。过程中我们讨论了从屋盖开始悬吊，以及脱离主结构独立的提案，最终选择了利用横架中的楼板梁实现悬挑的策略。

因为在木结构中实现梁的悬挑，需要确保梁自身是连续的整体，所以楼板梁在与桁架下弦梁正交连接的时候存在高差。结构构件之间的关系表现为在楼板（悬挑梁）上布置桁架下弦梁，因此桁架的上下弦构件可以在室内空间中得到完整表达。

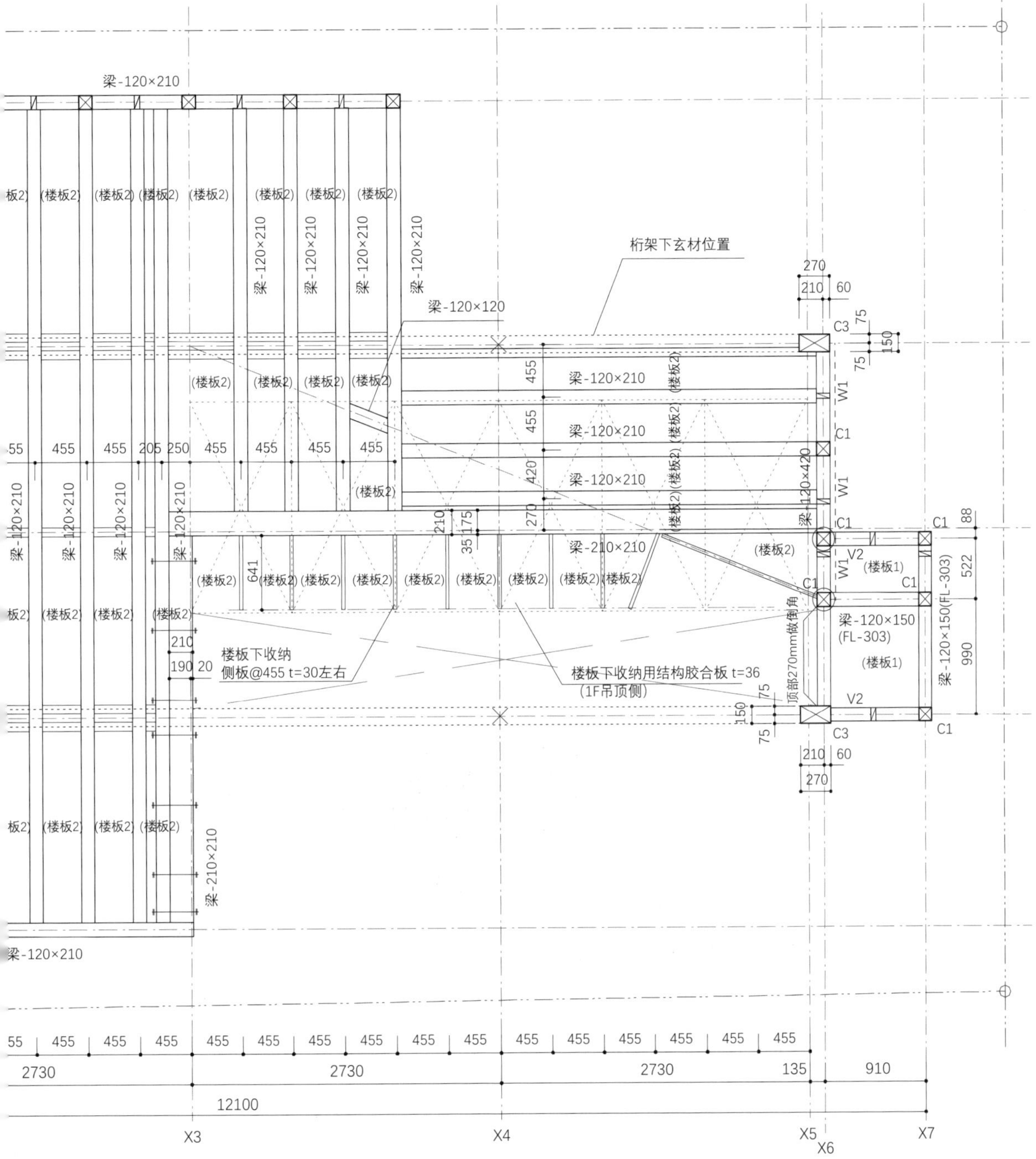
梁-120×210
桁架下玄材位置
梁-120×120
楼板下收纳
侧板@455 t=30左右
楼板下收纳用结构胶合板 t=36
(1F吊顶侧)
顶部270mm做倒角
梁-120×150
(FL-303)
梁-210×210
梁-120×420
梁-210×210
X3
X4
X5
X6
X7
12100

结构图/构架平面图

Study Process

—如何在结构中利用对角线网格的形式？

——表现木结构时的注意点

———如何使用短材实现大尺度的墙面？

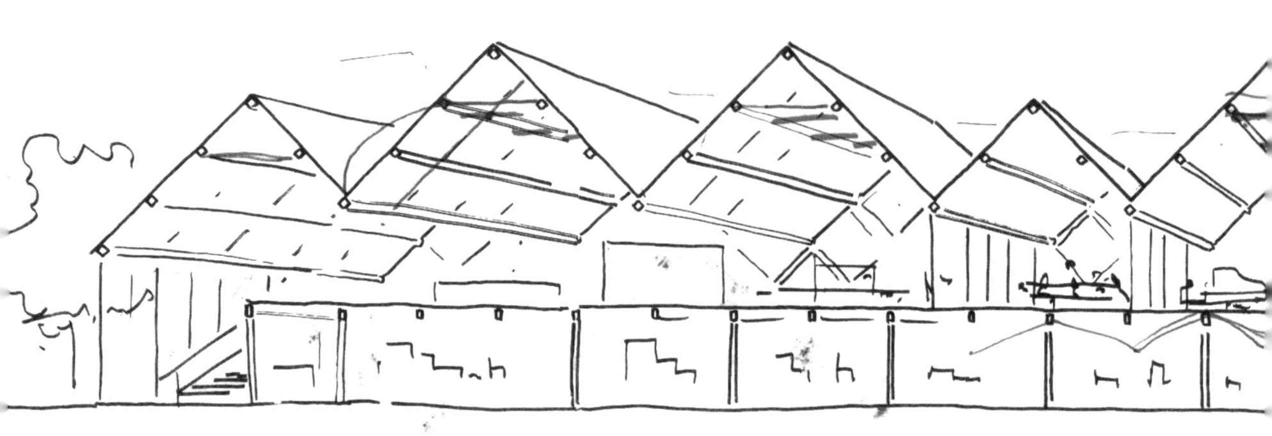

利用对角线网格创造可视的结构

富冈商工会议所会馆

手塚贵晴·手塚由比（手塚建筑研究所）

木结构

对角线网格集成材

模型照片

在场地后侧重复使用临老街而建的和服店的屋盖形式，形成了本项目中整体的屋盖形状。邻近的仓库也经过抗震改造，作为新的画廊空间使用。由于该建筑位于从车站到世界文化遗产富冈制丝场的路线之上，因此建筑师希望建筑侧面的开放空间能与内部的大厅结合，共同向社区开放

建筑师在项目第一次讨论会上向我们讲解了项目概况并展示了模型，模型中一连串陡峭的屋盖连在一起，形成了狭长的锯齿形建筑，它的长边立面由对角线网格组成。建筑内部包括一个大尺度的挑高大厅，办公与商业等其余小尺度空间则被安排在两层的空间内。本项目是富冈制丝场所在城镇的工商会议中心的重建设计。

在几何学上，对角线网格本身是不稳定的，但是通过增加梁柱，可以使其作为网架发挥结构作用，建筑的长边由此可以承受地震荷载，问题在建筑横向的抗侧处理。因为长形建筑物是连续的隧道形空间，所以不存在抗震元素。除了一层的隔墙能够作为结构使用以外，就没有其他能发挥结构作用的要素了，该怎么办呢？

剖面草图

内部规划了大厅与办公空间，所有的结构构件都以本来的样子呈现出来，我们计划将这可见的架构打造为当地的象征

结构构件布置研究

网架的构件通过轴力传递应力，因此可以使用小尺寸截面的构件；而屋面梁受弯，所以截面尺寸较大。我们提出在跨度较大的地方设置水平方向的连接杆件来缩短跨度的方案

在这种情况下，我们与建筑师通气了结构上的问题，并询问了很多问题来探讨什么样的结构形式是符合空间要求的，例如：没有墙的部分如何处理；这个地方强度很弱，该怎么办等。通过理解建筑师的设计意图，我们整理了设计条件，共享问题点，从而得出结构设计的策略。有时虽然在模型和图纸上并没有反映，但是建筑师会说“这里有墙也可以”；有时则是“梁柱尺寸变大也没关系，但是这里我不想有墙”。此外，建筑师也会询问是否可以使用钢结构来减小截面尺寸。

本项目的结构策略是避免将建筑一层的隔墙作为结构使用，目标是把结构控制在最小限度，确保其不会成为障碍，影响将来平面规划的灵活可变度。为此，我们增加了斜柱，以抵抗建筑横向的地震力。

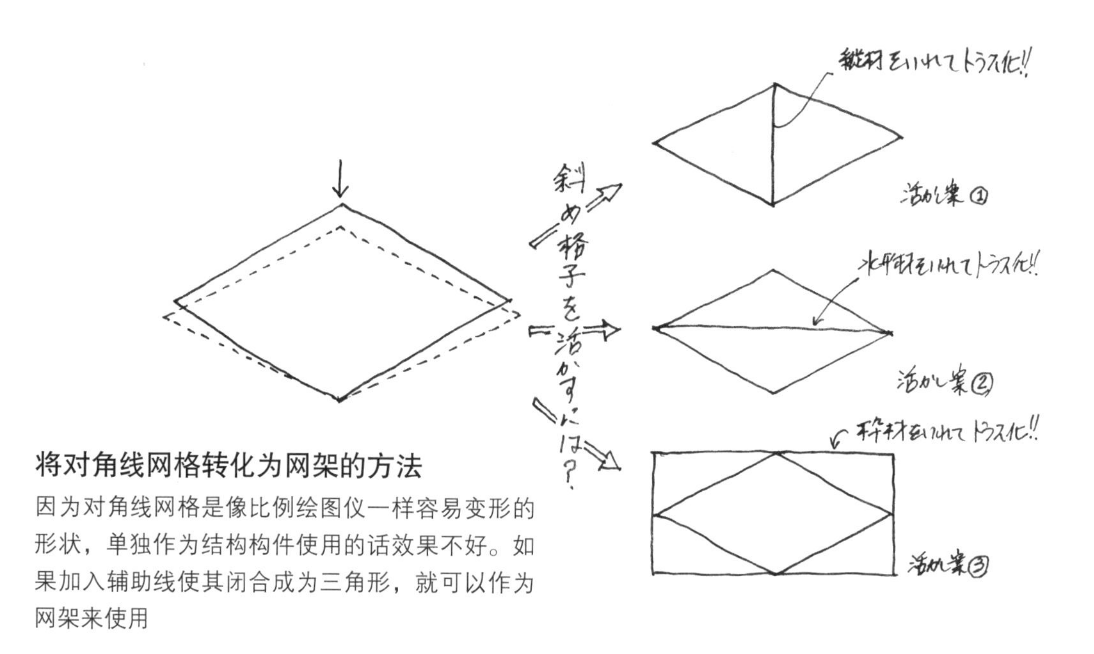
斜め格子を活かすには?
縦材をいれてトラス化!!
活かし案①
水平材をいれてトラス化!!
活かし案②
枠材をいれてトラス化!!
活かし案③

将对角线网格转化为网架的方法

因为对角线网格是像比例绘图仪一样容易变形的形状，单独作为结构构件使用的话效果不好。如果加入辅助线使其闭合成为三角形，就可以作为网架来使用

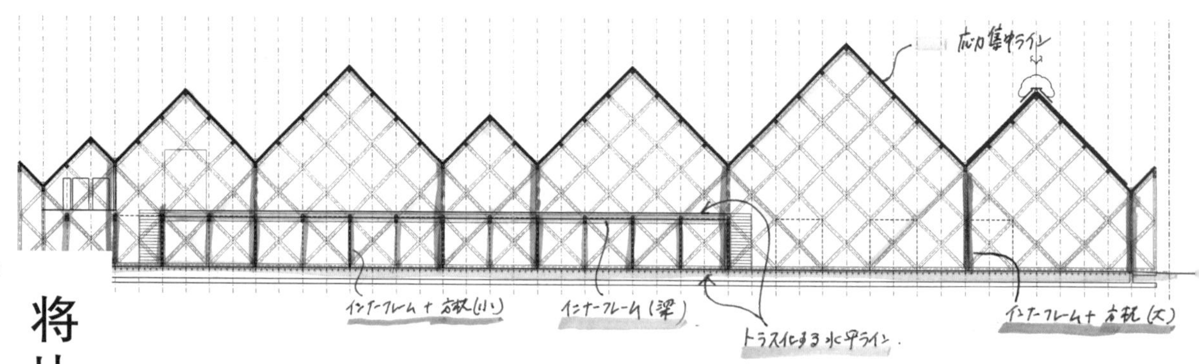
応力集中ライン
インナーフレーム+方杖(小)
インナーフレーム(梁)
トラス化する水平ライン
インナーフレーム+方杖(大)

插入内框架

与对角线网格构成的“外框架”相对应，作为水平构件的二层楼板梁与作为垂直构件的屋盖低点处的柱共同作为“内框架”插入其中，将对角线网格转化为网架。我们在图中特定部位标注颜色，假定为网架化后的应力集中区。预先假设应力集中部分，有助于建模时理解受力情况

将比例绘图仪的形状转化为网架

建筑长边立面的对角线网格由易于折叠的“比例绘图仪的形状”构成，这意味着它容易变形，但如果在其中加入辅助线使其成为一系列三角形，那就可以被转化为网架结构。在本项目中，二楼的楼板梁和地面已经起到了水平方向辅助线的作用，此外在屋盖低点处布置“柱子”，就可以将对角线网格转化为刚性的网架结构。

除了构成网架以外，追加柱子还有别的理由。如果让对角线网格来承担楼板荷载的话，无论对构件截面还是节点处，都会产生很大的负担，该处的倾斜杆件截面就会变大，无法形成均质的网格。

增加的柱子与二层的楼板梁，以及斜柱，构成了“内框架”，长边墙面的对角线网格与屋盖的格子梁构成了“外框架”，它们清晰地分担了建筑物所受应力。

外框架和内框架

作为外框架的对角线网格与屋盖网格起到建筑长向抗震构件与水平刚性楼板的作用，作为内框架的梁柱则用来应对楼板荷载，并利用斜柱承受建筑横向的水平力

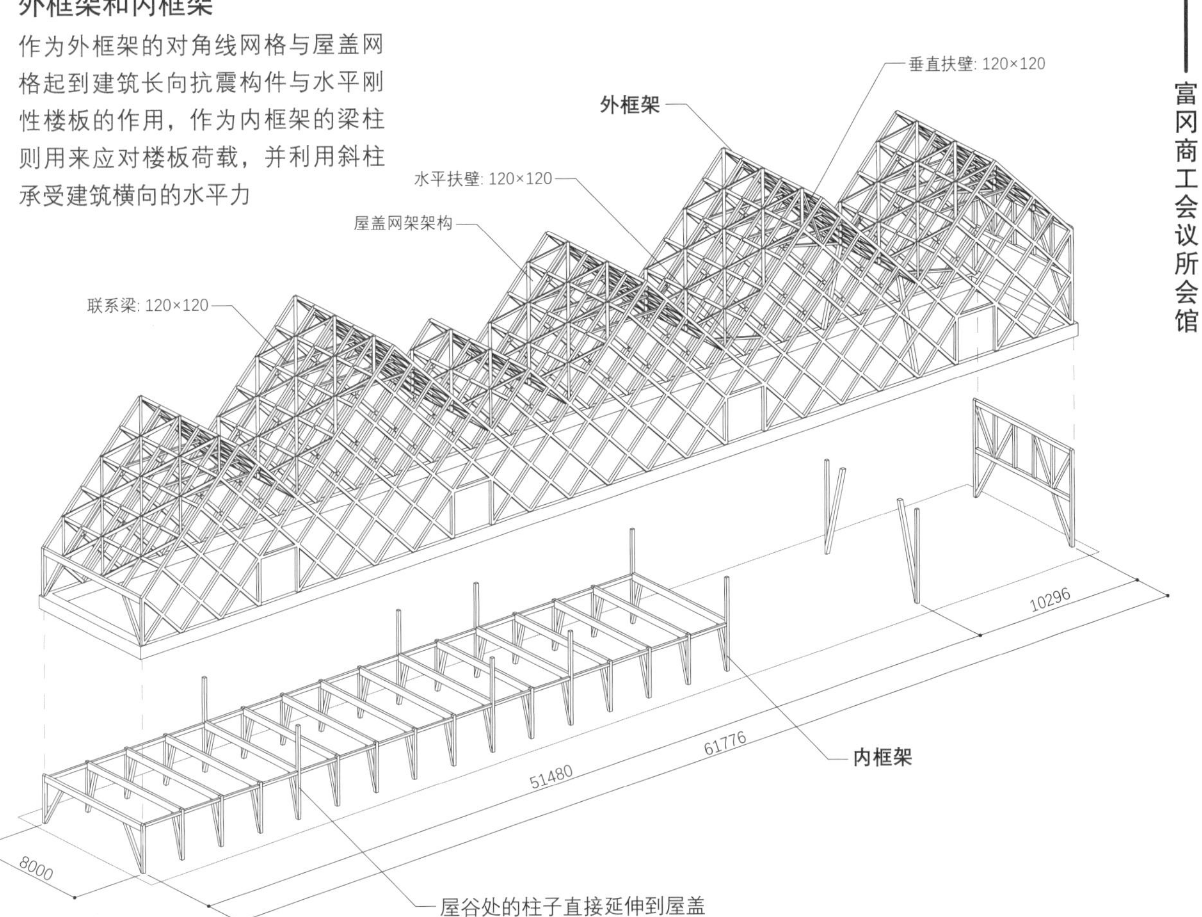
垂直扶壁: 120×120
外框架
水平扶壁: 120×120
屋盖网架架构
联系梁: 120×120
10296
61776
51480
8000
内框架
屋谷处的柱子直接延伸到屋盖

看向大厅的挑高空间

网架的节点受力会增大，因此需要使用五金件连接。我们使用“通常部分”与“特殊部分”的区分方式来考虑如何使用五金件。在通常部分使用对拉螺栓进行连接，主要应力依靠木节点传递；特殊部分则采用插入型钢板进行连接，使用销钉传递应力。

转化为网架时，外框架与内框架的交接非常重要，我们首先在几何上将对角线网格的交点与梁柱的交点对齐，在交点处使用拉力螺栓将它们连接，外框架就可以被转化为网架。由于该处有发生脱离的趋势，因此在对拉螺栓端点处设置了带垫圈的加厚螺母，将其设计为具有抗剪能力的螺栓。

构成外框架的对角线网格节点也被设计成“通常部分”，使用拉力螺栓和木节点进行应力传递。另一方面，斜柱连接处，以及有许多构件聚集在一起的屋盖和墙体的交会处，被看作是“特殊部分”，使用插入式钢板进行连接并传导应力。

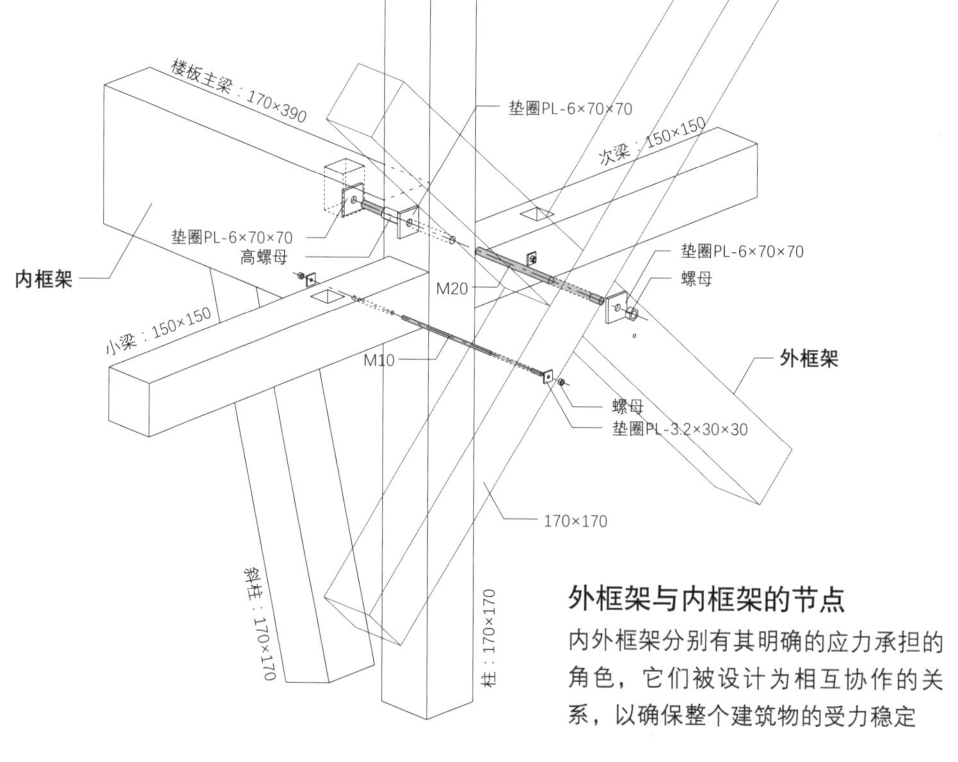
楼板主梁：170×390
垫圈PL-6×70×70
次梁：150×150
垫圈PL-6×70×70
高螺母
内框架
M20
垫圈PL-6×70×70
螺母
小梁：150×150
M10
外框架
螺母
垫圈PL-3.2×30×30
170×170
斜柱：170×170
柱：170×170

外框架与内框架的节点

内外框架分别有其明确的应力承担的角色，它们被设计为相互协作的关系，以确保整个建筑物的受力稳定

利用五金件简化处理节点

在内框架端部置入的带垫圈的厚螺母

内框架的柱子将对角线网格转化为网架

网格交点处的螺栓承担拉力与剪力

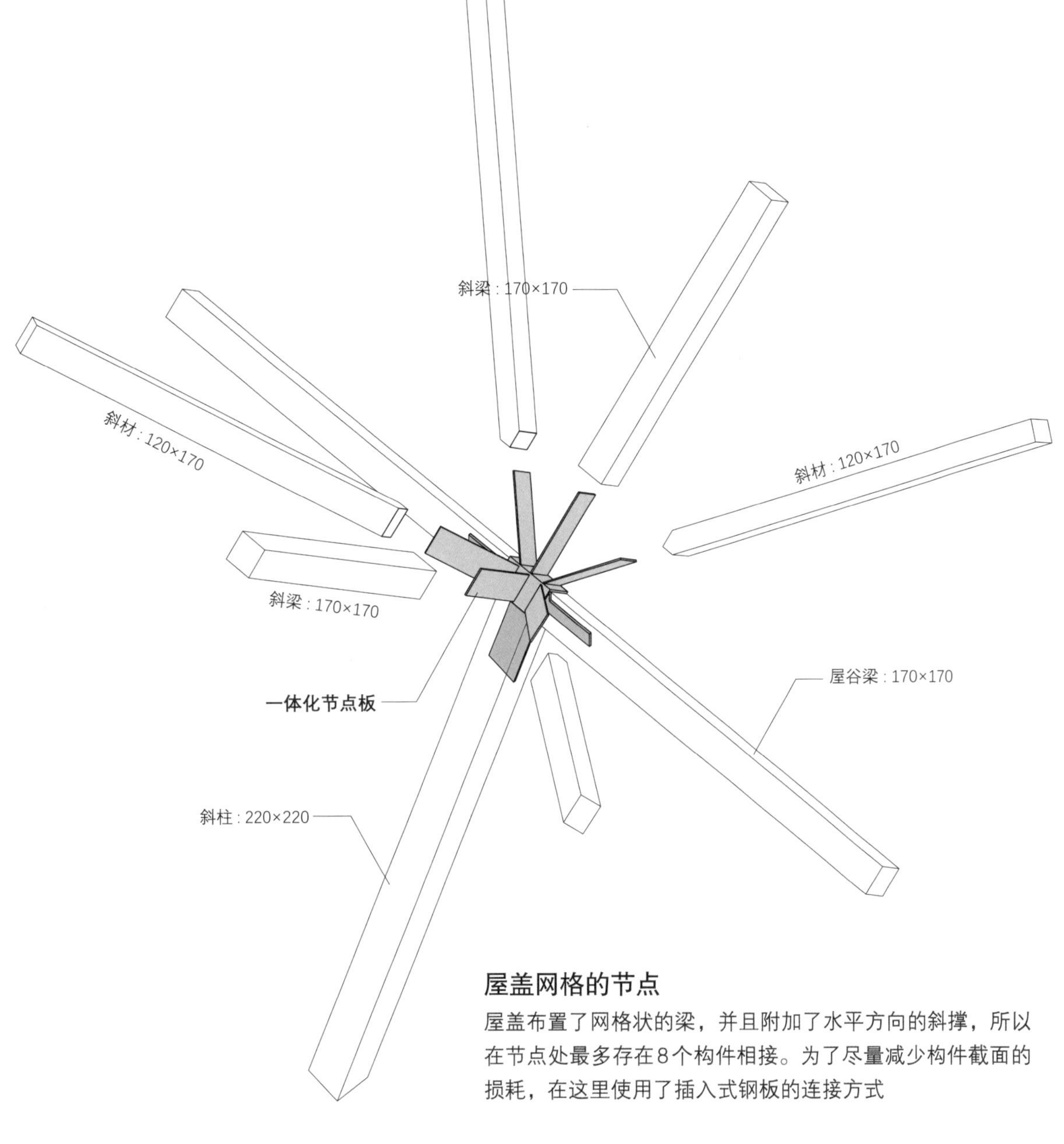

斜梁 : 170×170
斜材 : 120×170
斜材 : 120×170
斜梁 : 170×170
屋谷梁 : 170×170
一体化节点板
斜柱 : 220×220

屋盖网格的节点

屋盖布置了网格状的梁，并且附加了水平方向的斜撑，所以在节点处最多存在8个构件相接。为了尽量减少构件截面的损耗，在这里使用了插入式钢板的连接方式

考虑将节点板隐藏在木材中

网架构件交会处的节点板最多需要连接8个构件

屋脊与屋架梁的交接

分别考虑应力集中部分和通常部分

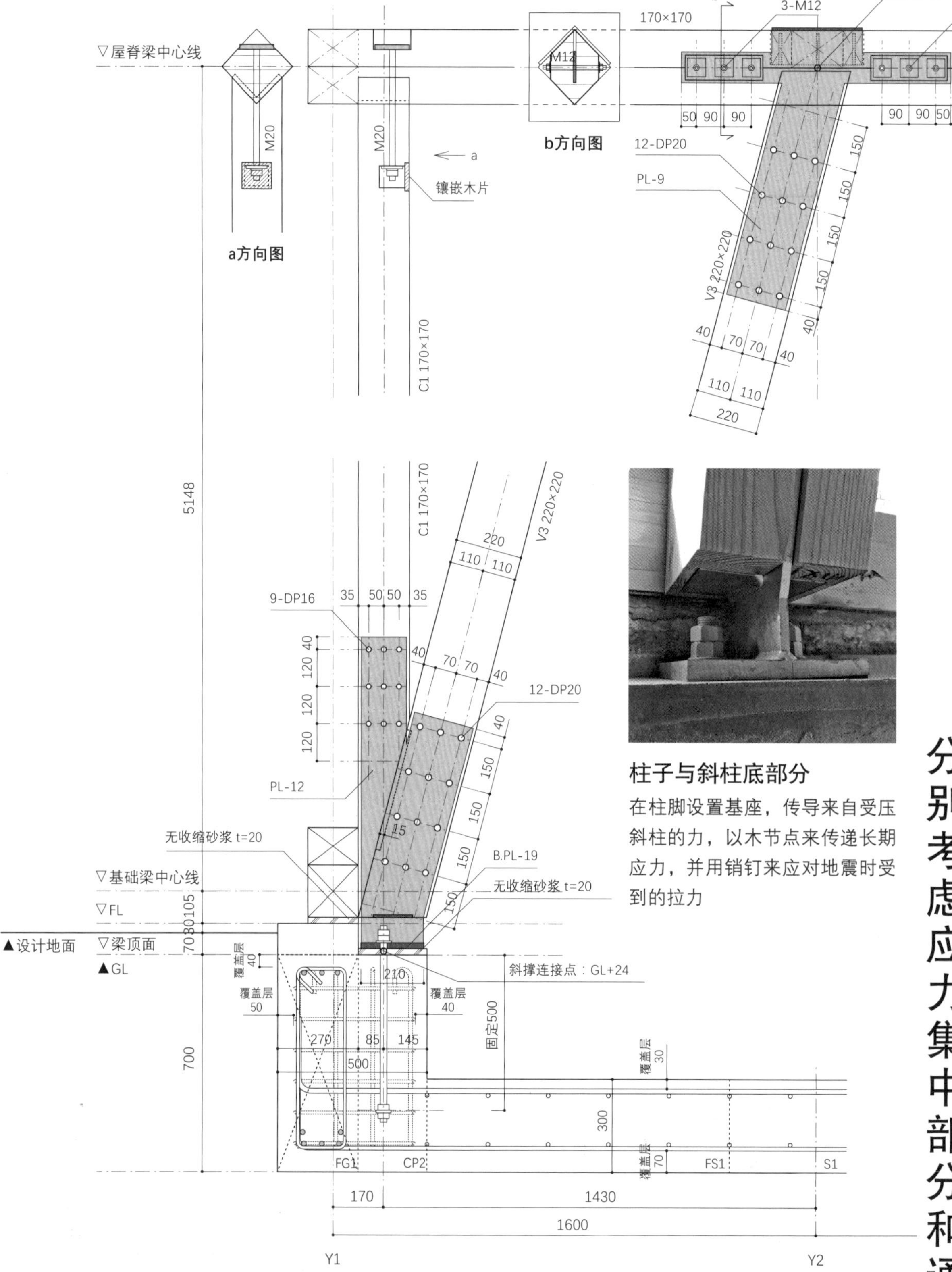

▽屋脊梁中心线
M20
a方向图
M20
← a
镶嵌木片
M12
b方向图
170×170
b
3-M12
斜撑连接点
50 90 90
90 90 50
50 50
12-DP20
PL-9
V3 220×220
150
150
150
150
40
40
70 70
40
110 110
220
C1 170×170
5148
C1 170×170
V3 220×220
220
110 110
9-DP16
35 50 50 35
40
120
120
120
40
70 70
40
12-DP20
40
150
150
150
150
PL-12
15
无收缩砂浆 t=20
B.PL-19
无收缩砂浆 t=20
▽基础梁中心线
▽FL
▲设计地面
▽梁顶面
▲GL
70
30
105
覆盖层 40
210
斜撑连接点：GL+24
覆盖层 50
覆盖层 40
固定500
270
85
145
500
700
覆盖层 30
300
覆盖层 70
FG1
CP2
FS1
S1
170
1430
1600
Y1
Y2

柱子与斜柱底部分

在柱脚设置基座，传导来自受压斜柱的力，以木节点来传递长期应力，并用销钉来应对地震时受到的拉力

应力集中部分：斜柱部分的架构详图

在应力集中的地方使用插入式钢板的节点形式。因为斜柱承受很大的长期垂直荷载，起到了重要作用，所以在底部直接与五金件连接，垂直的立柱则搭接在斜柱上与之连接在一起

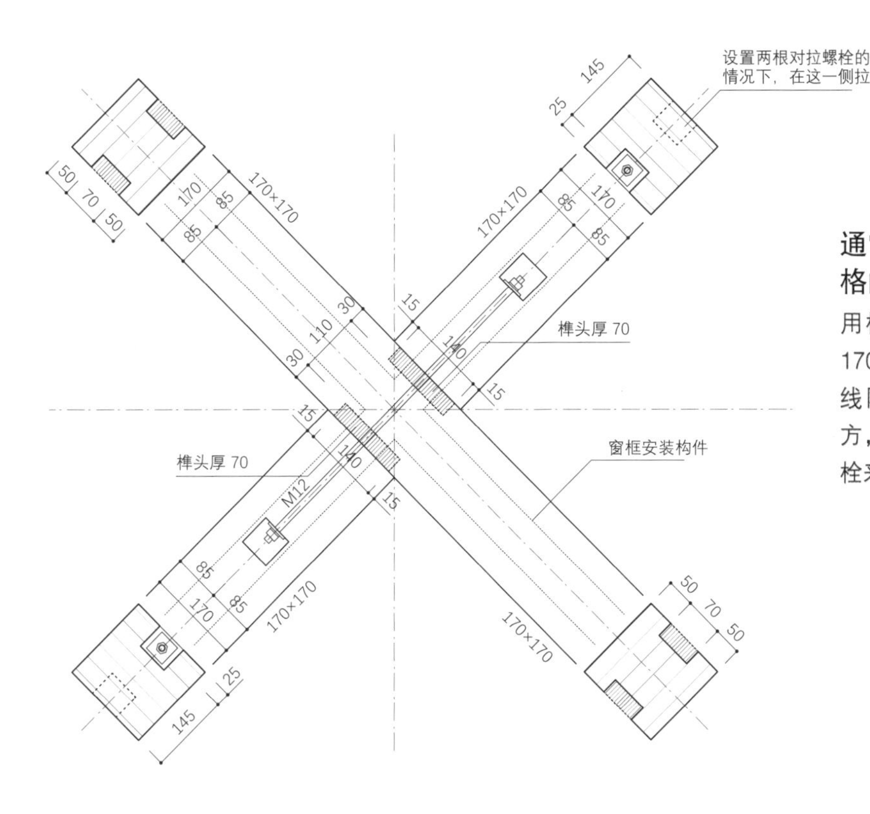
设置两根对拉螺栓的
情况下，在这一侧拉
145
25
170×170
170
85
50
70
30
110
15
140
榫头厚 70
窗框安装构件
M12

通常部分：对角线网格的节点

用榫卯和对拉螺栓来连接170 mm×170 mm的对角线网格。在拉力集中的地方，内部设置两根对拉螺栓来应对

在墙体外侧设置安装窗框的木构件

用来连接170 mm×170 mm构件的对拉螺栓是挖槽嵌入式的，因此不会突出构件表面。此外调整安装窗框的木构件的位置，可以将挖槽的部分隐藏起来

用来遮蔽日照的细木条漏窗

在玻璃部分设置了细木条漏窗［译者注：细木条漏窗即日本传统木工技法“組子（組子細工）”，是一种不使用钉子，将细木条组装成几何图案以稳定牢固的木工技法］作为遮阳装置。细木条的组合工艺能够让人联想到富冈制丝场使用的一种叫作蚕簇的工具

在墙体外侧设置安装窗框的五金件

安装窗框的木构件上还设置了弯折的五金件来装配玻璃。挖槽的尺寸小于五金件的宽幅以便隐藏

使用短材实现大尺度墙面的方法

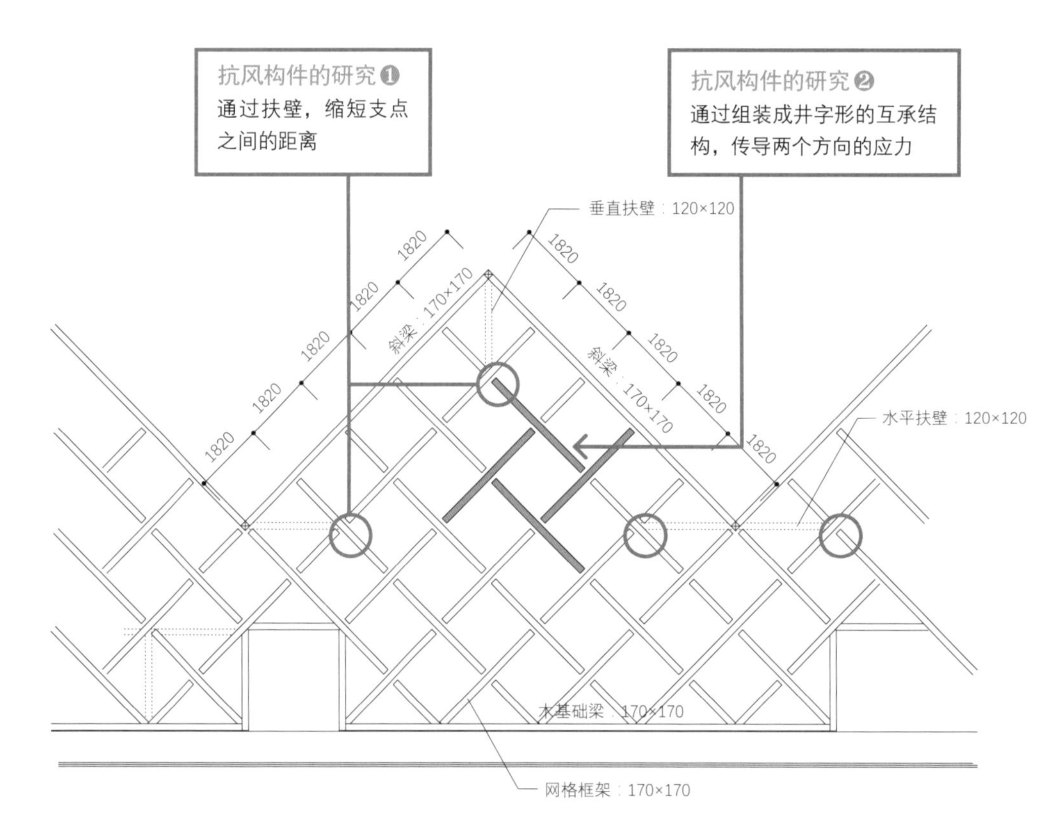

抗风构件的研究❶
通过扶壁，缩短支点之间的距离
抗风构件的研究❷
通过组装成井字形的互承结构，传导两个方向的应力
垂直扶壁：120×120
1820
斜梁：170×170
水平扶壁：120×120
木基础梁：170×170
网格框架：170×170

大厅墙体中对角线网格的构件布置

大厅是最大高度达11.6 m的大型挑高空间，构成外墙的对角线网格有16.4 m长，因此难以用一根完整的构件来实现。此处使用短材的组合来传导应力

风压弯矩图

左图表现了互承结构的弯矩图，在中央3.64 m的构件处弯矩是最大的。在一部分产生负弯矩的区域，在内部设置水平及垂直方向的扶壁

通过内框架承担垂直荷载，分散对角线网格承受的应力，因此网格中所有构件截面尺寸都可以设计为相同的170 mm×170 mm。但是两层通高大厅与普通层高部分的外墙相比，受到的风荷载是不同的。170 mm×170 mm的截面尺寸不足以确保在承受设计风荷载时不产生形变。此外，这部分的构件尺寸更长，制造与施工难度更大。

为了解决这些问题，首先在大厅内部设置了水平和垂直方向的扶壁。通过在屋盖高点与低点设置的扶壁构件，对角线网格支点之间的距离就被缩短了。此外，用短材实现互承结构传导双向应力，并通过分散应力，将构件截面尺寸控制在170 mm×170 mm。

布置了水平扶壁的大厅

Study Process

—在结构中使用次级构件的优势是什么？

——研究外露的现场施工节点

———偏心网架的节点如何处理？

利用椽子实现异形网架

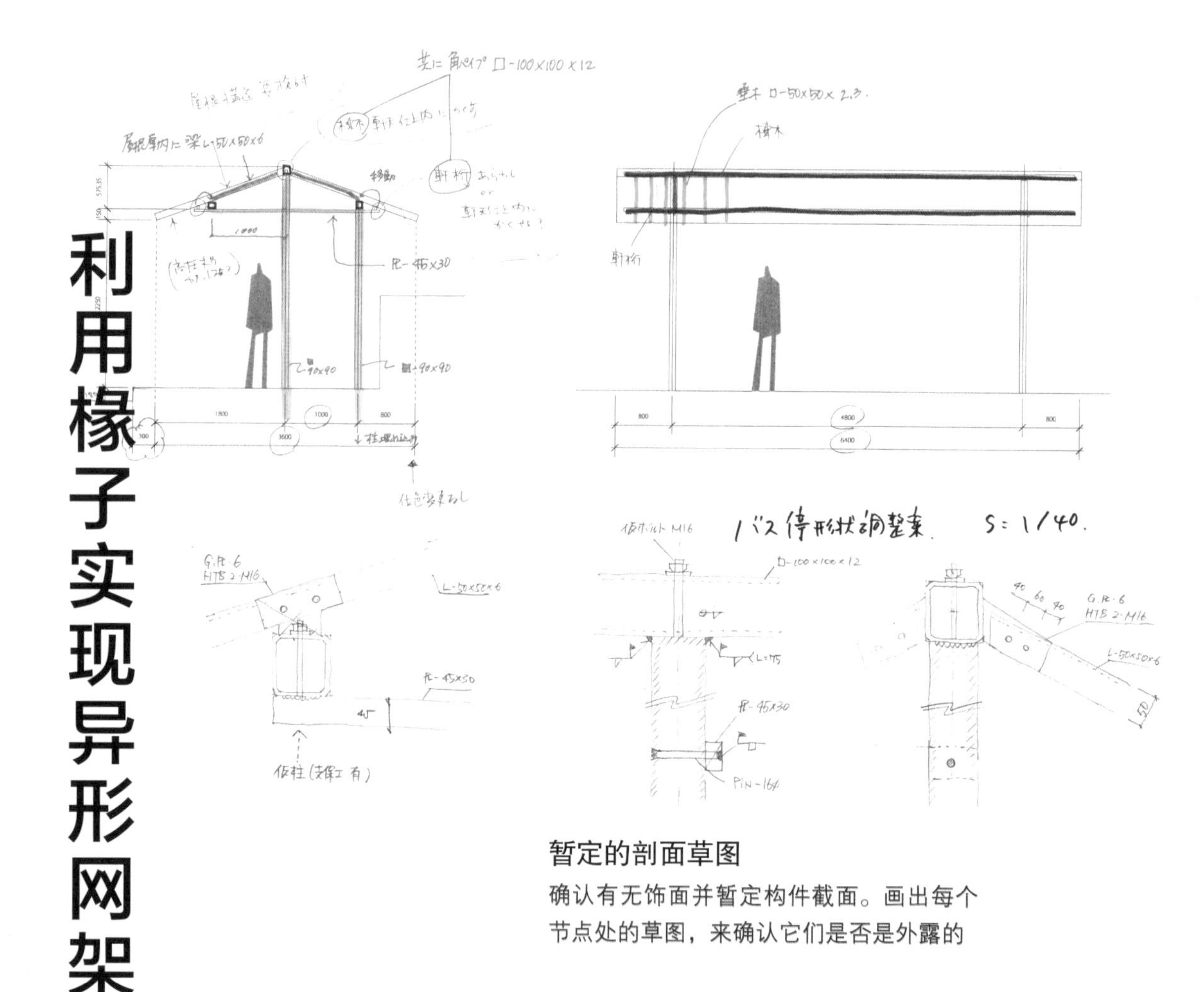

暂定的剖面草图

确认有无饰面并暂定构件截面。画出每个节点处的草图，来确认它们是否是外露的

春日大社公交车站

弥田俊男（弥田俊男设计建筑事务所）、城田设计

钢结构

异形网架屋顶结构

竣工时的场景

屋盖在公交车乘车的一侧出挑，可以看到作为结构的梁和柱

屋架椽子是用来固定屋面板的构件，根据屋面板的刚度，椽子以一定距离布置。在本公交站项目中，其中一些椽子被用来构成主体结构，以减少屋盖构件的数量，从而减小屋盖厚度并简化其构成。

考虑到公交车上下客需

屋盖仰视图
屋面板的背面直接作为完成面

椽子的布置情况
只有作为网架上弦杆的椽子是被加厚的

施工时的场景
采用埋入式柱脚，柱子作为连接在基础梁上的悬挑结构，以对抗水平力

求，柱子的位置不应该设置在四个角上，而是“沿着道路一侧的柱子往后退比较好”，因此道路一侧的柱子被挪到了屋脊梁的位置，考虑将屋盖设计为单侧悬挑。

针对坡屋顶形式，在屋面低点处设置水平方向的梁，它与斜梁构成了三角形网架，形成悬挑。此外，斜梁本身还能作为椽子使用，可以隐藏在屋盖厚度中，我们创造出了一个只能看到水平梁和横梁的奇妙的屋盖架构。

饰面材与底材同时作为主结构时，要注意结构构件的偏心现象。本项目中三角形网架的顶点是偏心的，所以需要在节点处注意必要的刚度及二次应力。此外，底材与主结构之间通常会存在一定的间隙以确保精度，而当底材同时用作主结构时，则要确保没有空隙，为了实现高于平均水准的产品与施工精度，与施工方的协商是不可或缺的。

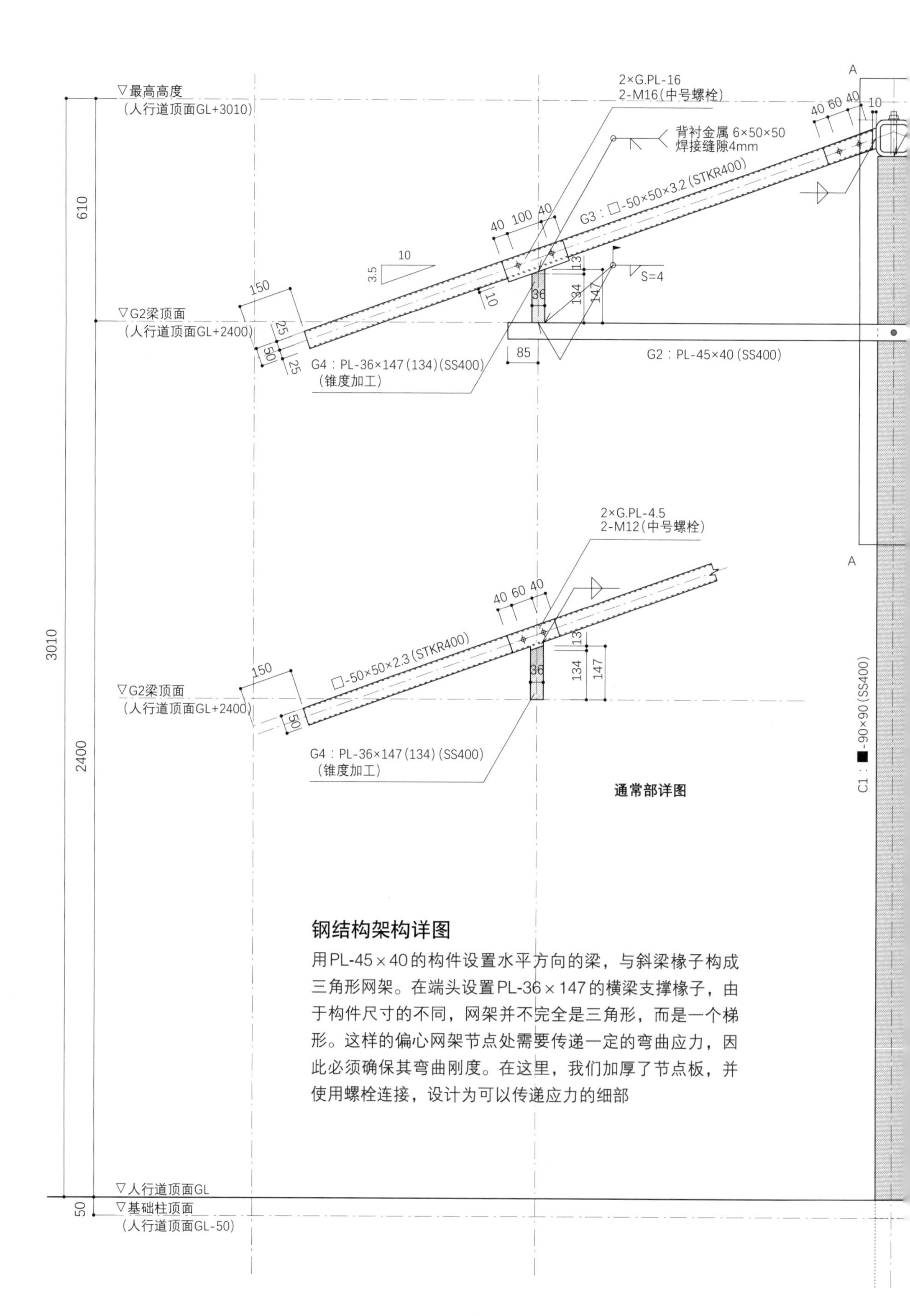

▽最高高度
（人行道顶面GL+3010）
2×G.PL-16
2-M16（中号螺栓）
背衬金属 6×50×50
焊接缝隙4mm
G3：□-50×50×3.2（STKR400）
▽G2梁顶面
（人行道顶面GL+2400）
G4：PL-36×147（134）（SS400）
（锥度加工）
G2：PL-45×40（SS400）
S=4
2×G.PL-4.5
2-M12（中号螺栓）
□-50×50×2.3（STKR400）
通常部详图
C1：■-90×90（SS400）
▽人行道顶面GL
▽基础柱顶面
（人行道顶面GL-50）

钢结构架构详图

用PL-45×40的构件设置水平方向的梁，与斜梁椽子构成三角形网架。在端头设置PL-36×147的横梁支撑椽子，由于构件尺寸的不同，网架并不完全是三角形，而是一个梯形。这样的偏心网架节点处需要传递一定的弯曲应力，因此必须确保其弯曲刚度。在这里，我们加厚了节点板，并使用螺栓连接，设计为可以传递应力的细部

结合表现形式考虑现场节点的做法

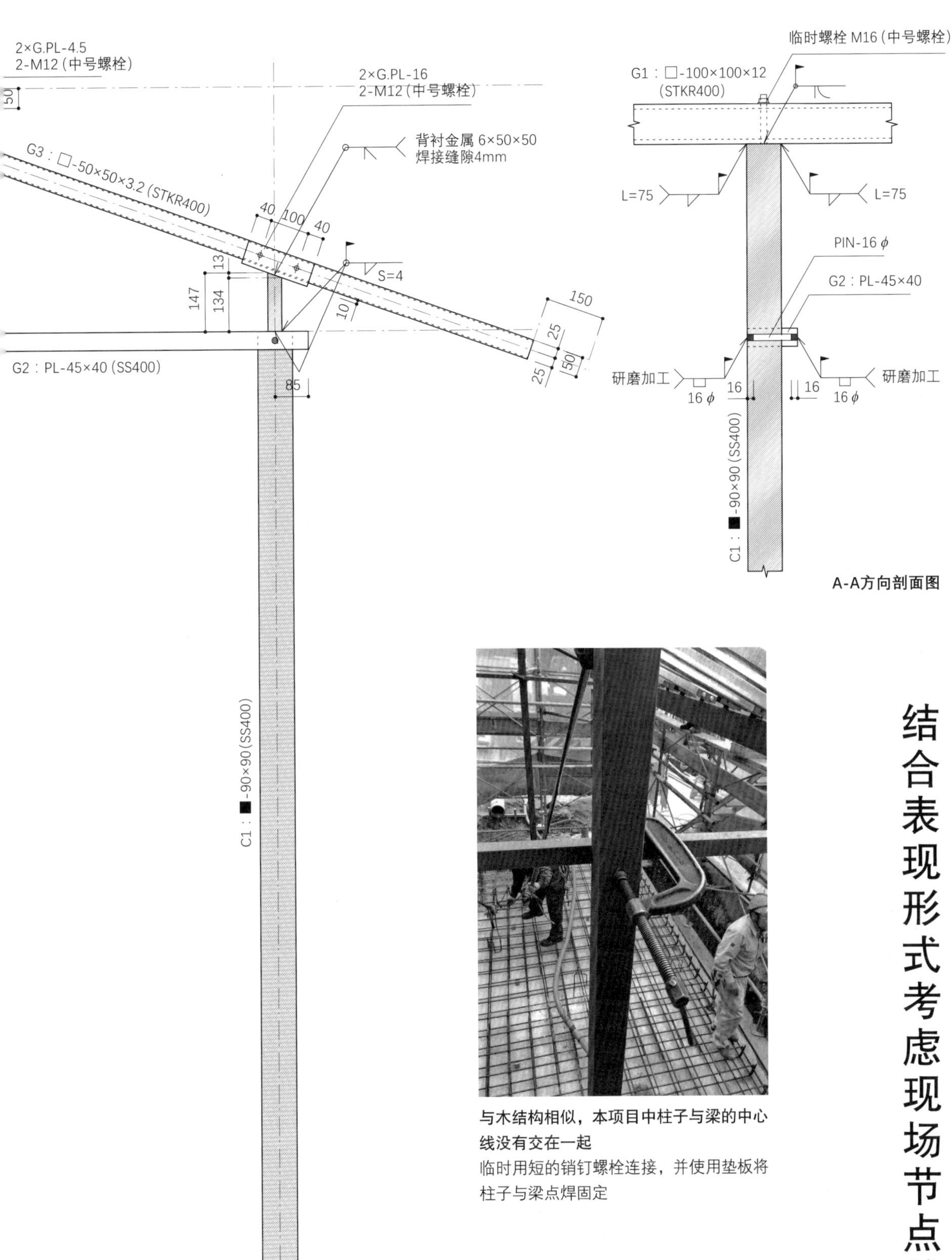
2×G.PL-4.5
2-M12（中号螺栓）
2×G.PL-16
2-M12（中号螺栓）
背衬金属 6×50×50
焊接缝隙4mm
G3：□-50×50×3.2（STKR400）
40
100
40
S=4
150
13
147
134
10
25
50
25
G2：PL-45×40（SS400）
85
C1：■-90×90（SS400）
临时螺栓 M16（中号螺栓）
G1：□-100×100×12
（STKR400）
L=75
L=75
PIN-16 ϕ
G2：PL-45×40
研磨加工
研磨加工
16 ϕ
16
16
16 ϕ
C1：■-90×90（SS400）
A-A方向剖面图

与木结构相似，本项目中柱子与梁的中心线没有交在一起

临时用短的销钉螺栓连接，并使用垫板将柱子与梁点焊固定

有效利用短材的Reciprocal（互承）结构

Reciprocal（互承）结构是一种通过构件之间相互支撑来实现稳定的结构形式，经常用于古代寺院的棚屋及游牧民族的帐篷等建筑中。

互承结构中，构件之间并不是刚性连接，而是通过小尺寸构件来实现大跨度，因此经常被运用于有特殊限制的场合，例如狭窄的场地和加工受限等情况。我们可以用身边熟悉的材料来组装一个互承结构，以加深理解。下面是一个简单的实验。

1

要准备的材料：A4纸，四个杯子，两双筷子（筷子比A4纸的长边短）

2

将杯子放在纸的四个角上，只用筷子，如何让每一个杯子上都架起一支筷子并保持稳定?

3

筷子被架在纸的短边一侧，不能碰到长边。朝着对角线的方向，将筷子集中起来形成一个相互支撑的形式，就可以让筷子从纸的短边连到长边

4

即便没有长筷子，只要使用Reciprocal结构，筷子之间不需要接合，也能相互支撑实现较大的跨度

形

04

建筑师的杰出能力之一，是从无到有的创造力。说“从无到有”可能会有误解，因为形式是整合了客户需求、与周围环境的关系、社会需求等外部条件。但是，从“造形”的角度来看，我们还是可以说“形式是由建筑师创造的”。

另一方面，只有在与建筑从业人员的合作（设计过程）中，形式才能被创造出来。结构师作为结构专业人员参与设计过程，负责为关于如何将形式活用为结构或改进形式以用于结构方面提供建议，有时会讨论平面布置及细部，有时会把周边环境及客户需求也带入讨论。这个过程中会产生各种改良后的方案，最终由建筑师判断往哪一个方向继续推进。决定的策略会再次出现分支，产生数个方案，然后再次作出决策。最终方案的诞生来源于这种反复的探讨、选择与合作。

本章介绍的项目是形式与结构直接关联的建筑，将某种形式积极地用作结构，并使其合理化。这种合理因项目而异，如优先考虑可建造性、追求经济利益、提高可施工性等，都与形式关联。当然，它由建筑师的设计要求而来，本身就涵盖了如功能、空间、或装饰等既存的依据，也可以说这些项目都是意图将这些线索与结构相结合的尝试。

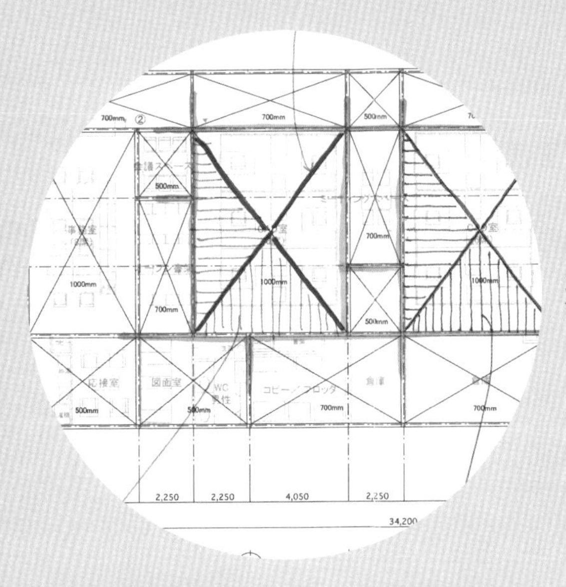
700mm
700mm
500mm
500mm
700mm
1000mm
1000mm
1000mm
700mm
500mm
500mm
500mm
700mm
700mm
WC
2,250
2,250
4,050
2,250
34,200

大荣钢铁厂办公楼

EARTH-ing HOUSE

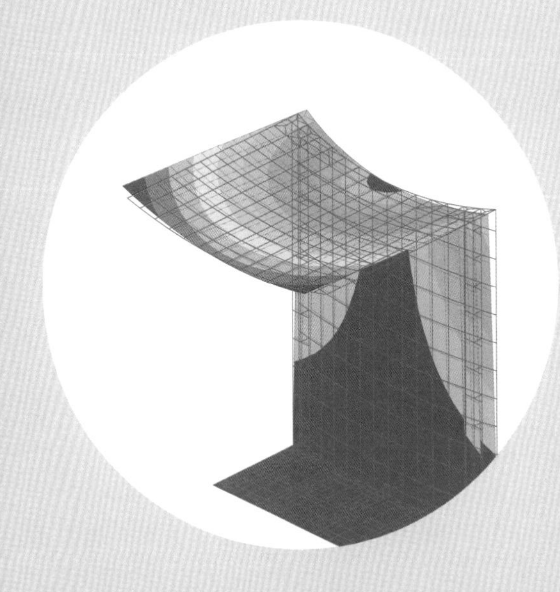

函馆市电车函馆站前站

Study Process

—如何将吊顶用作结构？

——考虑使用钢板构成吊顶

———梁柱与面材型结构构件的节点如何处理？

使用吊顶实现更大跨度

大荣钢铁厂办公楼

塚田修大（塚田修大建筑设计事务所）

钢结构

吊顶折板结构

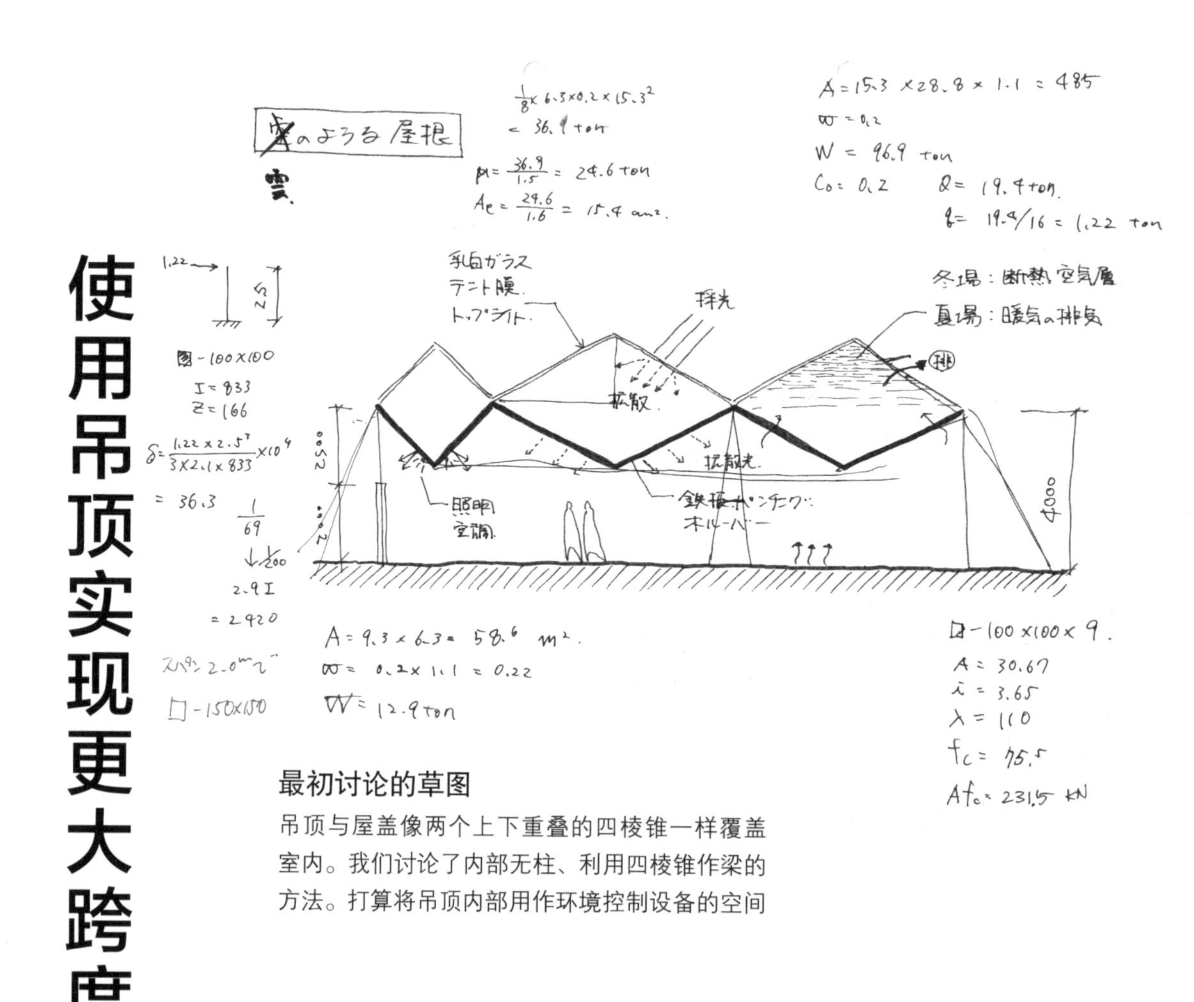

雲のような屋根
採光
拡散
拡散光
照明
空調
冬場：断熱空気層
夏場：暖気の排気

最初讨论的草图

吊顶与屋盖像两个上下重叠的四棱锥一样覆盖室内。我们讨论了内部无柱、利用四棱锥作梁的方法。打算将吊顶内部用作环境控制设备的空间

建筑师提出的第一个模型有着奇特的形式——蓬松的浮云或气泡一样的东西像串珠一样连起来覆盖了屋顶，但仅靠这些在结构上好像不太成立。此外，剖面草图显示，屋盖内部是中空的，用作设备空间。

在听建筑师讲解方案时，我开始明白吊顶的形式是为了与室内的用途相呼应而决定的。讨论的主题是“这种形式该如何用于结构”。该项目是一个钢铁厂的办公大楼，因而被要求使用钢结构。我们提出了一个方案，用钢板制作异形面的部分，并将其作为结构使用。

虽然四棱锥的形式本身具有作为结构的刚度，但仅仅将它们像串珠一样地连接起来并不能起到梁的效果。因此，我们讨论了很多方案，例如通

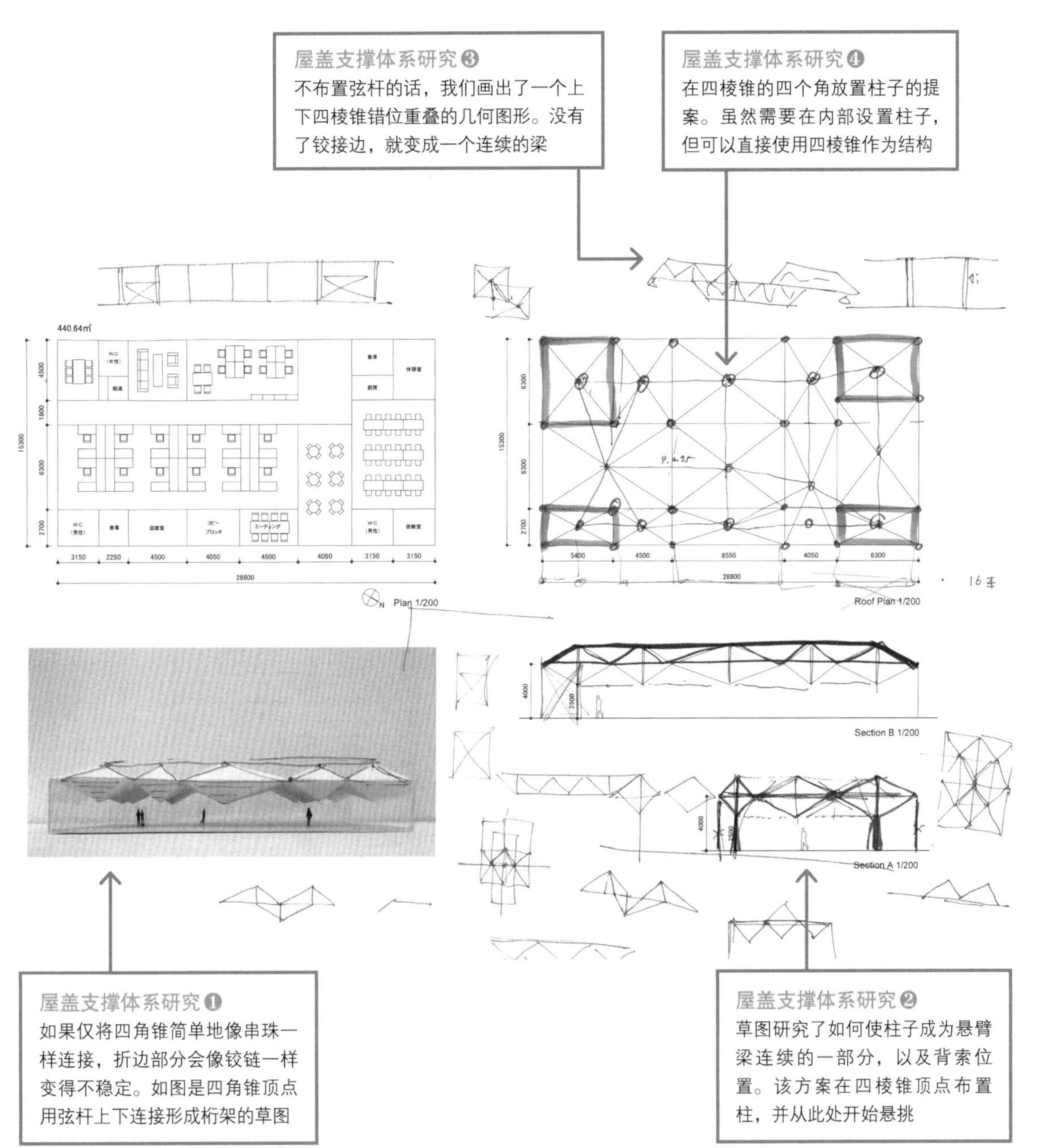
屋盖支撑体系研究❸
不布置弦杆的话，我们画出了一个上下四棱锥错位重叠的几何图形。没有了铰接边，就变成一个连续的梁
屋盖支撑体系研究❹
在四棱锥的四个角放置柱子的提案。虽然需要在内部设置柱子，但可以直接使用四棱锥作为结构
Plan 1/200
Roof Plan 1/200
Section B 1/200
Section A 1/200
屋盖支撑体系研究❶
如果仅将四角锥简单地像串珠一样连接，折边部分会像铰链一样变得不稳定。如图是四角锥顶点用弦杆上下连接形成桁架的草图
屋盖支撑体系研究❷
草图研究了如何使柱子成为悬臂梁连续的一部分，以及背索位置。该方案在四棱锥顶点布置柱，并从此处开始悬挑

过重叠的形式使结构成立、在四棱锥的顶点添加结构，以及重新排布柱子等。

然而，这些方案给人的印象都是勉为其难地将形式转化为结构来使用，而不是简洁明了地利用原有形式。

考虑到四棱锥的排布是由平面决定的，在四个角落柱就理所当然，于是讨论有了眉目。我们计划将四棱锥用作为横跨柱间的梁。在四棱锥的顶点布置短柱，缩短屋盖梁的跨度，并与吊顶钢面板整合，形成一个网架梁。梁构件所需截面为100 mm × 100 mm的工字钢，在截面尺寸上体现了该形式的效果。

经过进一步的研究，我们发现屋盖的复杂形状会导致排水路径难以确定，于是决定取消屋面的凸起形状，并改为平屋顶，仅将吊顶用作结构。

整体意向效果图

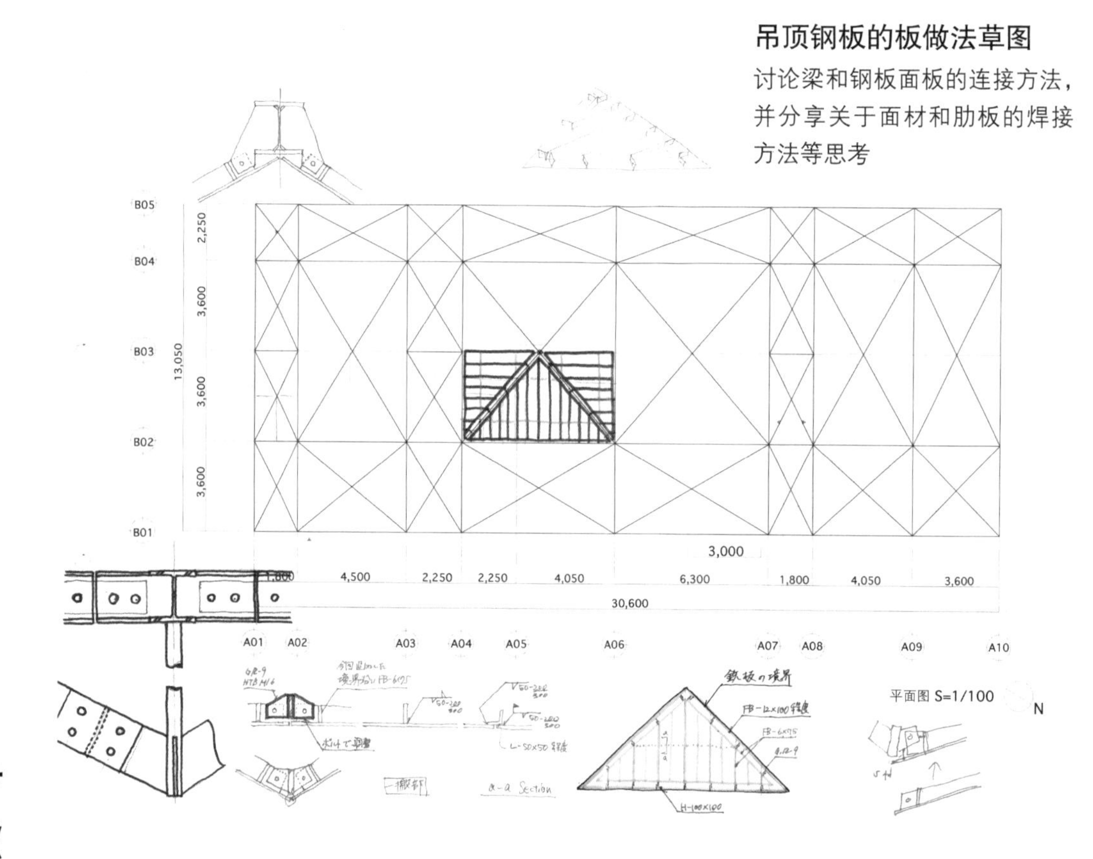

B05
B04
B03
B02
B01
2,250
3,600
13,050
3,600
3,600
3,000
1,800
4,500
2,250
2,250
4,050
6,300
1,800
4,050
3,600
30,600
A01
A02
A03
A04
A05
A06
A07
A08
A09
A10
平面图 S=1/100
N

吊顶钢板的板做法草图

讨论梁和钢板面板的连接方法，并分享关于面材和肋板的焊接方法等思考

考虑钢板吊顶的构成

为了将结构直接用作饰面，我们决定使用钢板建造吊顶板面，需要在制造和施工方面考虑它的构成。因为现场焊接会产生形变，因此在形变方向不均匀的复杂形状的情况下，难以控制精度。施工中也很难同时吊入两块面材。于是，我们考虑在四棱锥的棱线上布置扁钢梁，用梁塑造外部形状，再在内部插入规格化的钢板。在现场用螺栓连接完成施工。

根据加工尺寸在钢板上设置加劲肋，构成钢板面板。钢板和肋板在工厂焊接成为一个整体。由于梁和钢板之间螺栓连接的精度受节点板位置影响，我们决定完全在工厂控制精度，并通过在现场使用垫板调整位置。

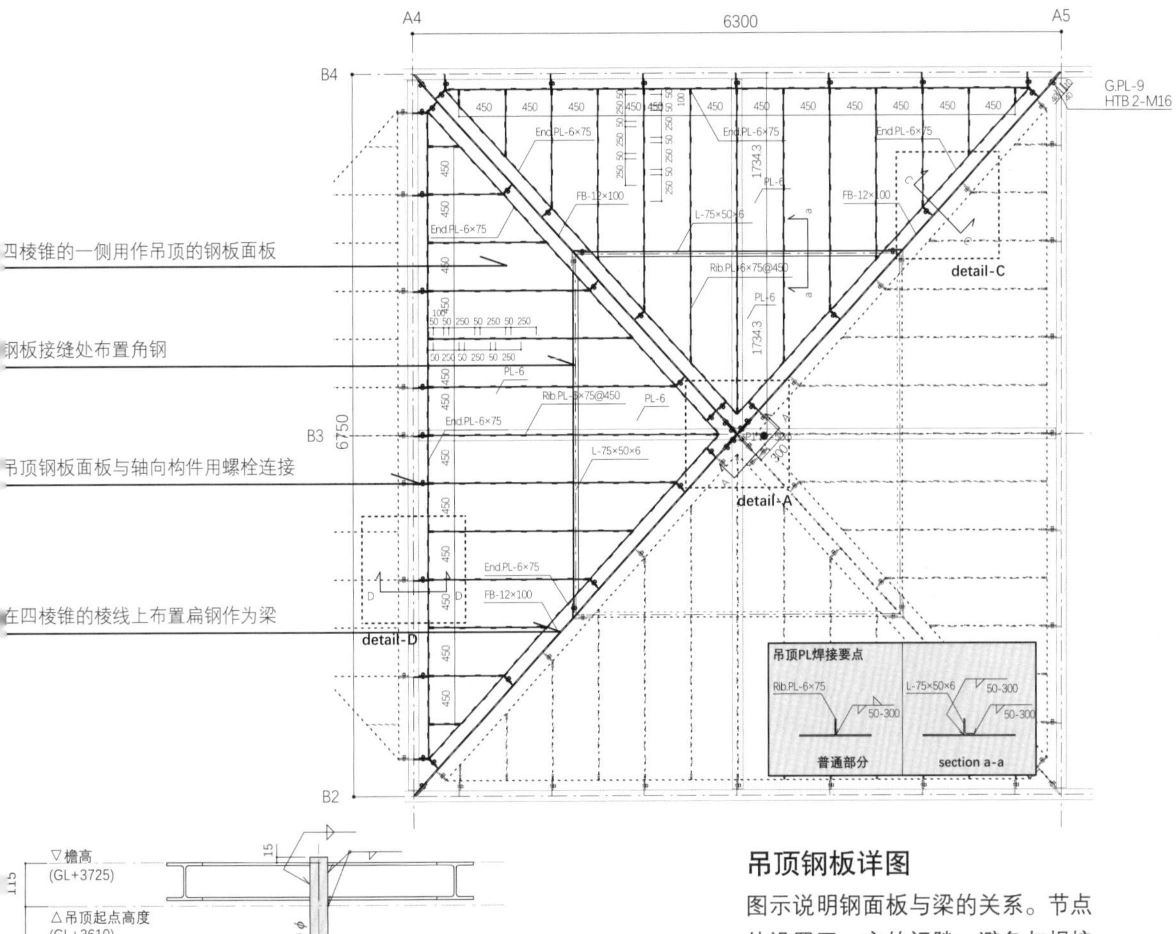
A4
6300
A5
B4
B3
B2
6750
G.PL-9
HTB 2-M16
End.PL-6×75
FB-12×100
L-75×50×6
Rib.PL-6×75@450
PL-6
detail-C
detail-A
detail-D
四棱锥的一侧用作吊顶的钢板面板
钢板接缝处布置角钢
吊顶钢板面板与轴向构件用螺栓连接
在四棱锥的棱线上布置扁钢作为梁
吊顶PL焊接要点
Rib.PL-6×75
50-300
普通部分
L-75×50×6
section a-a

▽檐高
(GL+3725)
△吊顶起点高度
(GL+3610)
FB-12×100
G.PL-12
2PL-6
HTB 4-M16
PL-6
P1 ●-50 φ
△吊顶下端高度
(GL+2810)
5
(间隔)

A-A详图
detail-A（剖面）

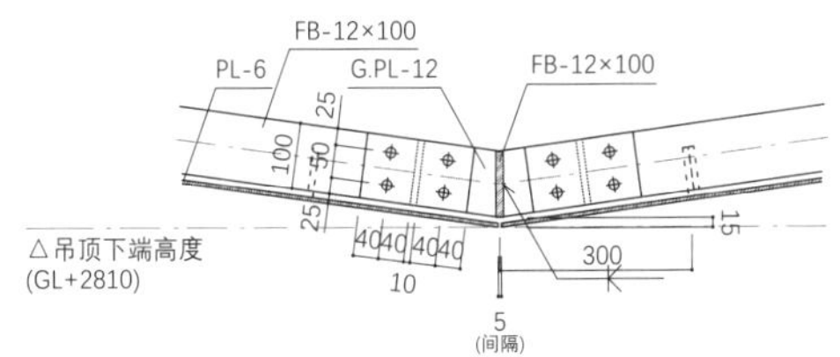
FB-12×100
PL-6
G.PL-12
FB-12×100
△吊顶下端高度
(GL+2810)
300
5
(间隔)

A-A详图
detail-A（剖面）
没有短柱的情况

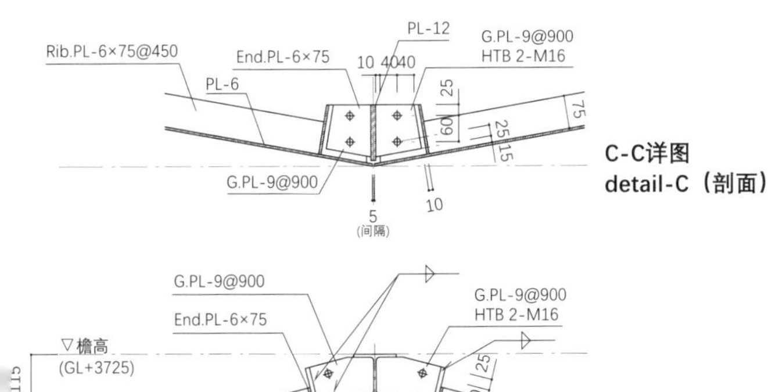
Rib.PL-6×75@450
End.PL-6×75
PL-12
G.PL-9@900
HTB 2-M16
PL-6
G.PL-9@900
5
(间隔)
G.PL-9@900
End.PL-6×75
G.PL-9@900
HTB 2-M16
▽檐高
(GL+3725)
△吊顶起点高度
(GL+3610)
PL-6
5
(间隔)
Rib.PL-6×75@450

C-C详图
detail-C（剖面）

D-D详图
detail-D（剖面）

吊顶钢板详图

图示说明钢面板与梁的关系。节点处设置了一定的间隙，避免与焊接件有冲突，便于在现场进行调整

吊顶的等比例模型

施工时的吊顶

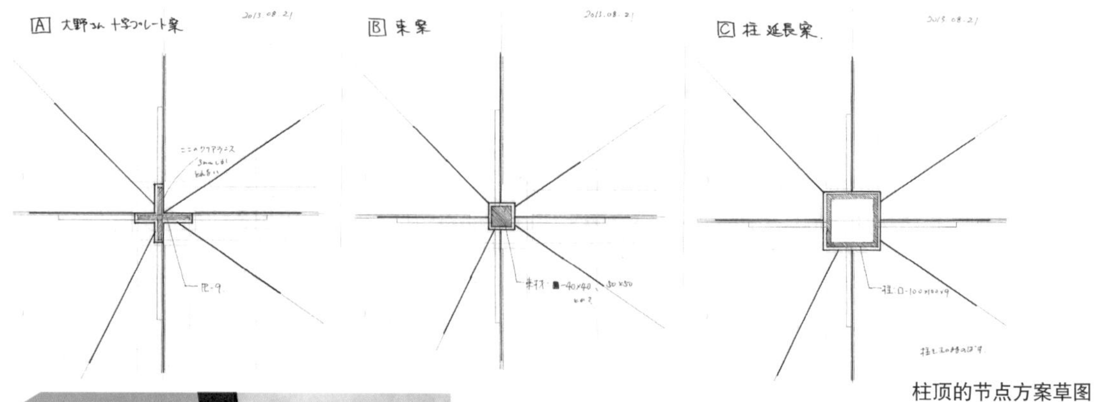
A 大野さん 十字プレート案
B 束案
C 柱延長案

柱顶的节点方案草图

水平支撑和节点的关系

柱头架构部

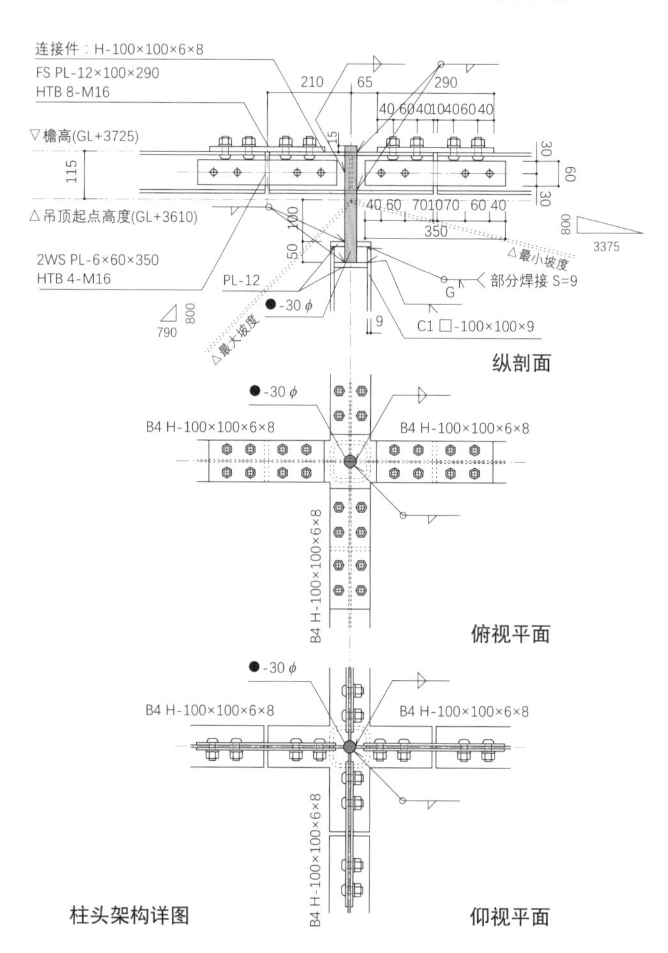
连接件：H-100×100×6×8
FS PL-12×100×290
HTB 8-M16
▽檐高(GL+3725)
△吊顶起点高度(GL+3610)
2WS PL-6×60×350
HTB 4-M16
PL-12
●-30 ϕ
210
65
290
40 60 40 10 40 60 40
115
15
30
60
30
40 60 70 10 70 60 40
350
100
50
9
800
790
808
3375
△最小坡度
△最大坡度
部分焊接 S=9
G
C1 □-100×100×9
B4 H-100×100×6×8

纵剖面

俯视平面

仰视平面

柱头架构详图

将柱头极细化处理的节点

最多的情况下，有四个四棱锥相交在柱头。八块不同角度的钢板凑在一起，作为外露的完成面，没有回避的余地，所以节点的做法就变得很困难。尤其是柱截面与钢板连接的部分，根据柱的大小，钢板必需切割成特殊形状，否则无法连接。柱子虽被设计成100 mm见方的足够小的截面，但在考虑节点时并非如此。这里研究了改变柱头形状和尺寸的方案。

上图A方案是在四棱锥相交的位置放置十字形节点板的方案。然而，即使这样也需要根据板的厚度进行特殊处理。B方案是通过在中途缩小柱截面来减少影响。C方案讨论了按原样延伸柱子的情况。画图的时候发现把柱子做得越小越好，所以我们采用了把柱头部的横截面缩小到 ϕ 30 mm的方案。

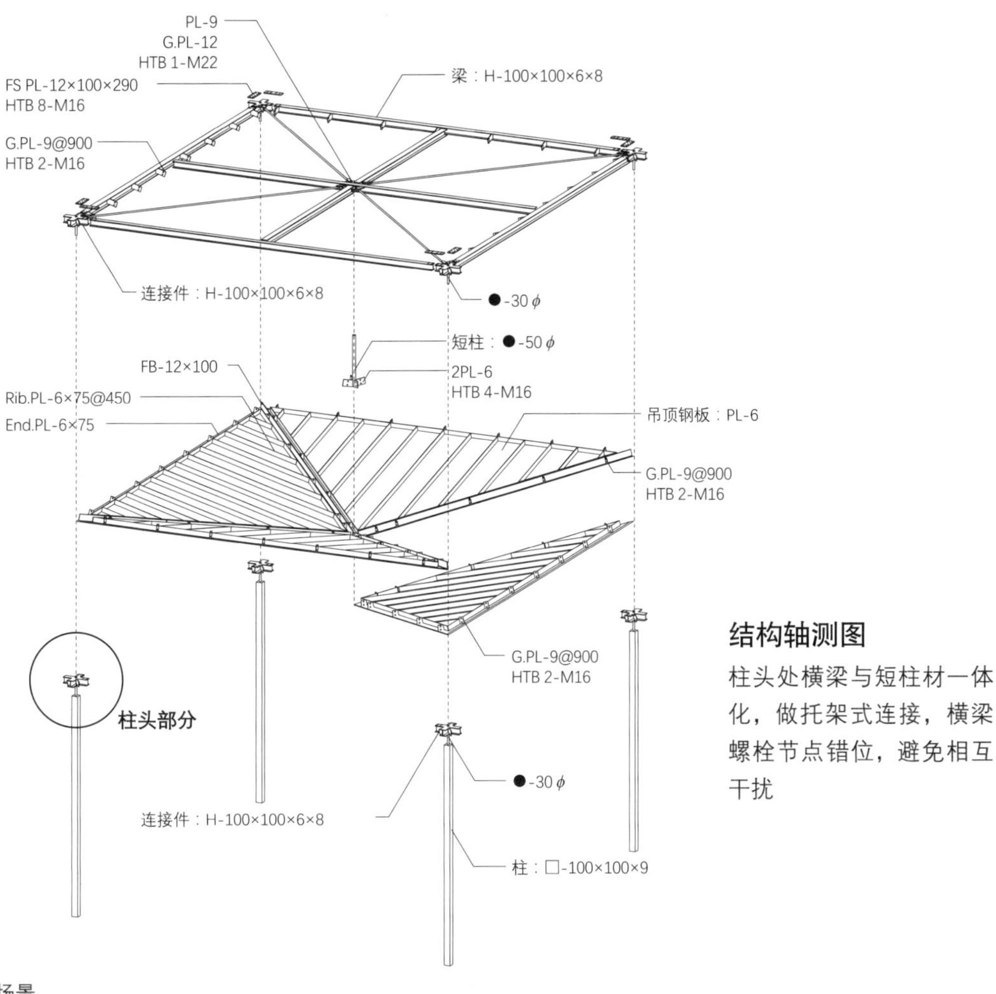
PL-9
G.PL-12
HTB 1-M22
FS PL-12×100×290
HTB 8-M16
梁：H-100×100×6×8
G.PL-9@900
HTB 2-M16
连接件：H-100×100×6×8
●-30 ϕ
短柱：●-50 ϕ
FB-12×100
2PL-6
HTB 4-M16
Rib.PL-6×75@450
End.PL-6×75
吊顶钢板：PL-6
G.PL-9@900
HTB 2-M16
G.PL-9@900
HTB 2-M16
柱头部分
●-30 ϕ
连接件：H-100×100×6×8
柱：□-100×100×9

结构轴测图

柱头处横梁与短柱材一体化，做托架式连接，横梁螺栓节点错位，避免相互干扰

结构施工后的场景

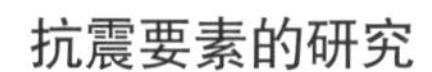

抗震要素的研究

计算总重量并算出地震力。

此处水平地震影响系数为0.2，地震力为30t

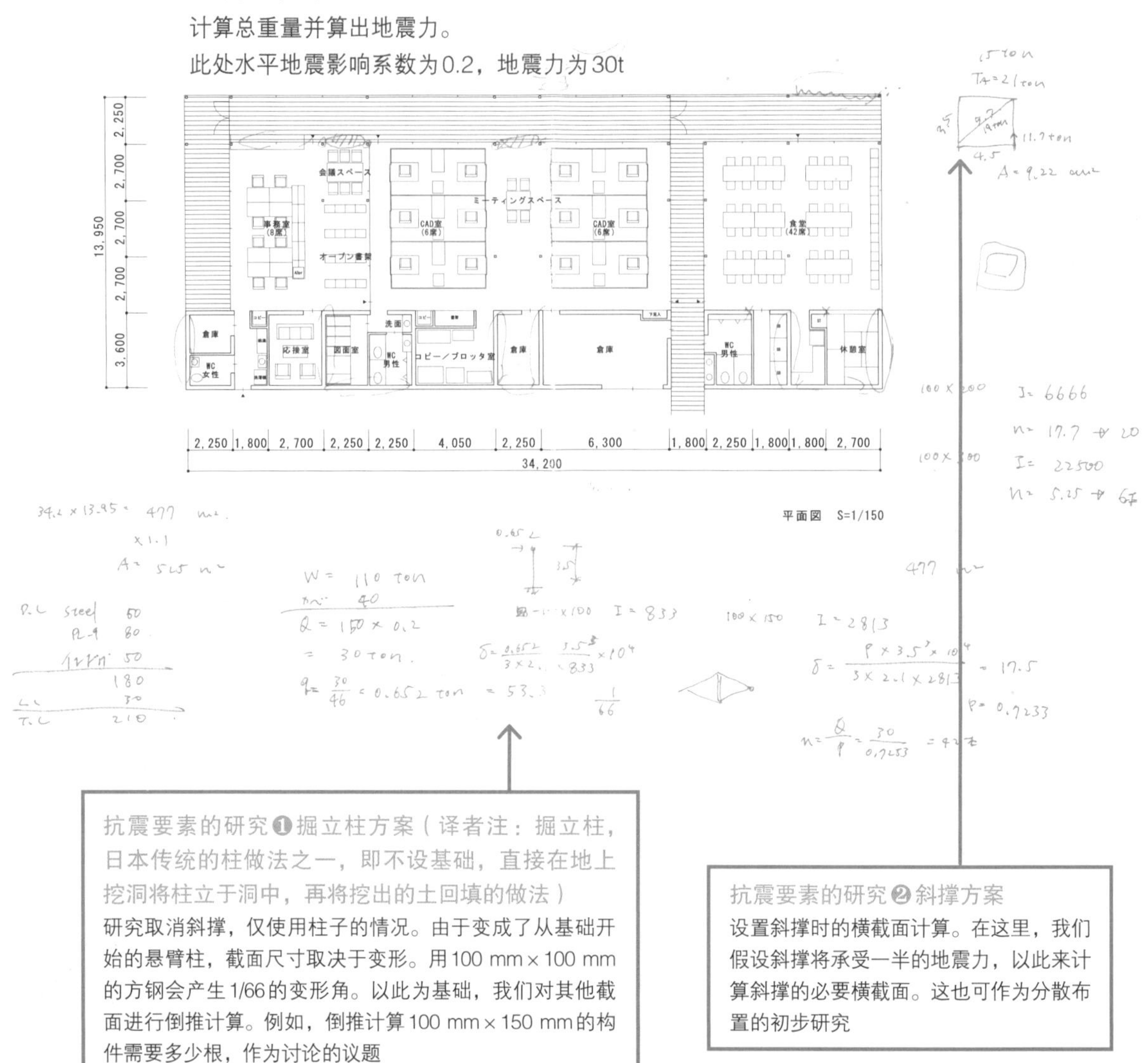

会議スペース
ミーティングスペース
事務室（8席）
CAD室（6席）
CAD室（6席）
食堂（42席）
オープン書架
倉庫
WC 女性
応接室
図面室
洗面
WC 男性
コピー／プロッタ室
倉庫
倉庫
WC 男性
休憩室
13,950
2,250
2,700
2,700
2,700
3,600
2,250
1,800
2,700
2,250
2,250
4,050
2,250
6,300
1,800
2,250
1,800
1,800
2,700
34,200
平面図 S=1/150

抗震要素的研究❶掘立柱方案（译者注：掘立柱，日本传统的柱做法之一，即不设基础，直接在地上挖洞将柱立于洞中，再将挖出的土回填的做法）

研究取消斜撑，仅使用柱子的情况。由于变成了从基础开始的悬臂柱，截面尺寸取决于变形。用100 mm × 100 mm的方钢会产生1/66的变形角。以此为基础，我们对其他截面进行倒推计算。例如，倒推计算100 mm × 150 mm的构件需要多少根，作为讨论的议题

抗震要素的研究❷斜撑方案

设置斜撑时的横截面计算。在这里，我们假设斜撑将承受一半的地震力，以此来计算斜撑的必要横截面。这也可作为分散布置的初步研究

通过斜撑实现轻量化

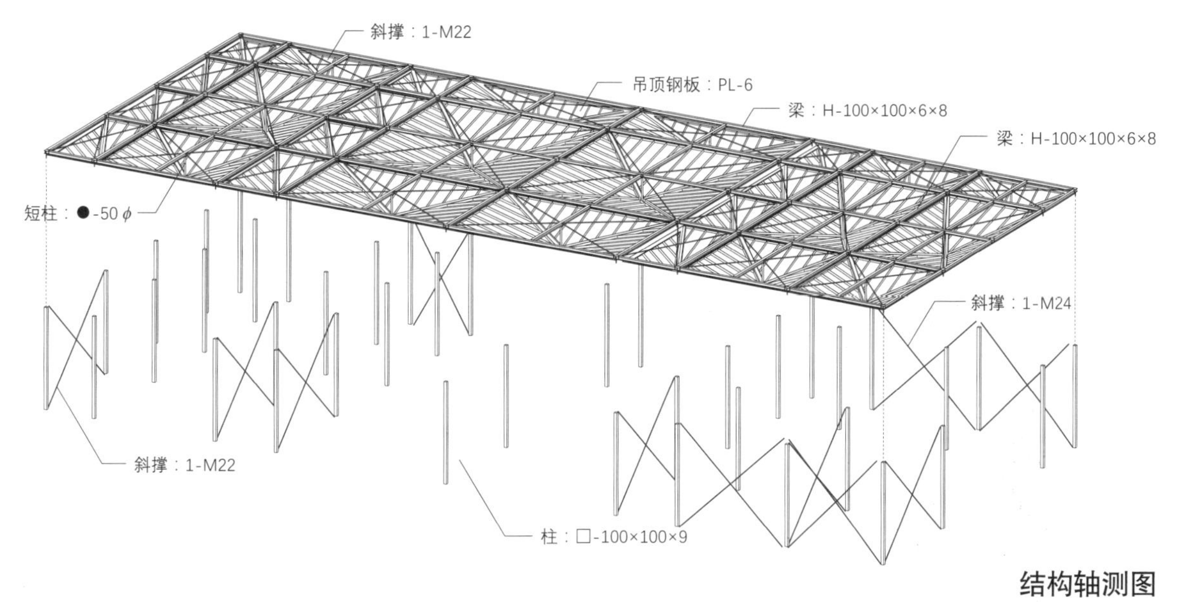
斜撑：1-M22
吊顶钢板：PL-6
梁：H-100×100×6×8
梁：H-100×100×6×8
短柱：●-50 φ
斜撑：1-M24
斜撑：1-M22
柱：□-100×100×9

结构轴测图

基于对建筑物特征的理解，我们能提出更合理的结构方案；根据不同的着重点，我们也会采取不同的形式。

起初，考虑到立面的开放性，我们讨论推进了从基础开始的悬臂柱。虽是没有墙体（斜撑）的、高开放度的结构形式，但柱子的横截面不可避免地增大。我们考虑增加柱子的数量，但很难实现建筑师对“细柱”的要求。

因此，我们讨论了如果使用支撑结构，是否可以在平面布置的墙体中确保所需的支撑数量。我们发现，在布置房间的一侧可以集中设置斜撑，并且考虑到平衡，可以在屋外露台侧也设置一部分斜撑，由此能够确保结构性能。柱尺寸保持为边长100 mm的小方柱。柱配合四棱锥布置，使结构能分散并承受长期应力。

Study Process

—喷壶形壳体的钢筋混凝土结构

——考虑到蠕变的外墙设计

———特殊配筋的图示

钢筋混凝土主体结构模型

本项目中，喷壶形的墙体和屋盖的连续体，将内院与建筑物隔开。该设计使用混凝土建造，其形式直接被用作壳体

喷壶形壳体与内部的关系

室内设有房间，计划将层高较高部分的上部作为夹层使用

喷壶形壳体的钢筋混凝土结构

EARTH-ing HOUSE

塚田修大（塚田修大建筑设计事务所）

钢筋混凝土结构（局部钢结构）

喷壶形壳体

本项目是一个将建筑物中心暗渠化的，有喷壶形主体结构的住宅。喷壶内部填充了泥土，连接起屋盖与地面。喷壶有一层那么高，屋盖板像悬臂一样从中心的墙倾斜着挑出。最大出挑跨度为5 m，如果是一个简单的悬挑的话，屋盖板要加厚。因此，我们开始利用这个形状的壳体进行结构设计。

具体而言，需要评估混凝土的整体性，利用内角的高刚度，让悬挑楼板的应力在正交方向（从喷壶中心看圆周方向）流动，建模并进行截面计算以抑制其位移和应力。布置在室内的房间及外墙都独立于这一结构，但外墙的龙骨，被设计成能起到约束屋盖长期挠度的作用。

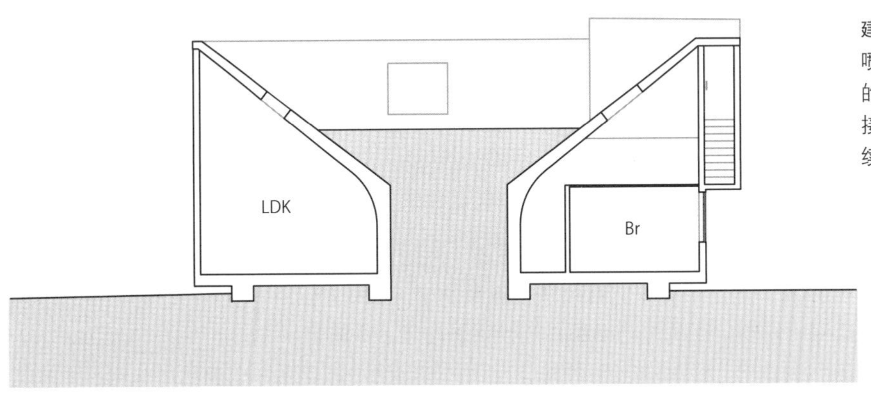
LDK
Br

建筑剖面图

喷壶形的钢筋混凝土主体结构的中央填充有泥土，与地面连接。主体结构的墙与屋盖连续，确保了二层的高度

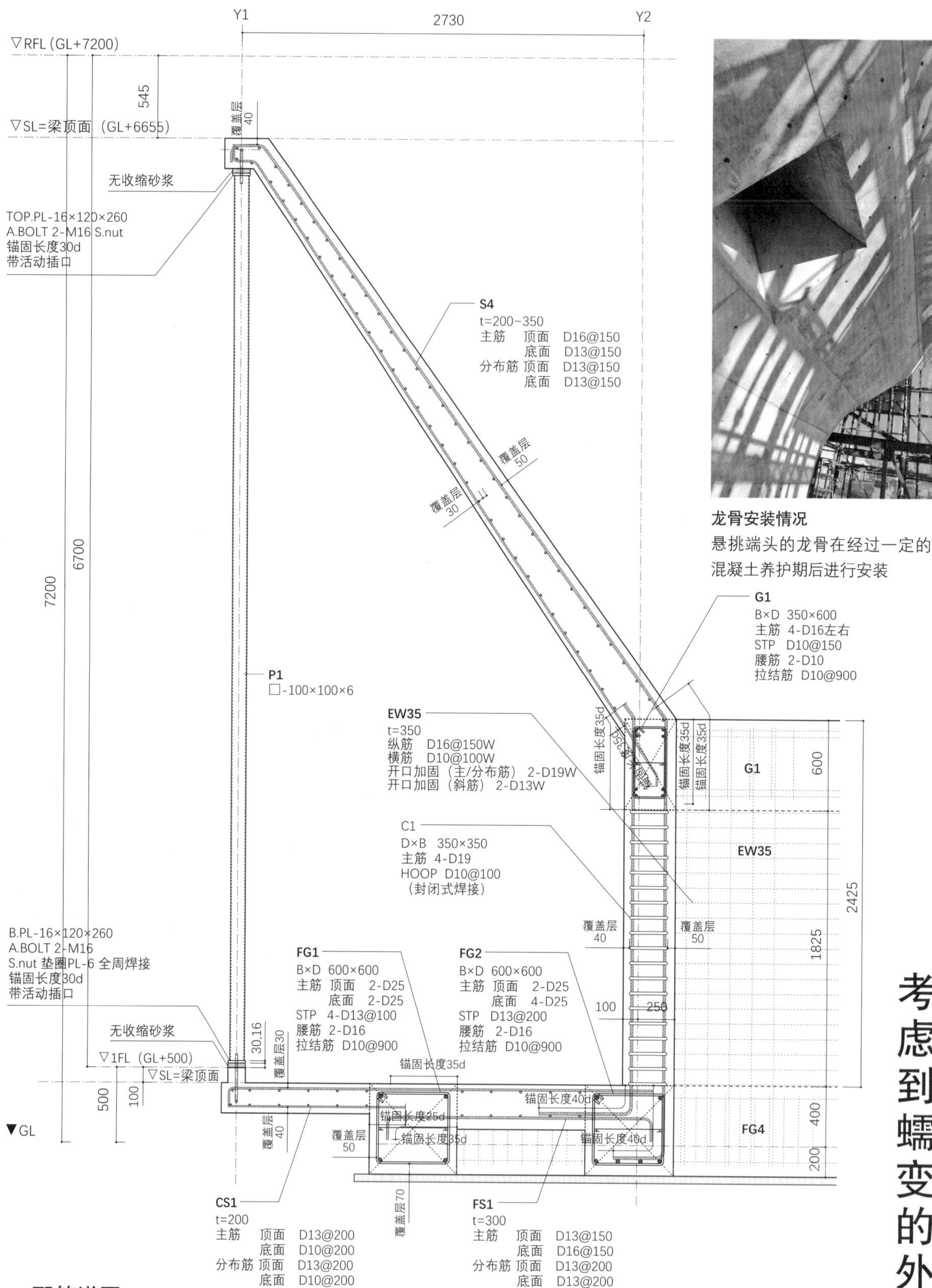
Y1
2730
Y2
▽RFL (GL+7200)
545
覆盖层 40
▽SL=梁顶面 (GL+6655)
无收缩砂浆
TOP.PL-16×120×260
A.BOLT 2-M16 S.nut
锚固长度30d
带活动插口
S4
t=200~350
主筋 顶面 D16@150
底面 D13@150
分布筋 顶面 D13@150
底面 D13@150
覆盖层 50
覆盖层 30
7200
6700
G1
B×D 350×600
主筋 4-D16左右
STP D10@150
腰筋 2-D10
拉结筋 D10@900
P1
□-100×100×6
EW35
t=350
纵筋 D16@150W
横筋 D10@100W
开口加固 (主/分布筋) 2-D19W
开口加固 (斜筋) 2-D13W
锚固长度35d
D35
锚固长度35d
锚固长度35d
G1
600
C1
D×B 350×350
主筋 4-D19
HOOP D10@100
(封闭式焊接)
EW35
2425
覆盖层 40
覆盖层 50
1825
B.PL-16×120×260
A.BOLT 2-M16
S.nut 垫圈PL-6 全周焊接
锚固长度30d
带活动插口
FG1
B×D 600×600
主筋 顶面 2-D25
底面 2-D25
STP 4-D13@100
腰筋 2-D16
拉结筋 D10@900
FG2
B×D 600×600
主筋 顶面 2-D25
底面 4-D25
STP D13@200
腰筋 2-D16
拉结筋 D10@900
100
250
无收缩砂浆
30.16
覆盖层30
▽1FL (GL+500)
▽SL=梁顶面
锚固长度35d
锚固长度40d
500
100
▼GL
覆盖层 40
锚固长度25d
覆盖层 50
锚固长度35d
锚固长度40d
FG4
400
200
覆盖层70
CS1
t=200
主筋 顶面 D13@200
底面 D10@200
分布筋 顶面 D13@200
底面 D10@200
FS1
t=300
主筋 顶面 D13@150
底面 D16@150
分布筋 顶面 D13@200
底面 D13@200

龙骨安装情况
悬挑端头的龙骨在经过一定的混凝土养护期后进行安装

考虑到蠕变的外墙设计

配筋详图

喷壶形的钢筋混凝土主体结构中，为了方便，将柱、梁、楼板、墙体按照“带抗震墙的框架结构”的形式布置。但是，实际上悬挑是在连续的面上实现的，因此以一个整体变化为前提进行建模，据此讨论细部并进行钢筋计算，钢筋的锚固长度等需要另行指定

あなたの夢を
私たちに
教えてください。
宮建ハウジング株式会社

钢龙骨的安装情况

四侧悬挑楼板的端部，有为了外墙设置的钢龙骨。为了避免悬挑端头的运动与外墙之间的干扰，需要设伸缩缝。但是，气密性和防水性往往会成为问题，所以这里的设计容许外墙和楼板之间的连接。为了避免在龙骨上作用过大的负荷，仔细考虑施工顺序，让龙骨只负责约束长期挠度

钢龙骨的施工顺序

❶楼板S4的保养期4周后脱模
❷在下部抹砂浆
❸安装钢龙骨
❹用锚栓紧固
❺在上部填充无收缩砂浆
※上部无收缩砂浆的填充时间为脱模4周后
❻上部螺栓紧固

建筑物外观夜景

外墙墙脚虽座于一层楼板上，但楼板自身是悬浮于地面的，设计成从基础开始的悬挑楼板

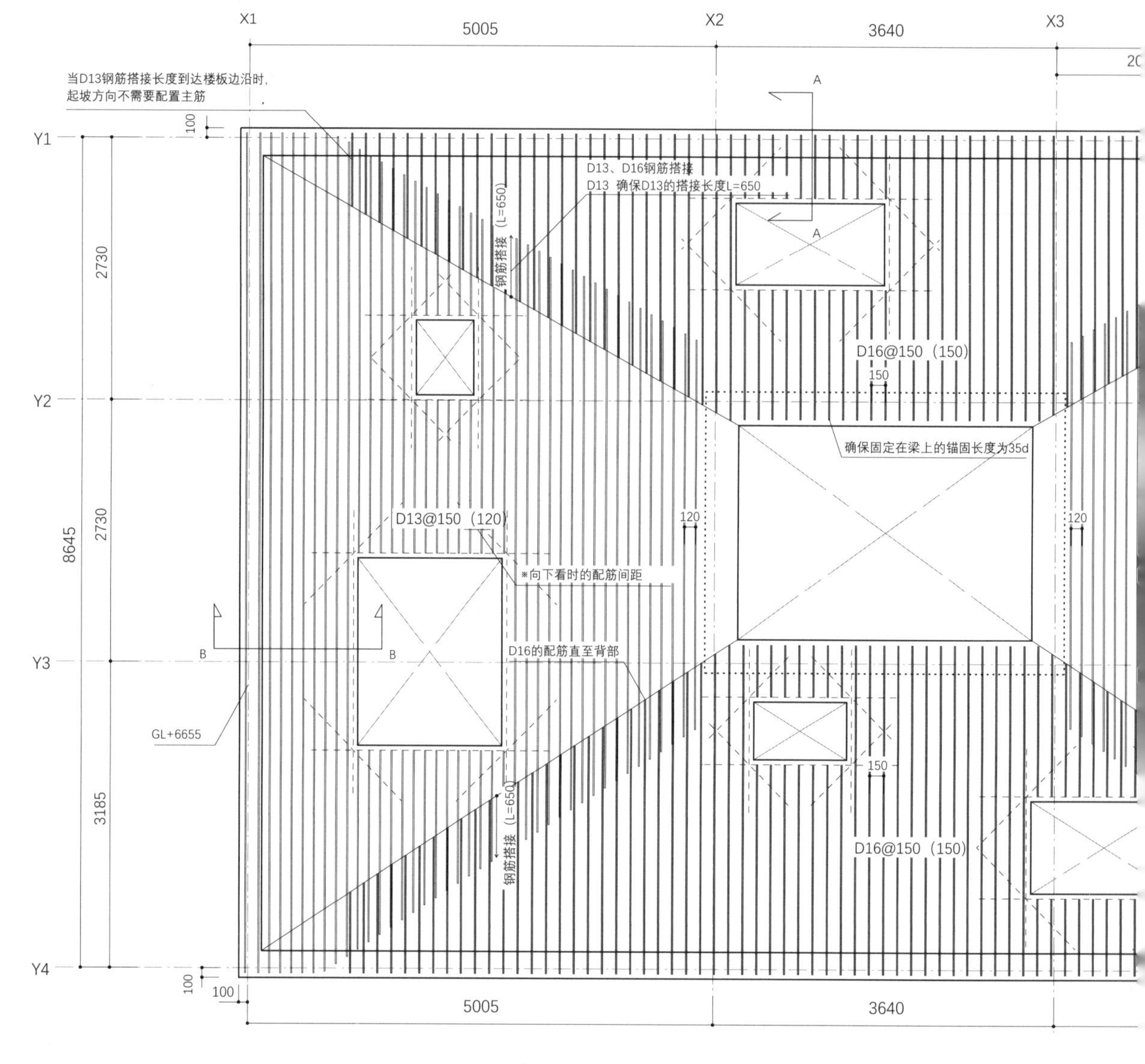
X1
5005
X2
3640
X3
当D13钢筋搭接长度到达楼板边沿时，
起坡方向不需要配置主筋
A
Y1
100
D13、D16钢筋搭接
D13 确保D13的搭接长度L=650
钢筋搭接 (L=650)
2730
D16@150（150）
150
Y2
确保固定在梁上的锚固长度为35d
D13@150（120）
120
120
8645
2730
*向下看时的配筋间距
B
B
Y3
D16的配筋直至背部
GL+6655
150
3185
钢筋搭接 (L=650)
D16@150（150）
Y4
100
100
5005
3640

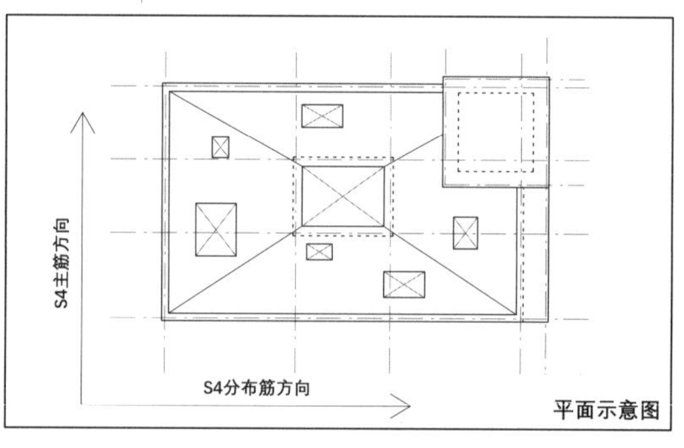
S4主筋方向
S4分布筋方向
平面示意图

顶面主要配筋图

对于一般的楼板，主筋应布置在主应力方向，所以短边方向是主筋。在本项目中，因为喷壶根部为悬挑根部，所以出挑方向应均为主筋，但我们特意将主筋统一在一个方向。这是因为主筋的朝向不同的话，钢筋会在角部互相撞上，难以确保锚固。所以将应力要求更高的Y方向定为主筋，这样就可以有序地确保角部的固定

特殊配筋的图示

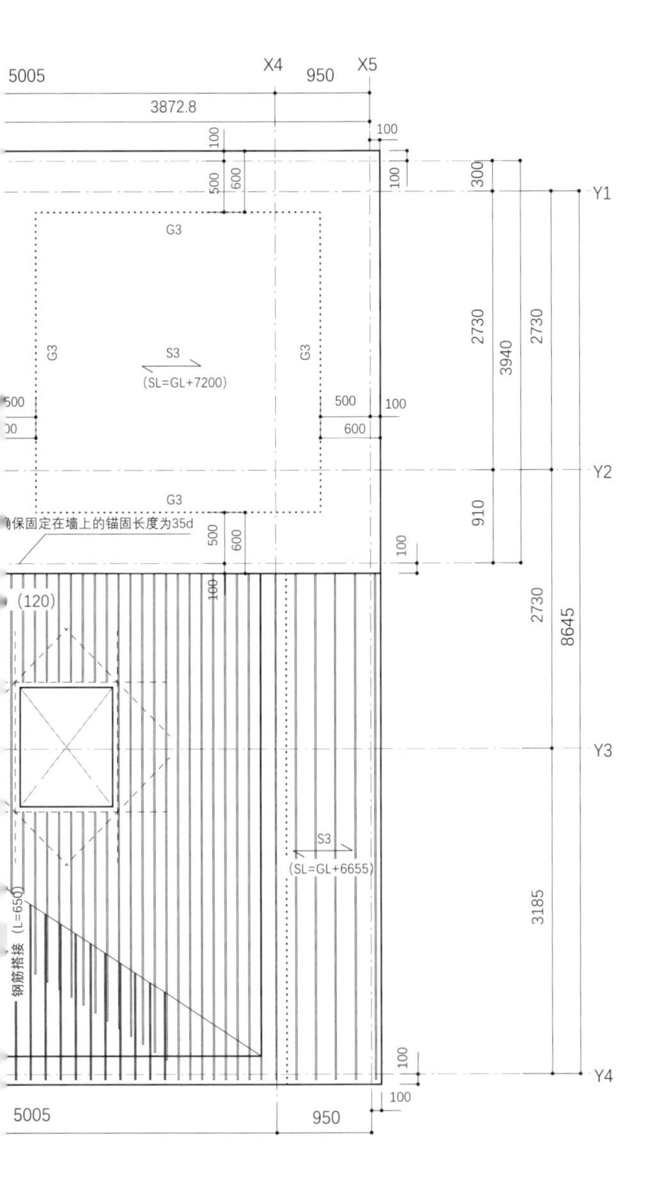
5005
X4
950
X5
3872.8
100
G3
S3
(SL=GL+7200)
500
600
2730
3940
910
Y1
Y2
Y3
Y4
确保固定在墙上的锚固长度为35d
(120)
S3
(SL=GL+6655)
钢筋搭接（L=650）
2730
8645
3185
5005
950

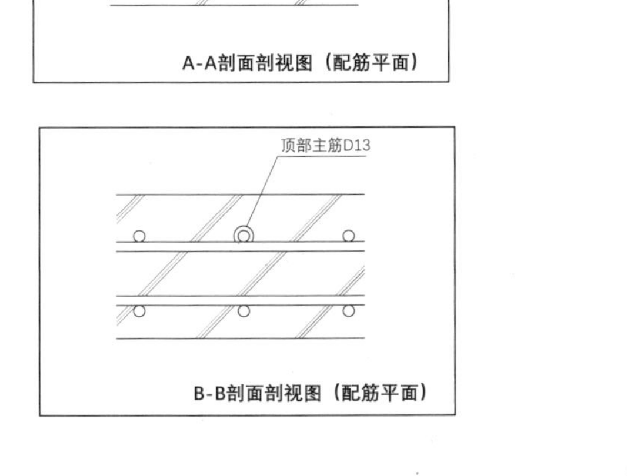
顶部主筋D16
A-A剖面剖视图（配筋平面）
顶部主筋D13
B-B剖面剖视图（配筋平面）

室内一侧设置临时脚手架，制作模板

斜墙（包括屋盖）的模板设置对拉螺栓，盖上顶板浇筑

避开应力集中部，在屋盖板的中途进行浇筑连接。优先确保模板的精度

从夹层可以瞥见覆土的屋盖部分

老站台的结构是用125 mm×125 mm的方管排列的柱子支撑屋盖

狭窄场地上最合适的结构

函馆市电车函馆站前站

西村浩（workvisions）

钢结构

弯曲钢板

Study Process

一寻找狭窄场地上最合适的结构

——什么是合理的墙截面?

——— 利用弯曲形状自身的刚度

与公交站可以共用人行道不同，路面电车的站台夹在道路和铁轨之间，必须在极小宽度的场地上设置站台。上下车的站台在同一处的话还能共享空间，多少能解决一些问题。但像这个项目，上下车的站台是分开设置的，为了在极小宽度的场地内最大限度地确保站台的宽度，结构也必须追求合理的形式。

考虑到乘客上下车的动线和司机的可视度，铁轨侧无法落柱，支撑屋盖的结构必然只能是从道路侧的悬挑。老车站也是由边长125 mm的方柱柱列的悬挑构成的，除此之外，还有单独的基座和结构用以支撑墙面及广告牌，所以增加了墙的厚度。因此，在建设新站台时，我们讨论将次要构件同时作为饰面材的剖面做法，以配合将结构体做薄。此外，考虑到施工将在夜间进行，我们被要求提出一个从结构到完成面能顺利推进的施工方法。

老站台的样子

被道路和电车线路夹在中间的狭窄场地上，分别设置了上车和下车的站台

函館駅前
HAKODATE EKI MAE
3001
5
2
合地頭
8005
2

新站台的墙
使用9 mm厚的钢板，墙厚控制在100 mm

老站台的墙
结构材和外壁构造材合计达200 mm厚

函館駅前
HAKODATE EKIMAE
DY
17

从人行道看站台
长站台采用了有缝隙的长条形墙的连续设计，让入口部分高于其他部分以提高其可视度。通过将墙的结构材和构造·饰面一体化，可以实现更薄的墙体

竣工后的样子
新站台的墙厚变薄、站台变宽，且实现了无障碍设计

湯の川
2002
2
函館駅前

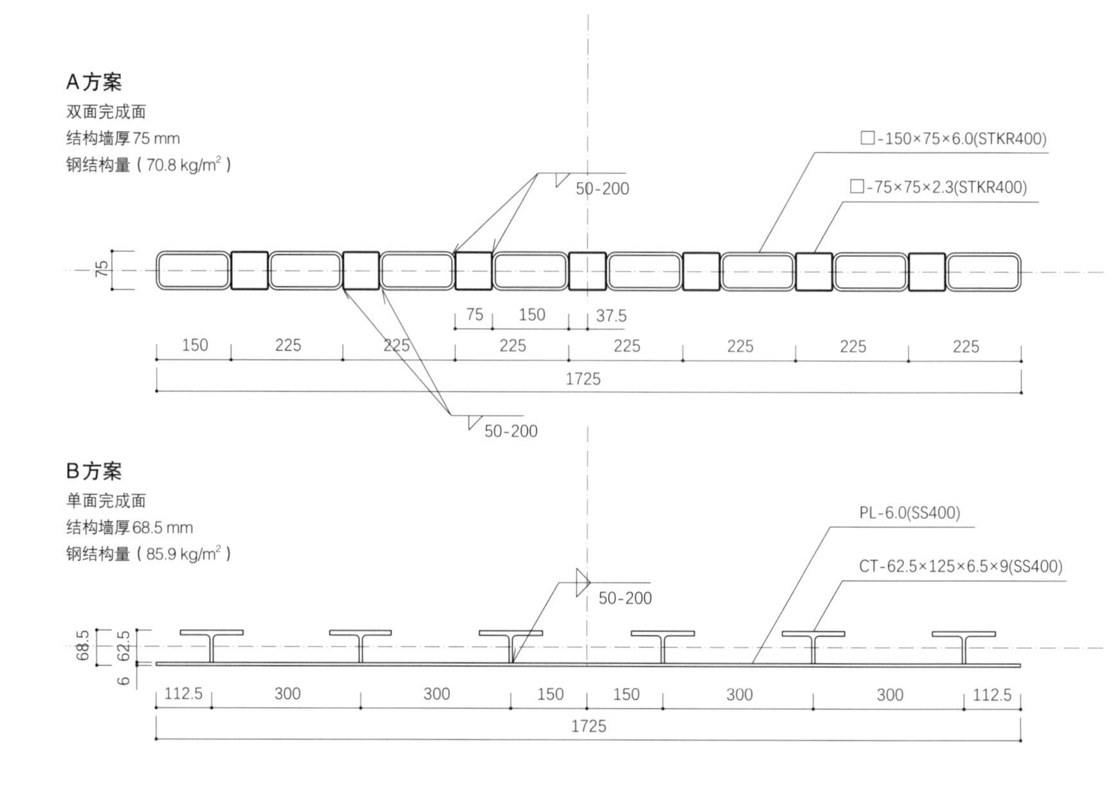

A方案
双面完成面
结构墙厚75 mm
钢结构量（70.8 kg/m2）
□-150×75×6.0(STKR400)
□-75×75×2.3(STKR400)
50-200
75
75 150 37.5
150 225 225 225 225 225 225 225
1725
50-200
B方案
单面完成面
结构墙厚68.5 mm
钢结构量（85.9 kg/m2）
PL-6.0(SS400)
CT-62.5×125×6.5×9(SS400)
50-200
68.5 62.5 6
112.5 300 300 150 150 300 300 112.5
1725

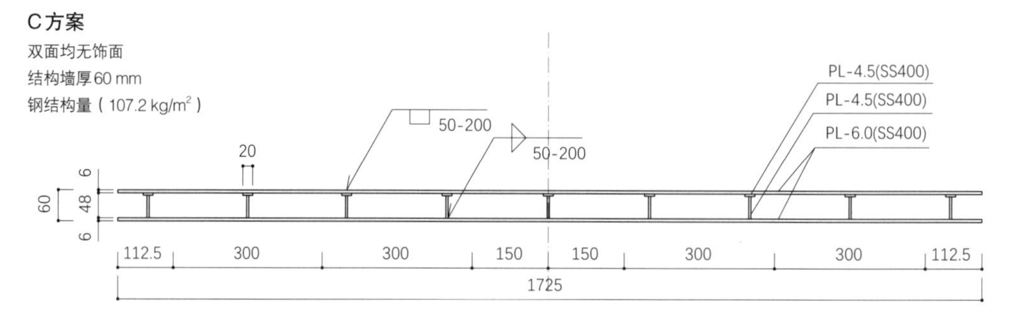

C方案
双面均无饰面
结构墙厚60 mm
钢结构量（107.2 kg/m2）
PL-4.5(SS400)
PL-4.5(SS400)
PL-6.0(SS400)
50-200
50-200
20
60 6 48 6
112.5 300 300 150 150 300 300 112.5
1725

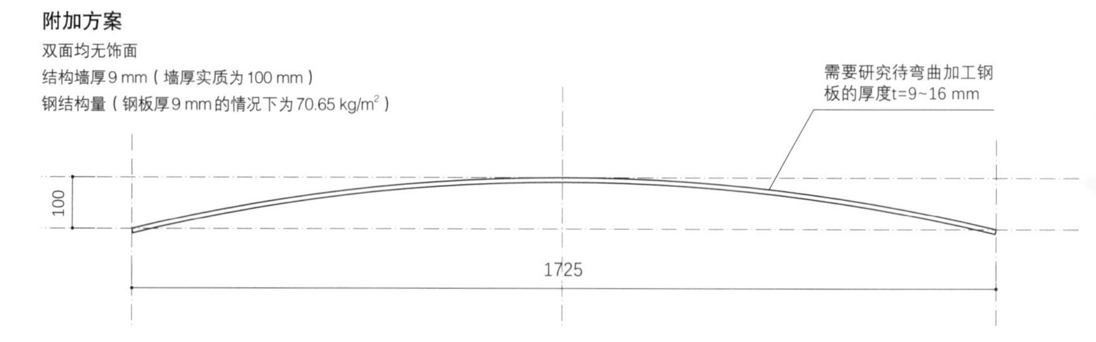

附加方案
双面均无饰面
结构墙厚9 mm（墙厚实质为100 mm）
钢结构量（钢板厚9 mm的情况下为70.65 kg/m2）
需要研究待弯曲加工钢
板的厚度t=9~16 mm
100
1725

比较并研究合理的截面

墙截面的比较研究

墙厚做得越薄，钢结构的量就越多，成本就会增加。既有建筑物的结构体和外壁构造是分开设置的，所以整体的墙厚变厚，我们讨论了结构和构造层一体化的方案，以及对钢结构重量的讨论墙体的截面构成按照结构和次要构件一体化的方向推进讨论。

A方案中，在增加柱的数量并减小柱的截面尺寸的同时，在其间设置作外壁龙骨用的薄方管。B方案中，为了使结构体变得更薄，考虑在单侧使用钢板，并布置作为肋板的型钢，在其间的空间设置别的次要构件。目的是通过直接将钢板用作完成面，来实现现场施工的简易化。C方案，是一个进一步在双面都设置钢板的方案。结构上能做得尽可能地薄，且可直接作为完成面，能进一步减少现场的工作。另一方面，因为钢结构用量增加，可能会超预算。因此，作为“附加方案”进行研究的，是将一枚钢板进行弯曲，利用其几何学刚度的墙的构成方式。

由于钢板只需要进行弯曲加工，工厂中的工作也得到了简化，确实是合理的解决方案。屋盖面也同样进行弯曲，通过使它们成为一个整体结构，悬挑得以成立。

在自立的弯曲钢板的端部设置防止扭转的CT型钢

这个部分内藏有排屋顶雨水的排水管。屋盖也同样是弯曲钢板，用形状确保其悬挑的刚度

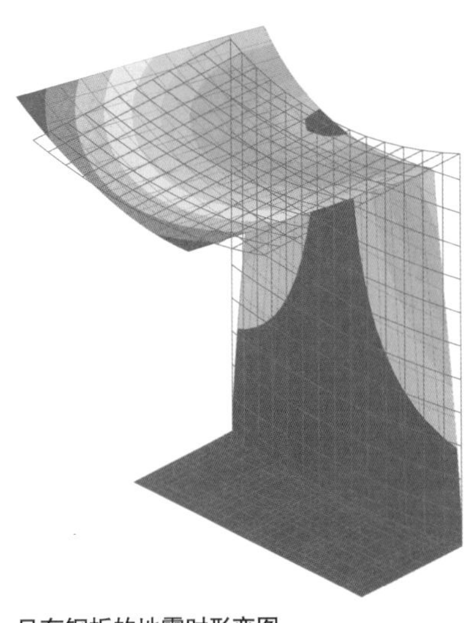

只有钢板的地震时形变图

只有弯曲钢板的时候，因为其扭转刚度小，悬挑端头会发生较大形变

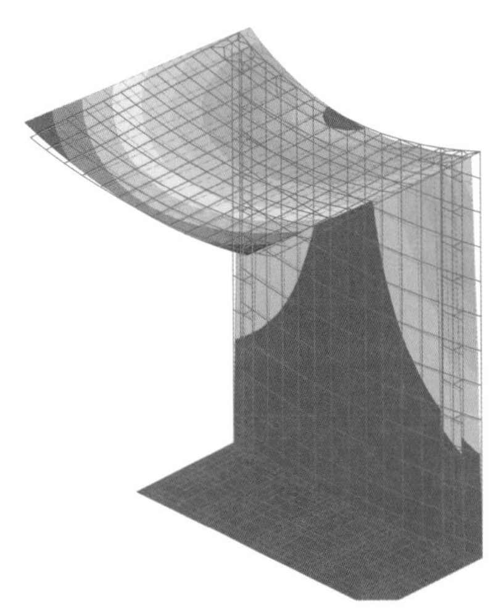

钢板端部布置CT型钢的情况下地震时的形变图（译者注：CT型钢是日本型钢的一种，工字钢截面从中截断后其中一半的形态）

扭转得到抑制，地震时的形变减少到约1/5，有明显的效果

入口部分的制作

入口部分采用了截面构成的C方案。设置肋板，在两侧用钢板夹住，做成夹芯板。比其余部分更高的入口部分，实现最薄处仅为60 mm的效果

柱脚部的安装

由于是在夜间安装，棚架的施工以简易为宜。在这里，我们提出了一个将基础、墙体和屋盖一体化为一个单元的结构体，只用将预先安装在基础上的锚栓紧固，即可稳定。在现场安装上工厂集成的单元即可完成施工

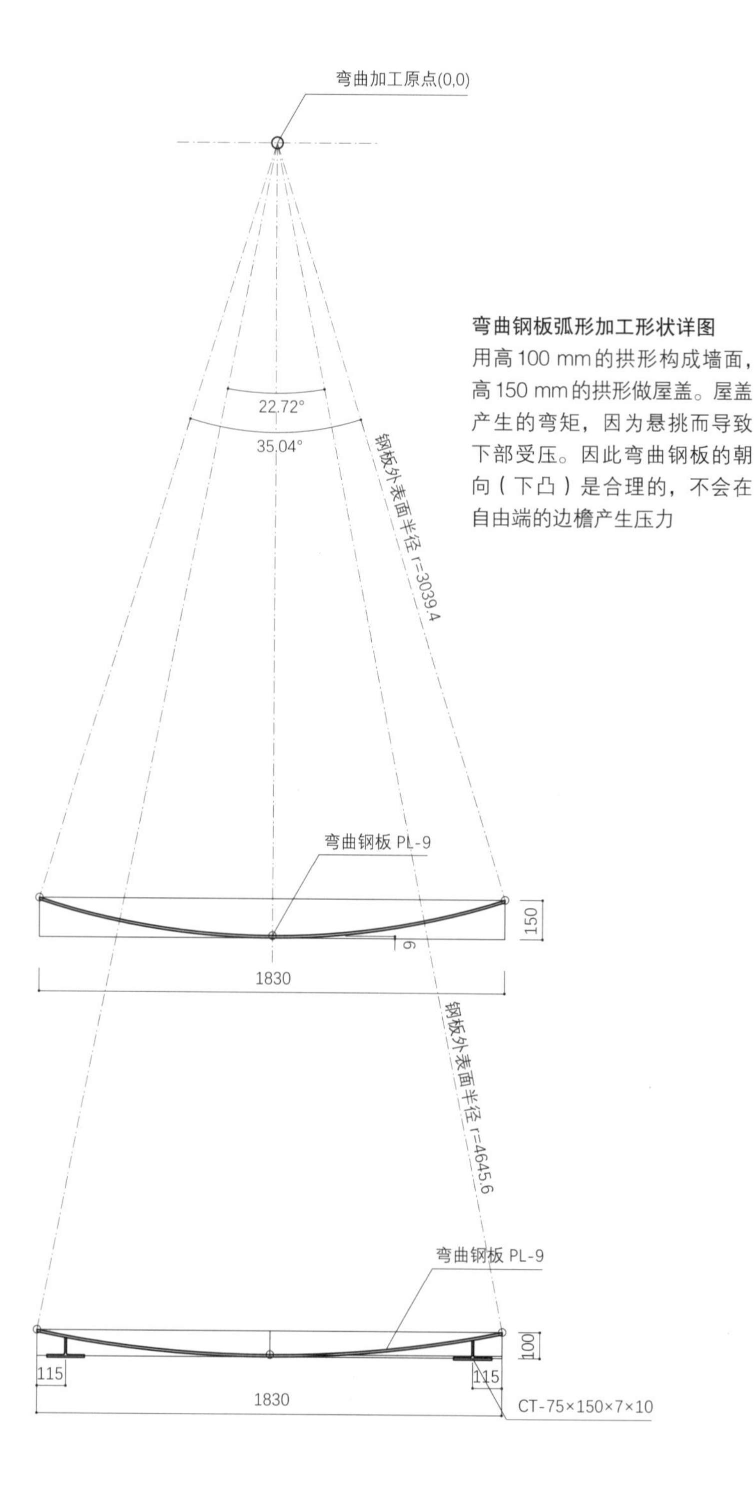

弯曲加工原点(0,0)
22.72°
35.04°
钢板外表面半径 r=3039.4
弯曲钢板 PL-9
150
9
1830
钢板外表面半径 r=4645.6
弯曲钢板 PL-9
100
115
115
1830
CT-75×150×7×10

弯曲钢板弧形加工形状详图

用高100 mm的拱形构成墙面，高150 mm的拱形做屋盖。屋盖产生的弯矩，因为悬挑而导致下部受压。因此弯曲钢板的朝向（下凸）是合理的，不会在自由端的边檐产生压力

利用弯曲形状自身的刚度

日常生活中也有利用形式自身刚度的情况。例如在递纸时不自觉地将其弯曲

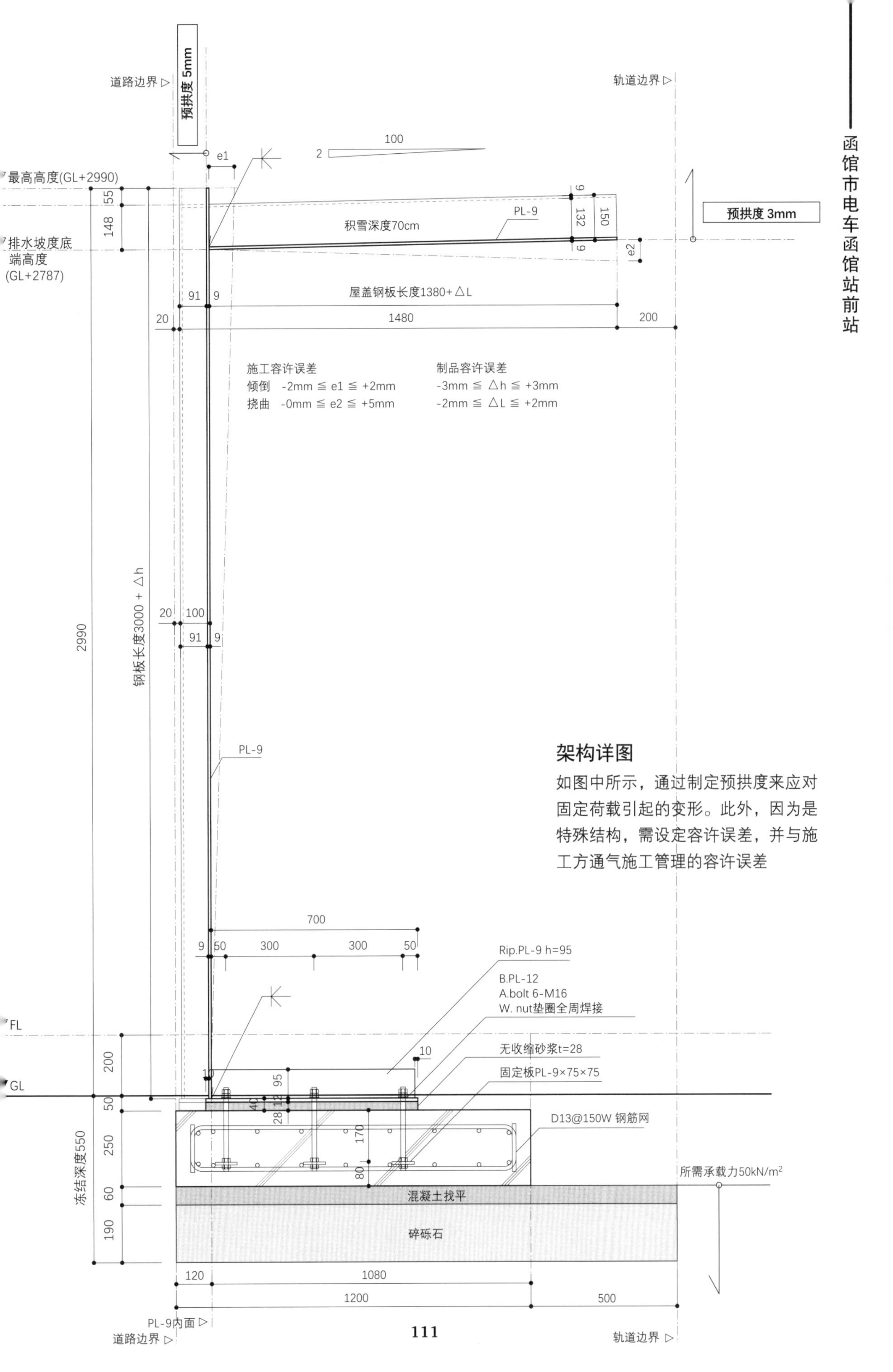

道路边界 ▷
预拱度 5mm
轨道边界 ▷
e1
100
2
最高高度(GL+2990)
55
148
排水坡度底端高度(GL+2787)
积雪深度70cm
PL-9
9
132
150
9
预拱度 3mm
e2
91
9
屋盖钢板长度1380+△L
20
1480
200
施工容许误差
倾倒 -2mm ≦ e1 ≦ +2mm
挠曲 -0mm ≦ e2 ≦ +5mm
制品容许误差
-3mm ≦ △h ≦ +3mm
-2mm ≦ △L ≦ +2mm
2990
钢板长度3000 + △h
20
100
91
9
PL-9
700
9
50
300
300
50
Rip.PL-9 h=95
B.PL-12
A.bolt 6-M16
W. nut垫圈全周焊接
FL
200
10
无收缩砂浆t=28
固定板PL-9×75×75
GL
95
10
40
12
28
50
D13@150W 钢筋网
冻结深度550
250
170
80
所需承载力50kN/m²
60
混凝土找平
190
碎砾石
120
1080
1200
500
PL-9内面 ▷
道路边界 ▷
轨道边界 ▷

架构详图

如图中所示，通过制定预拱度来应对固定荷载引起的变形。此外，因为是特殊结构，需设定容许误差，并与施工方通气施工管理的容许误差

以强形式强化弱材料的日常行为

材料具有各种不同的特性。在结构设计中，我们在充分理解材料特性后进行选择。但即便是柔软的材料，利用几何学的特性也可以设计出不易变形的构件。这样的想法看似很专业，但日常生活中我们也在做类似的事情。

例如，将纸递给别人的时候，我们是怎么递的呢？

你会意识到你在不知不觉中使用着潜藏在日常生活中的力学原理。

1

递纸的时候，首先不会有人这样递的吧

2

是不是稍稍将纸反卷起来递出去的呢？这就是一种利用形式强度特性的日常行为

3

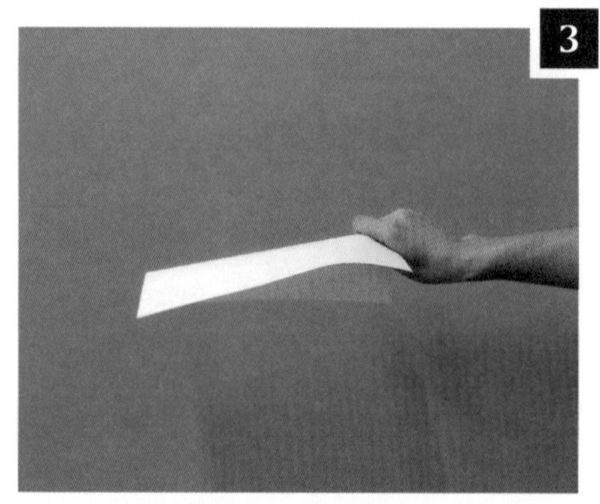

那么，倒过来拿也有同样的强形式，但却没有这样递的。这里也有潜藏的力学原理

4

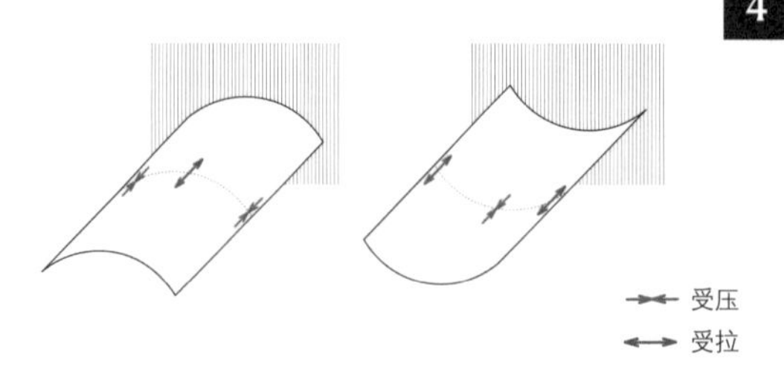
受压
受拉

一张薄薄的纸，比起抗拉来说抗压更弱。由于在弯曲的纸的截面上，上侧受拉，下侧受压，因此纸边缘受压的拿法会使纸屈曲变弱。我们从经验中学会了不用“上凸”的拿法

05 异质材料

与建筑师讨论的时候，话题往往会从“我们应该用什么材料来建造这个建筑”出发。建筑师对于不同的建造材料持有固定的印象，这本身不是坏事；但材料有其相应的物质属性或结构性能等特征，最好能考虑到这一点来进行综合判断。

在最初阶段，如果其他材料也存在其合理性，即便不是设想中的那种材料，也应该积极地去尝试，不必轻易下决定。对于自己设想的材料，有时会有犹豫，无法判断其是否合理，在研究思索的过程中，也会有发现别的更重要的材料特性的情况发生。

建筑结构并非只能用同一种材料来实现。有时会根据构件与部位的差异，以及在建筑中不同的作用，改变原来的材料、节点及性能，以实现结构合理性。我们有时会被法规和习惯约束，有时又会认为不应该突破常规，但在认定“结构由同一种材料实现才是正确的”判断之前，一定要深思熟虑，在某些情况下这是正确的，某些情况下则会使设计陷入僵局。

本章介绍的作品，在恰当的位置运用了合适的材料，作为考虑了构件使用方式的结果，实现了由不同材料构成的建筑结构。选择材料时，我们并不只关注结构的合理性，同时在设计上也会考虑结构作为完成面的可能性，并结合生产性与经济性，采用不同材料。更为重要的是，我们需要对所有材料的可能性持开放态度，并与建筑师就其优劣共同进行探讨。总体来讲，我们并不盲目推崇混用材料，但也不必过度担心混用材料带来的风险。

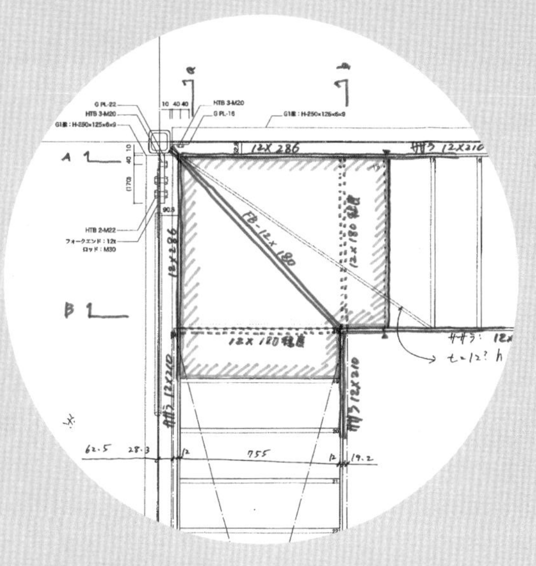
12X286
755

森之架空住宅

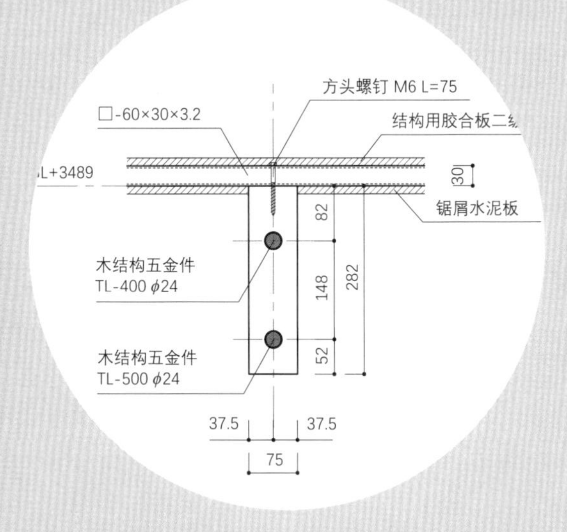
方头螺钉 M6 L=75
□-60×30×3.2
结构用胶合板二
L+3489
30
锯屑水泥板
82
148
282
52
木结构五金件
TL-400 ϕ24
木结构五金件
TL-500 ϕ24
37.5
37.5
75

春日大社院内卫生间

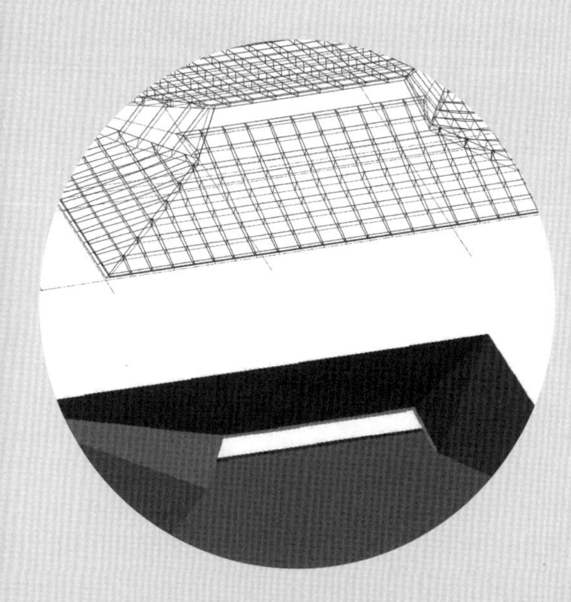

坂下公共卫生间

Study Process

一如何用细柱实现架空层？

——如何减小楼板厚度？

——— 如何实现轻盈的楼梯？

剖面图

通过在二楼使用木结构，实现建筑的轻质化。均等地布置斜撑，使细柱得以成立

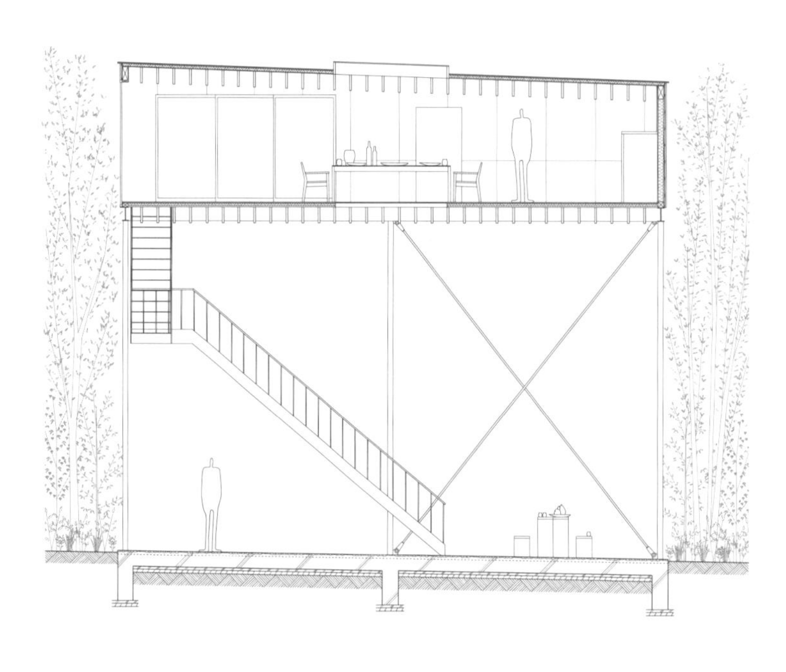

高度为6.4 m的架空层

用细柱实现架空层

森之架空住宅

长谷川豪（长谷川豪建筑设计事务所）

钢结构＋木结构

支撑结构＋托梁

从最初的设计开始，二层就是被抬高的，当我们与建筑师讨论时，话题围绕“如何支撑二层”展开。被抬到6 m左右高度的二层，内部空间的高度被压得极低，意图与楼下的架空层形成室内外及空间差异的鲜明对比。

在讨论时，结构设计师会被问到“这个结构该怎么做呢”；另一方面，为了了解结构设计的条件，我们也可以平实地向建筑师提问“为什么想这样设计”，我想这大概是作为结构设计师的一项特权吧。根据建筑师的回答，我们可以明白他的关注点，并为结构设计提供一定的方向。

本项目的场地被树林包裹，在不同的高度能看到不同的景色，因此讨论在这里设计一处能感受环境中不同

魅力的周末住宅。基于这个不太稳定的、用纤细的柱子撑起来的模型，以及还在调整中的平面规划，我们针对二层的支撑方式、柱子的位置，以及抗震要素的形式等问题，进行了具体的深化。

从空间的设定来看，一楼是开放的，二楼相对来说有更多的墙壁。在这种情况下，为了实现建筑的轻质化和墙壁的有效利用，合理的方式是在二层采用木结构，一层采用钢结构。如果要使用木结构，就有必要在设定跨度的时候考虑经济性，根据常规2×材的规格，二层楼板梁的最大值设定在4.5 m是最合适的，也便于协调原本的平面布置。在结构策略上，我们决定将兼作次梁的龙骨紧密地排列，搭接在钢结构主梁上。

木结构的部分分散受力，钢结构的部分集中受力。根据材料的属性，我们提出了“分散型”与“集中型”的不同使用方式。

考虑如何支撑架空层

结构形式研究❸抗震板结构方案
该方案中我们布置了像袖墙［译者注：袖墙（袖壁），即与柱相连的短的分隔墙，日本住宅中常用］一样狭窄的钢板来形成抗震板，它能起到与斜撑一样的抗侧作用，此外也可以减小梁柱截面尺寸。另一方面，这一方案需要额外布置坚固的基础梁，因此不够经济。从建筑设计的角度来看，会出现更多的墙体元素

结构形式研究❷框架结构方案
柱子的截面尺寸较大，但是可以去除斜撑及墙等新的要素。可以使用利于双向受力的方钢柱，如果改变强轴方向，也可以使用工字钢。柱与梁采用刚节点连接，有必要研究节点的外观等。因为这种结构形式的梁柱截面尺寸较大，且是自立式结构，因此较易施工

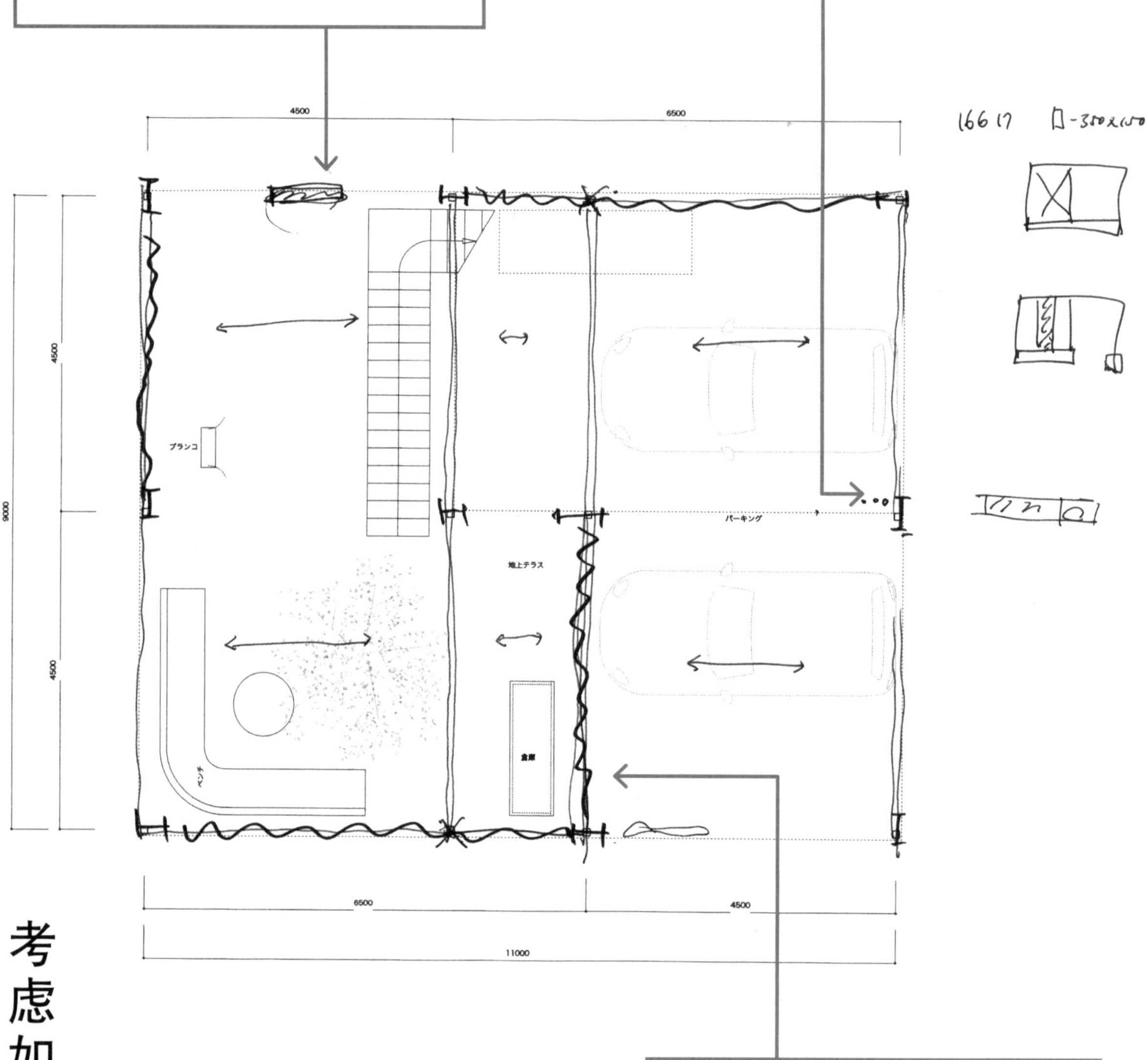

4500
6500
4500
4500
9000
ブランコ
地上テラス
パーキング
ベンチ
倉庫
6500
4500
11000

初期结构形式研究草图

对于实现一层架空空间的开敞感来说，什么样的结构形式是合适的呢？我们提出了几个概念设想和具体的剖面，与建筑师共同探讨。框架结构、支撑结构等结构形式本身种类并不多，通过研究具体的结构布置及截面尺寸，我们可以更方便地判断结构与空间是否适配。当然这不仅仅是基于外观，同时也要考虑到经济性、可施工性及地域性等因素

结构形式研究❶支撑结构方案
在加入斜撑这一新元素的同时，梁柱的截面尺寸可以变小，同时能简化节点。对于支撑结构来说，四个面的均衡布置是基本要求。出现一些局部不对称的布置也是可以的，但这种情况下，斜撑构件的截面尺寸就有必要增大，同时二楼楼板的水平刚度也变得极为重要

架构详图

因为二楼有很多墙，我们采用了在来轴组工法（译者注：即日本的传统木结构框架工法），一楼则使用钢结构进行支撑，均衡地布置了斜撑，以轴力传导水平力，有效减小了每个构件的截面尺寸。构件的规格分别是：钢柱100×100，钢梁H-250×125，木梁38*286@303。实现了柱子与6.4 m的一层高度之间1：64的比例

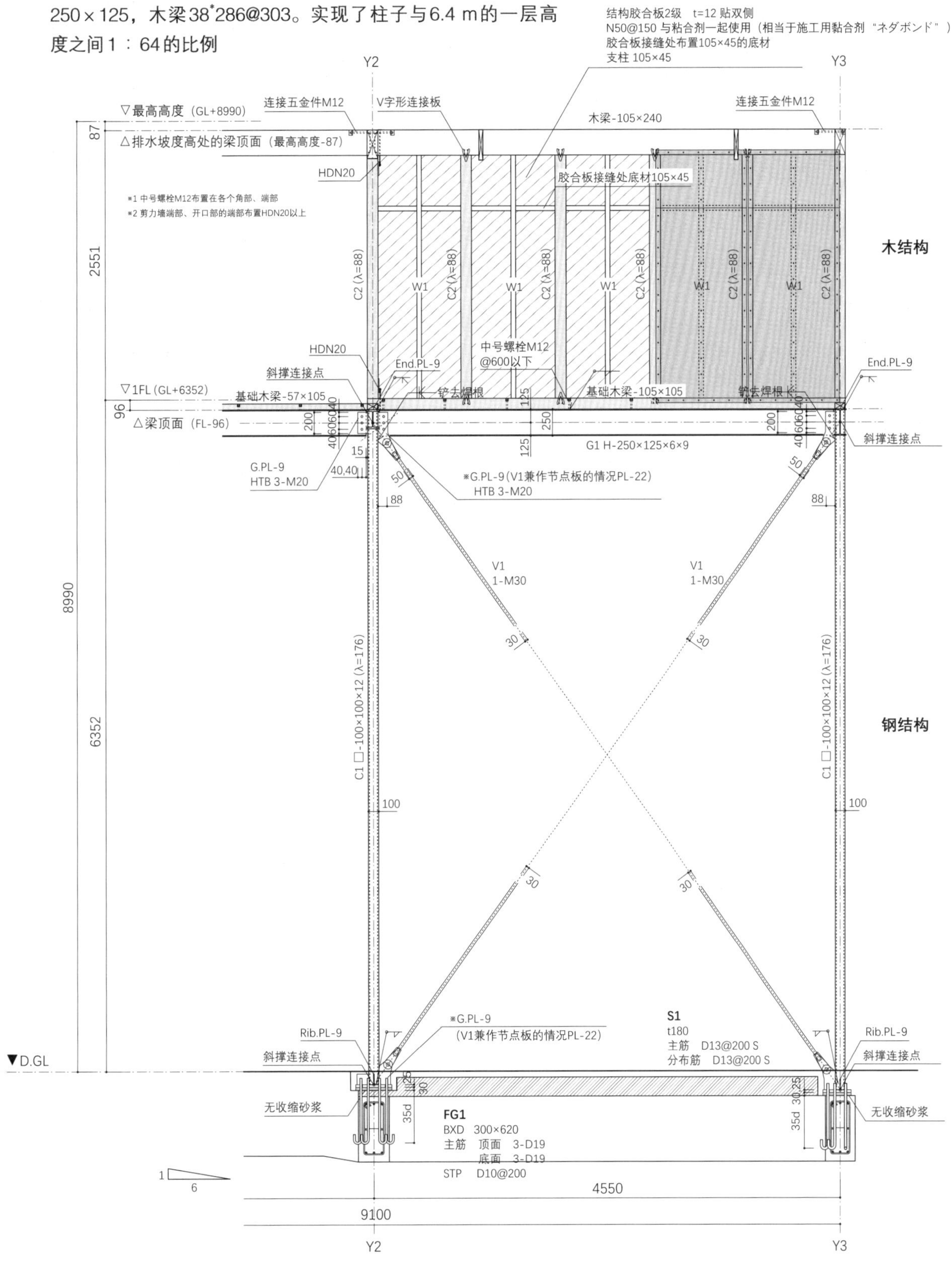

结构胶合板2级　t=12 贴双侧
N50@150 与粘合剂一起使用（相当于施工用黏合剂“ネダボンド”）
胶合板接缝处布置105×45的底材
支柱 105×45

Y2
Y3
▽最高高度（GL+8990）
连接五金件M12
V字形连接板
连接五金件M12
木梁-105×240
△排水坡度高处的梁顶面（最高高度-87）
HDN20
胶合板接缝处底材105×45
*1 中号螺栓M12布置在各个角部、端部
*2 剪力墙端部、开口部的端部布置HDN20以上
木结构
C2 (λ=88)
W1
HDN20
中号螺栓M12
@600以下
End.PL-9
斜撑连接点
▽1FL（GL+6352）
基础木梁-57×105
铲去焊根
基础木梁-105×105
铲去焊根
△梁顶面（FL-96）
G1 H-250×125×6×9
斜撑连接点
G.PL-9
HTB 3-M20
*G.PL-9（V1兼作节点板的情况PL-22）
HTB 3-M20
V1
1-M30
钢结构
C1 □-100×100×12 (λ=176)
87
2551
8990
6352
96
Rib.PL-9
*G.PL-9
（V1兼作节点板的情况PL-22）
S1
t180
主筋　D13@200 S
分布筋　D13@200 S
▼D.GL
斜撑连接点
无收缩砂浆
FG1
BXD　300×620
主筋　顶面　3-D19
底面　3-D19
STP　D10@200
4550
9100

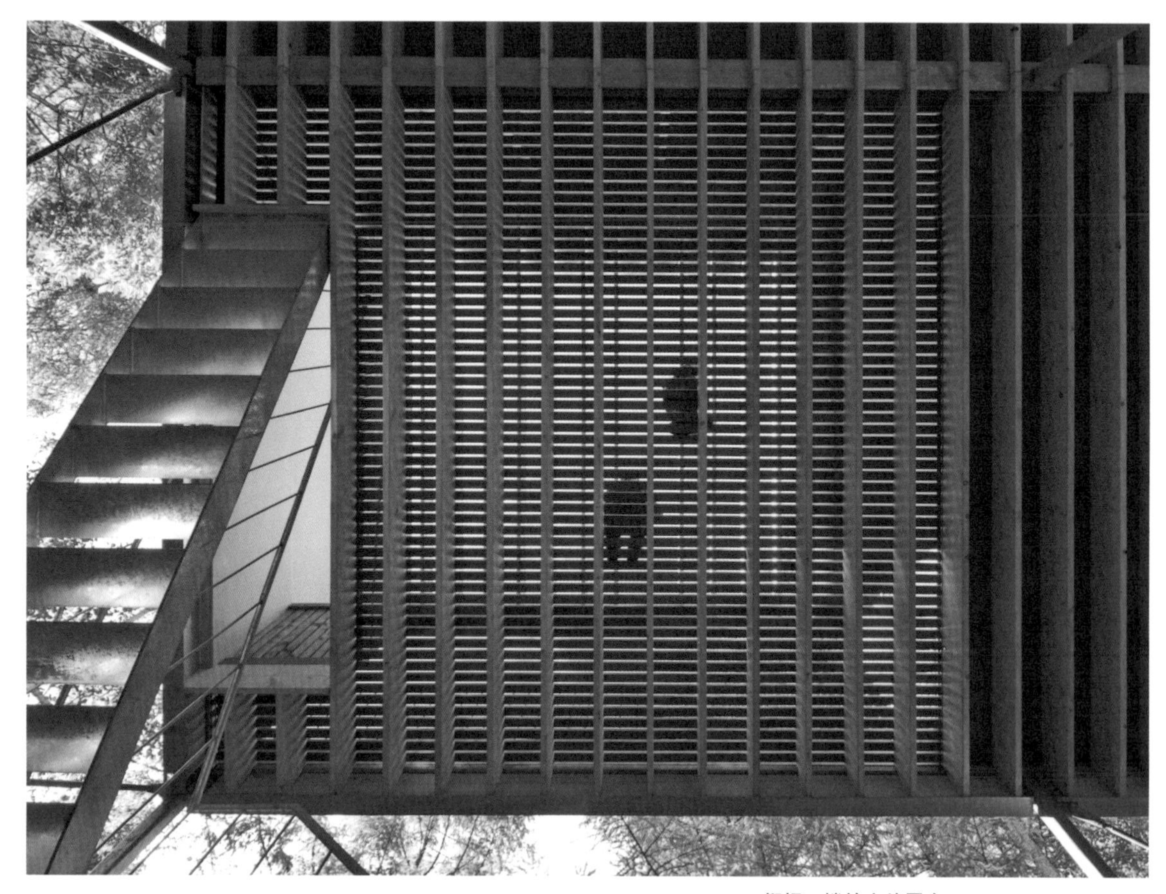

仰视二楼的室外露台
光线和风可以透过二楼室外露台的甲板间隙

重新考虑楼板的构成，以控制其厚度

楼板由很多材料构成，从上一层的地板饰面到下一层的吊顶，构成了楼板的厚度。具体来讲，这其中包括作为楼板完成面的地板，支撑地板的胶合板，支撑胶合板的龙骨，支撑龙骨的次梁，支撑次梁的主梁，以及挂在这些水平构件上的吊杆，固定在吊杆上的吊顶底板及吊顶饰面。从结构上来看，这些受弯构件都需要承担人的荷载，很难做薄，否则会引起震动干扰等问题。

在这个项目中，为了控制楼板厚度，我们减少了一些构成要素，并重新布置了构件，尝试创造出更紧密的上下层空间的关系，希望人在下面时能感受到上面的空间，而在上面时，除了能感知到楼下，同时也能体会到与楼上（天空）的联系。为此，我们没有设置吊顶，将梁像龙骨一样细密地排布，使用加厚地板以省去胶合板。

如果在二层安装玻璃地板，人能够看到下面的空间，在一般情况下，由于存在楼板厚度，该处会出现像隧道一样深邃的窗户。但在本项目中，通过我们的特殊做法，人在向下看的时候，几乎意识不到楼板的厚度。

楼板的厚度很薄的话，人们上下楼梯时，就不会意识到楼板的存在，不知不觉中感受到上下空间的联系，此外光线与风穿过木板之间的缝隙，在物理层面也将上下空间轻松关联了起来。

楼板的构成研究草图

这是研究钢梁与木梁交接关系的草图。由于室内外的楼板高度不同，因此有必要调节高差。不论从结构角度还是视觉角度来看，改变梁的标高位置都不是好主意，因此将梁顶面对齐的同时，需要通过底材来解决高差。通过直接连接在木梁上的胶合板来确保水平刚度

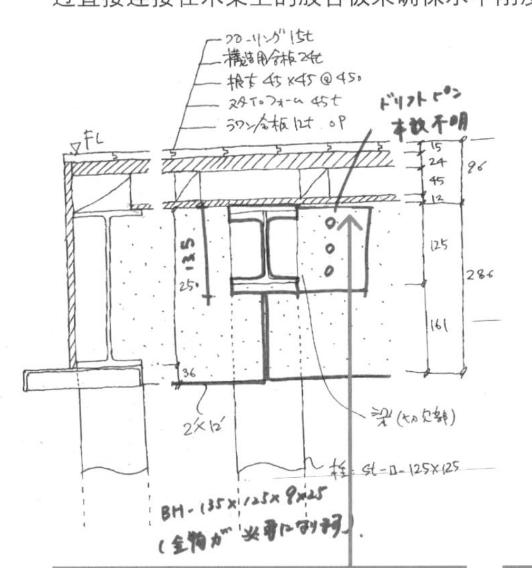

通常部分的楼板

图中是通常部分的楼板，将24 mm的结构用胶合板布置在38 mm × 286 mm的兼作龙骨的次梁上。因为项目位于寒冷地区，需要确保楼板下的隔热性能，因此在胶合板上设置隔热层，避免钢构件的冷热桥。在这张图中，我们采用节点板与销钉来连接钢梁与龙骨，后来更改为将龙骨插入钢梁并搭在翼缘板上的节点设计

安装玻璃部分的楼板

这是在38 mm × 286 mm的楼板龙骨上直接放置玻璃的方案。虽然提出过用玻璃来填充木甲板缝隙的方案，最后还是决定在普通部位楼板的构成基础上，像设置天窗一样，使用玻璃来取代胶合板

露台部分的楼板

将木甲板作为完成面直接铺设在38 mm × 286 mm的楼板龙骨上，以龙骨之间303 mm的间距为跨度，以简支梁的形式决定木甲板的材料厚度。光线、风和声音可以穿过木甲板的间隙，实现联系上下层空间关系的设计意图

架空层与楼板底面

楼板底面的颜色会随着上层空间渗透的光线而变化

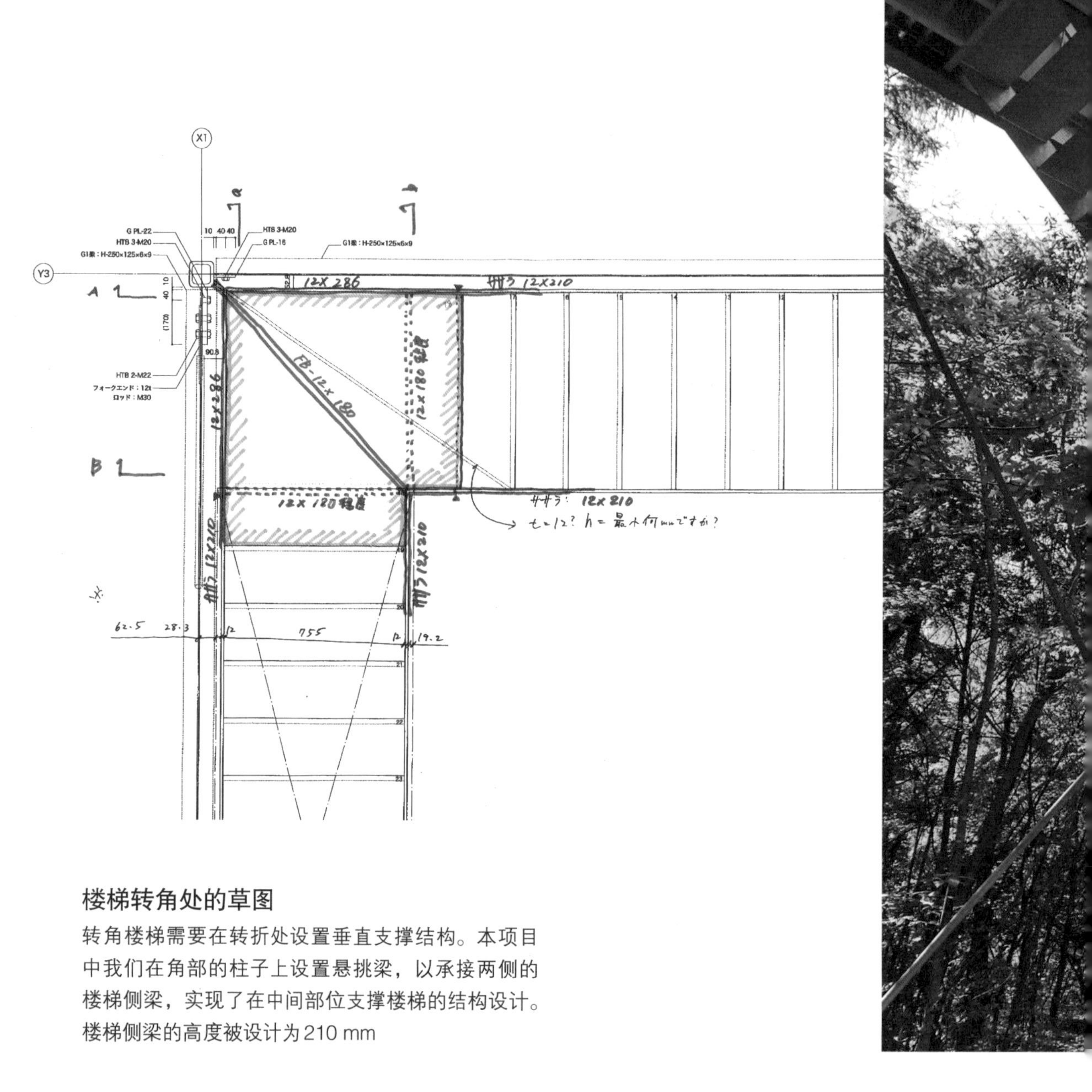
X1
Y3
G PL-22
HTB 3-M20
G1梁：H-250×125×6×9
10 40 40
HTB 3-M20
G PL-16
G1梁：H-250×125×6×9
12X 286
12x286
FB-12x180
HTB 2-M22
フォークエンド：12t
ロッド：M30
90.8
A
B
12x210
62.5
28.3
755
19.2

楼梯转角处的草图

转角楼梯需要在转折处设置垂直支撑结构。本项目中我们在角部的柱子上设置悬挑梁，以承接两侧的楼梯侧梁，实现了在中间部位支撑楼梯的结构设计。楼梯侧梁的高度被设计为210 mm

将长梯建造得纤细

“在哪里放置楼梯”是平面布局中需要处理的问题，即便在平面上它的位置是合理的，但在结构中也可能会存在问题。还有的情况是，建筑师单纯想要设计一个简练的楼梯，但是可能会出现很多不必要的支撑构件，或是需要使用大截面构件。

这些情况不单纯只是结构问题，而是因为平面布局与结构设计没有很好地统合。优先考虑平面当然是很重要的，但如果因此出现了意外的加固结构，那就有必要调

仰视楼梯
楼梯通向二楼的露台。我们使用了纤细的构件创造架空层的空间，也希望长梯能实现同样的效果

整平面，重新确定更合适的楼梯位置。

在这个将二层抬高到6.4 m的项目中，“如何支撑楼梯”也是一个重要的议题。用来承载二层的结构构件的截面尺寸都是最小化处理的，所以我们不希望只为了楼梯而增加支撑构件。

因此，我们讨论了“利用已有的柱子支撑楼梯”的提案，并为此进行平面上的调整。具体方法是，在柱子上设置悬挑梁，承载楼梯的休息平台，并以此支撑两侧的楼梯侧梁。由于角柱承受的恒荷载是中柱的1/4，所以有冗余的结构强度满足与楼梯连接所产生的额外应力。从这个角度看，楼梯的位置在结构层面也是合理的。

外观照片

为了实现宽阔的檐下空间，我们利用独立的墙体来承载压低的屋盖

组合了木、钢和钢筋混凝土建造的屋盖

春日大社院内卫生间

弥田俊男（弥田俊男设计建筑事务所）、城田设计

钢混结构+木结构（部分钢结构）

斜梁结构

Study Process

一结合不同的材料来建造屋盖

——如何实现屋盖在檐口与山墙两侧的悬挑？

———思考木工施工也能实现的钢结构

在室外洗手间的设计中，不可避免地会出现“很多墙”，基于这一点，我们可以较容易地确定结构设计的策略。在本项目中，我们需要考虑设置混凝土墙来应对场地高差带来的土壤压力，此外墙体直接延伸到屋盖，形成从基础开始的钢筋混凝土结构的悬臂墙。

屋盖的架构向着广场的方向延伸，我们考虑对倾斜屋面的结构进行表现，计划使用木结构斜梁来实现。通常情况下需要设置与斜梁正交的横梁或屋脊梁，但在本方案中，通过在屋盖厚度内设置钢结构的檩条，我们尝试省略横梁或屋脊梁。本项目将三种不同的材料运用在恰当的位置：使用钢筋混凝土实现抗震性能，使用木材制作梁，使用钢材进行辅助支撑。

屋盖仰视图
隐藏了与斜梁正交搭接的构件

山墙挑檐与屋檐的关系
因为山墙处也设置了挑檐，所以在斜梁上部配置了钢结构的檩条进行连接

搭建时的斜梁
在梁的上表面开了槽口，可以嵌入兼作屋面底板与天花完成面的锯屑水泥板

没有屋脊梁的架构
建造时设置临时的柱与梁，以控制施工精度

檐口部分
檐口由锯屑水泥板和在端头处收窄的斜梁组成

山墙悬挑部分

山墙部分的悬挑是通过屋盖饰面内的钢结构构件实现的，一部分的斜梁是被悬挂起来的

顶部木结构交接部分的半刚接节点

使用等比例模型来确认连接处及其施工方法，并实际确认与其他构件是否存在冲突

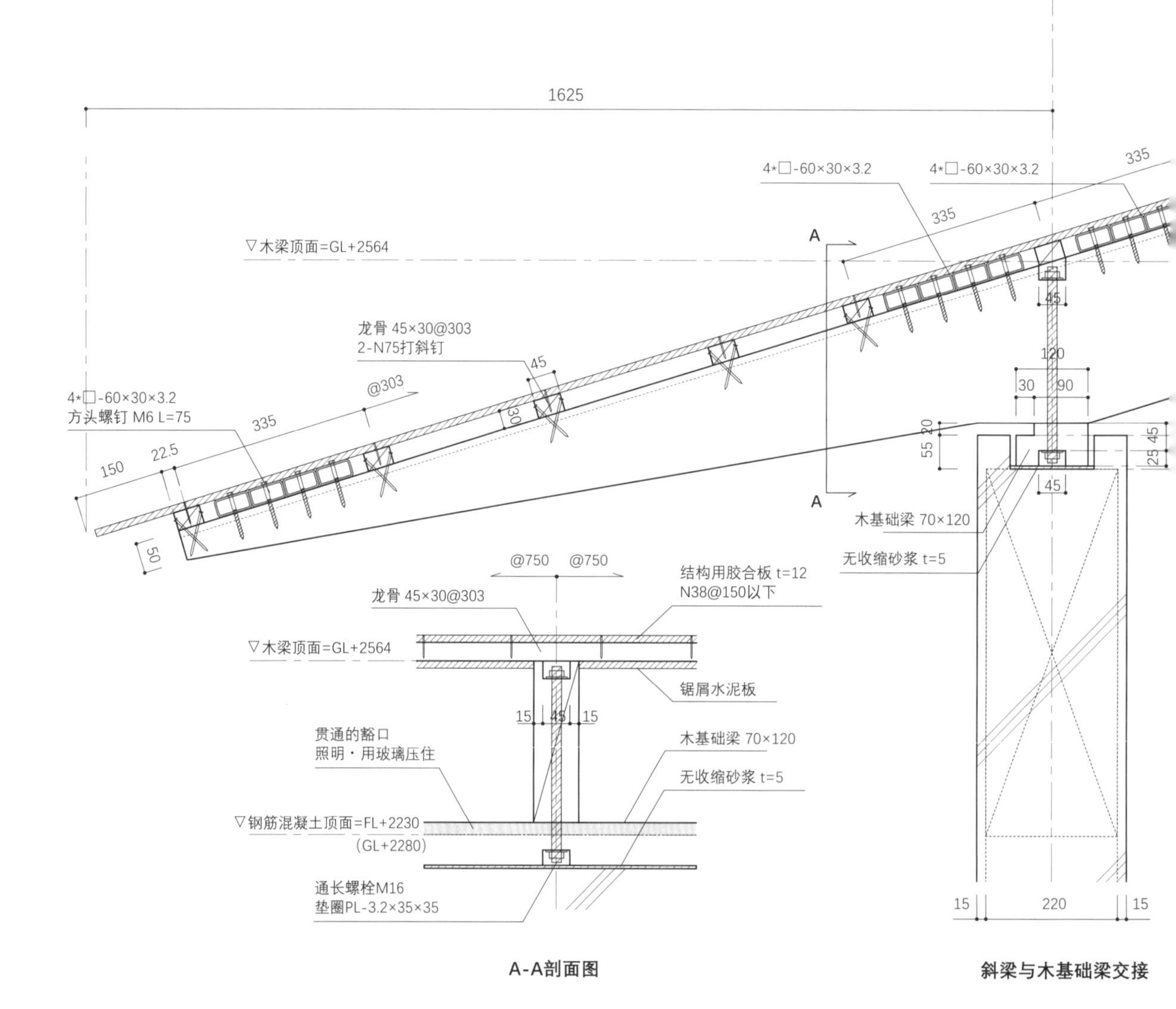

1625
4*□-60×30×3.2
4*□-60×30×3.2
335
335
▽木梁顶面=GL+2564
A
A
龙骨 45×30@303
2-N75打斜钉
45
30
@303
4*□-60×30×3.2
方头螺钉 M6 L=75
335
150
22.5
50
45
120
30
90
55
20
45
25
45
木基础梁 70×120
无收缩砂浆 t=5
@750
@750
龙骨 45×30@303
结构用胶合板 t=12
N38@150以下
▽木梁顶面=GL+2564
锯屑水泥板
15
45
15
贯通的豁口
照明・用玻璃压住
木基础梁 70×120
无收缩砂浆 t=5
▽钢筋混凝土顶面=FL+2230
(GL+2280)
通长螺栓M16
垫圈PL-3.2×35×35
15
220
15

A-A剖面图

斜梁与木基础梁交接

由放置在独立的混凝土墙体上的斜梁架构，来承载建筑的屋盖。在设计阶段，我们讨论了檐口的做法、山墙挑檐部分，以及实现无正交构件架构的方法。我们以斜梁的形式统合外部与内部的表现，并将其延长，实现1.6 m的檐下空间。

在使用斜梁时，水平推力会对钢筋混凝土墙壁产生向外推的力，因此需要增加墙壁的配筋量。为了抑制侧推力，在顶部木结构交接的地方使用了半刚接节点。通过使用胶合棒，可以隐藏交接处的五金件。山墙一侧出挑的跨度也很大，为了在结构中取消横梁或屋脊梁等与斜梁正交的构件，我们在屋盖饰面内部设置了钢结构构件。由此，实现了将部分斜梁悬挂起来向山墙两侧出挑的效果。

在这张架构详图中，我们有意识地将这些构件整理在一起表达它们之间的关系。

在同一张图中表达钢筋混凝土、木材与钢材的交接关系

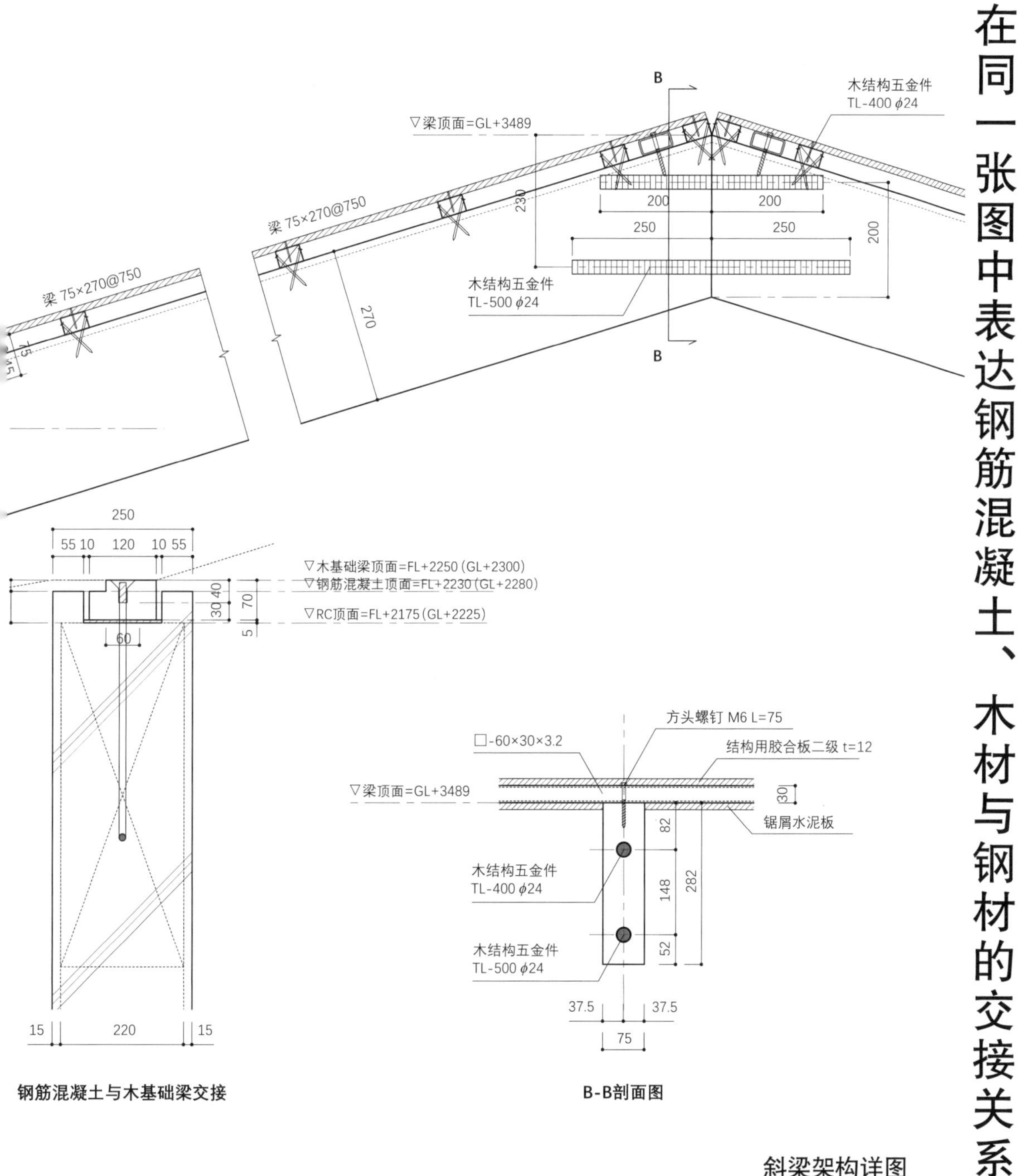

B
木结构五金件
TL-400 ϕ24
▽梁顶面=GL+3489
梁 75×270@750
230
200
200
250
250
200
木结构五金件
TL-500 ϕ24
270
B
250
55 10
120
10 55
▽木基础梁顶面=FL+2250（GL+2300）
▽钢筋混凝土顶面=FL+2230（GL+2280）
▽RC顶面=FL+2175（GL+2225）
30 40
70
5
60
15
220
15
方头螺钉 M6 L=75
□-60×30×3.2
结构用胶合板二级 t=12
▽梁顶面=GL+3489
30
锯屑水泥板
82
148
282
52
木结构五金件
TL-400 ϕ24
木结构五金件
TL-500 ϕ24
37.5
37.5
75

钢筋混凝土与木基础梁交接

B-B剖面图

斜梁架构详图

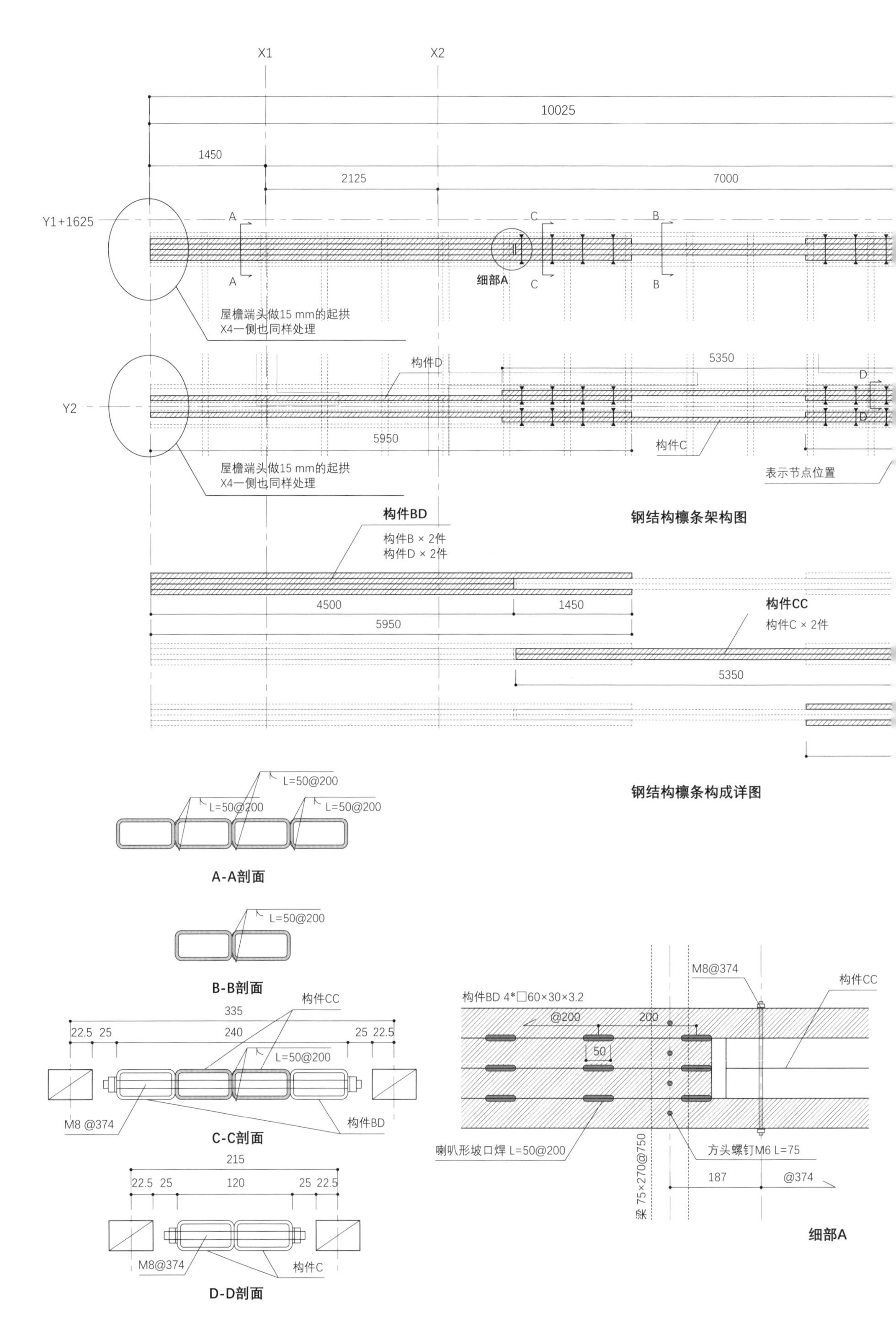
X1
X2
10025
1450
2125
7000
Y1+1625
A
A
C
C
B
B
细部A
屋檐端头做15 mm的起拱
X4一侧也同样处理
构件D
5350
D
D
Y2
5950
构件C
表示节点位置
屋檐端头做15 mm的起拱
X4一侧也同样处理
构件BD
构件B × 2件
构件D × 2件
钢结构檩条架构图
4500
1450
5950
构件CC
构件C × 2件
5350
钢结构檩条构成详图
L=50@200
L=50@200
L=50@200
A-A剖面
L=50@200
B-B剖面
构件CC
335
22.5 25
240
25 22.5
L=50@200
M8 @374
构件BD
C-C剖面
215
22.5 25
120
25 22.5
M8@374
构件C
D-D剖面
M8@374
构件CC
构件BD 4*□60×30×3.2
@200
200
50
喇叭形坡口焊 L=50@200
方头螺钉M6 L=75
梁 75×270@750
187
@374
细部A

结合可加工性与可施工性来布置钢结构构件

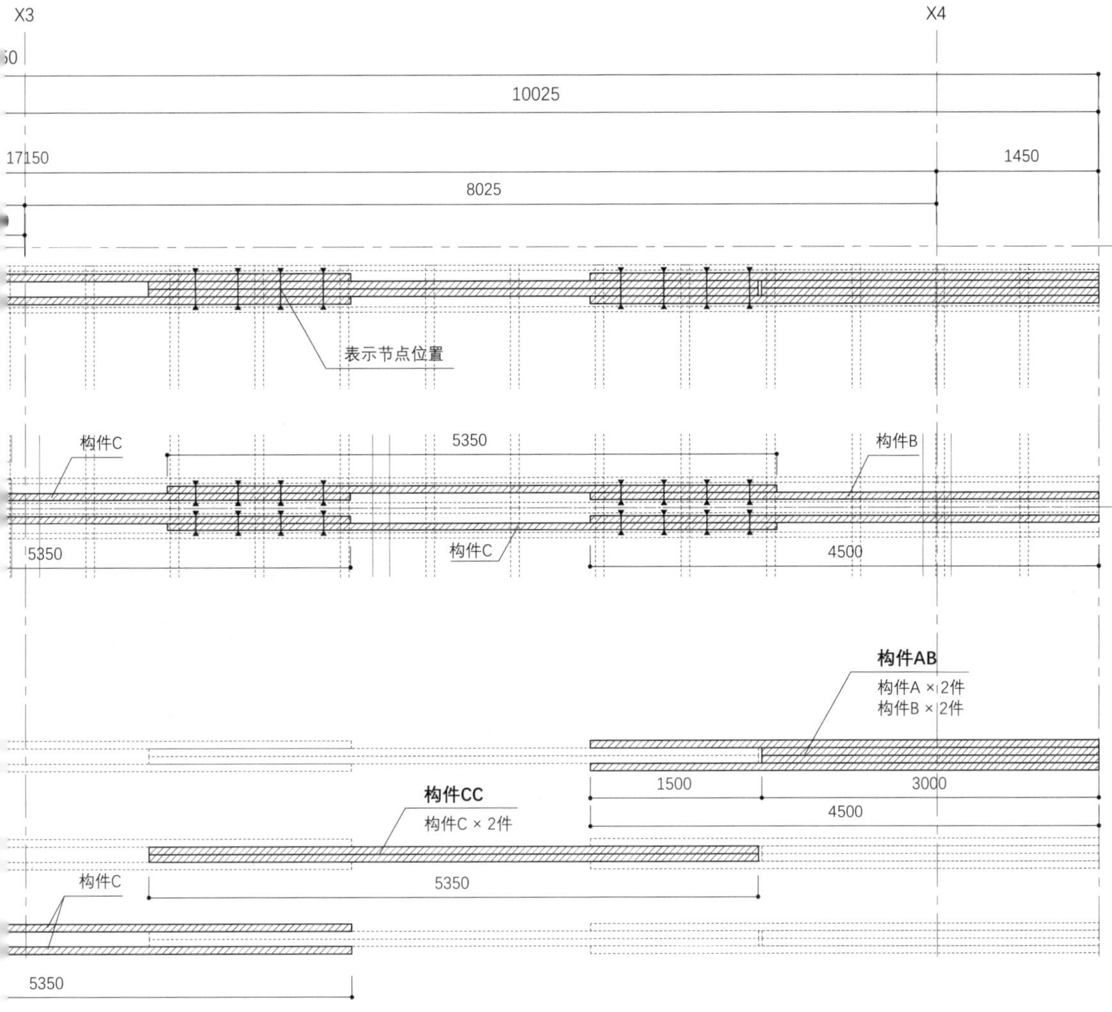

X3
X4
10025
17150
1450
8025
表示节点位置
构件C
5350
构件B
5350
构件C
4500
构件AB
构件A × 2件
构件B × 2件
1500
3000
4500
构件CC
构件C × 2件
构件C
5350
5350

钢结构檩条的组装图

在斜梁上设置了钢结构的檩条。为了将檩条截面控制在常规尺寸，我们横向排布了许多60 mm × 30 mm规格的方钢管，图中展现了钢结构构件的组合方式。通过明确指示哪些构件需要在工厂焊接成单元，以及不同长度的构件如何装配等，一方面能便于加工制造，另一方面也能表明设计充分考虑了经济性。在清单中明确了构件的长度与重量，以说明即便在木结构施工的范畴内，它们也能被妥当处理

钢结构檩条构件清单

构件名称	材料/构成	钢材种类	工厂焊接	总件数	构件长度	钢结构重量	总体钢结构重量
构件AB	4*□-60×30×3.2/A×2 B×2	SS400	有	6	6.00m	60kg/组	360kg
构件BD	4*□-60×30×3.2/B×2 D×2	SS400	有	6	6.00m	84kg/组	504kg
构件CC	2*□-60×30×3.2/C×2	SS400	有	12	4.45m	42kg/组	504kg
构件A	□-60×30×3.2	SS400	-	12	3.00m	12kg/件	144kg
构件B	□-60×30×3.2	SS400	-	26	4.50m	18kg /件	468kg
构件C	□-60×30×3.2	SS400	-	42	5.35m	21kg /件	882kg
构件D	□-60×30×3.2	SS400	-	14	5.95m	24kg /件	336kg

看起来像是漂浮着的铝制屋盖
外部的光线经过屋盖的反射，扩散到内部空间中

让铝制屋盖悬浮起来

坂下公共卫生间

渡边明·渡边仁（渡边明设计事务所）
钢混结构+铝结构（部分钢结构）
铝结构

Study Process

—如何用铝来建造屋盖？
——什么是硬壳式结构的屋盖？
———如何让屋盖悬浮？

本项目的出发点是建筑师希望将屋盖作为导入光线的装置。作为一个有较多墙体同时也存在隐私考虑的室外洗手间项目，建筑师希望在使用人工照明的基础上，尽可能地引入自然光，因此对屋盖进行了特别的设计。

铝制的硬壳式结构屋盖，反射着微弱的光线。将铝与钢进行比较的话，可以理解对材料合理的使用方式。铝的弹性模量是钢材的三分之一，同时相对密度也是其三分之一，因此由材料自重引起的形变几乎是相同的。另一方面，铝的强度是钢的一半，所以在自重占据主导的部位，使用铝材是合理的。

本项目使用铝制的硬壳式结构屋盖实现轻质化，并能利用吊顶反射光线。支撑屋盖的钢结构柱被设计为与混凝土一体化的抗震要素。

现场焊接屋盖的场景。为了防止产生变形，设置了很多夹具

为了确认精度，在工厂进行整体试组装时的场景

入口处

排水管与铝制屋盖

为了调整焊接处的偏差而使用辊压成型工艺。因为加热过度会造成塑性变形，因此需要一边洒水一边进行调整

将钢柱埋入混凝土

使用卡车运输的场景。铝制屋盖的连接位置由卡车的宽度决定

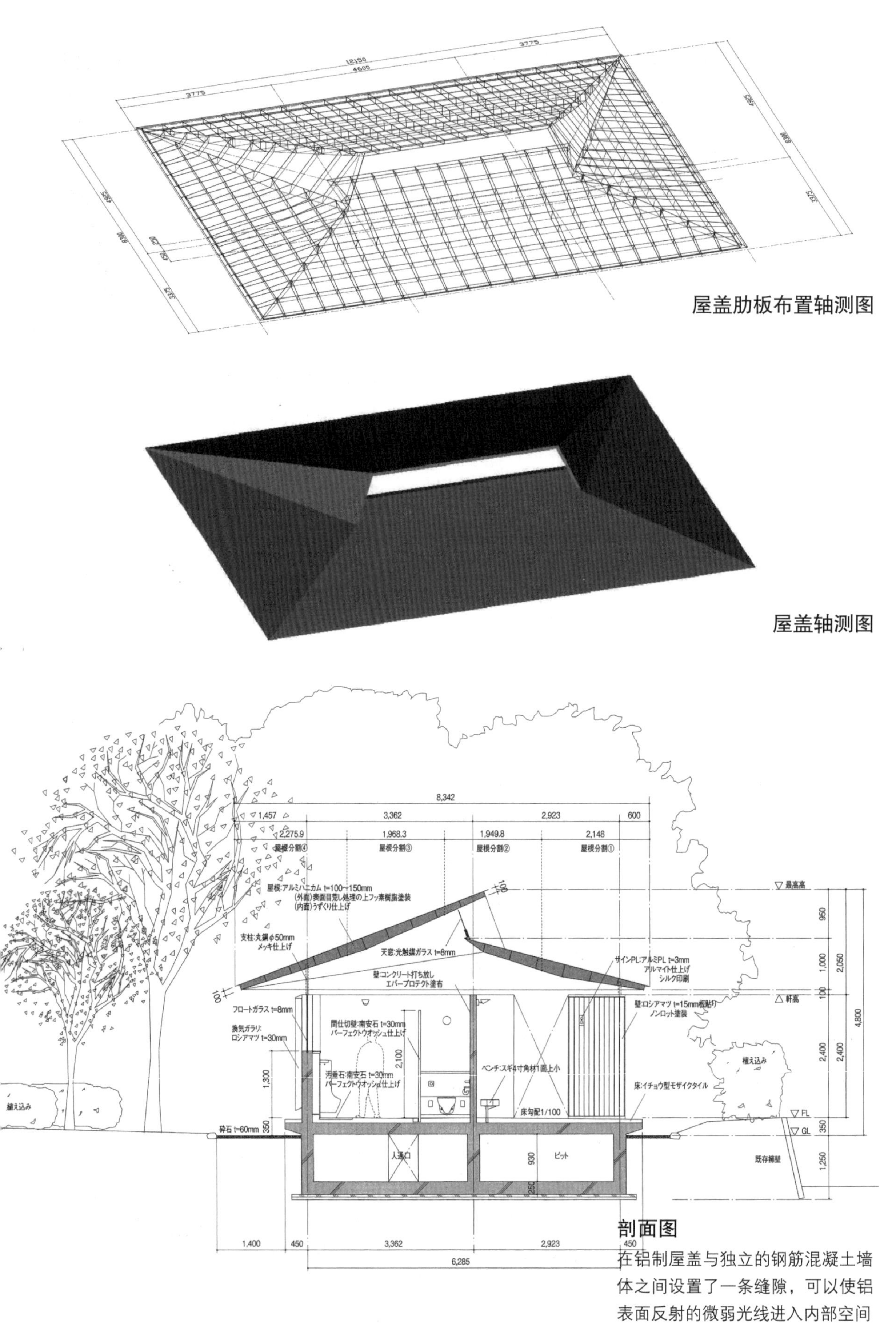
屋根分割④
屋根分割③
屋根分割②
屋根分割①
屋根:アルミハニカム t=100~150mm
(外面)表面目荒し処理の上フッ素樹脂塗装
(内面)うずくり仕上げ
支柱:丸鋼φ50mm
メッキ仕上げ
天窓:光触媒ガラス t=8mm
壁:コンクリート打ち放し
エバープロテクト塗布
サインPL:アルミPL t=3mm
アルマイト仕上げ
シルク印刷
最高高
軒高
フロートガラス t=8mm
換気ガラリ:
ロシアマツ t=30mm
間仕切壁:南安石 t=30mm
パーフェクトウオッシュ仕上げ
汚垂石:南安石 t=30mm
パーフェクトウオッシュ仕上げ
ベンチ:スギ4寸角材1面上小
壁:ロシアマツ t=15mm板貼り
ノンロット塗装
植え込み
床:イチョウ型モザイクタイル
床勾配1/100
碎石 t=60mm
人通口
ピット
既存擁壁
FL
GL

屋盖肋板布置轴测图

屋盖轴测图

剖面图

在铝制屋盖与独立的钢筋混凝土墙体之间设置了一条缝隙，可以使铝表面反射的微弱光线进入内部空间

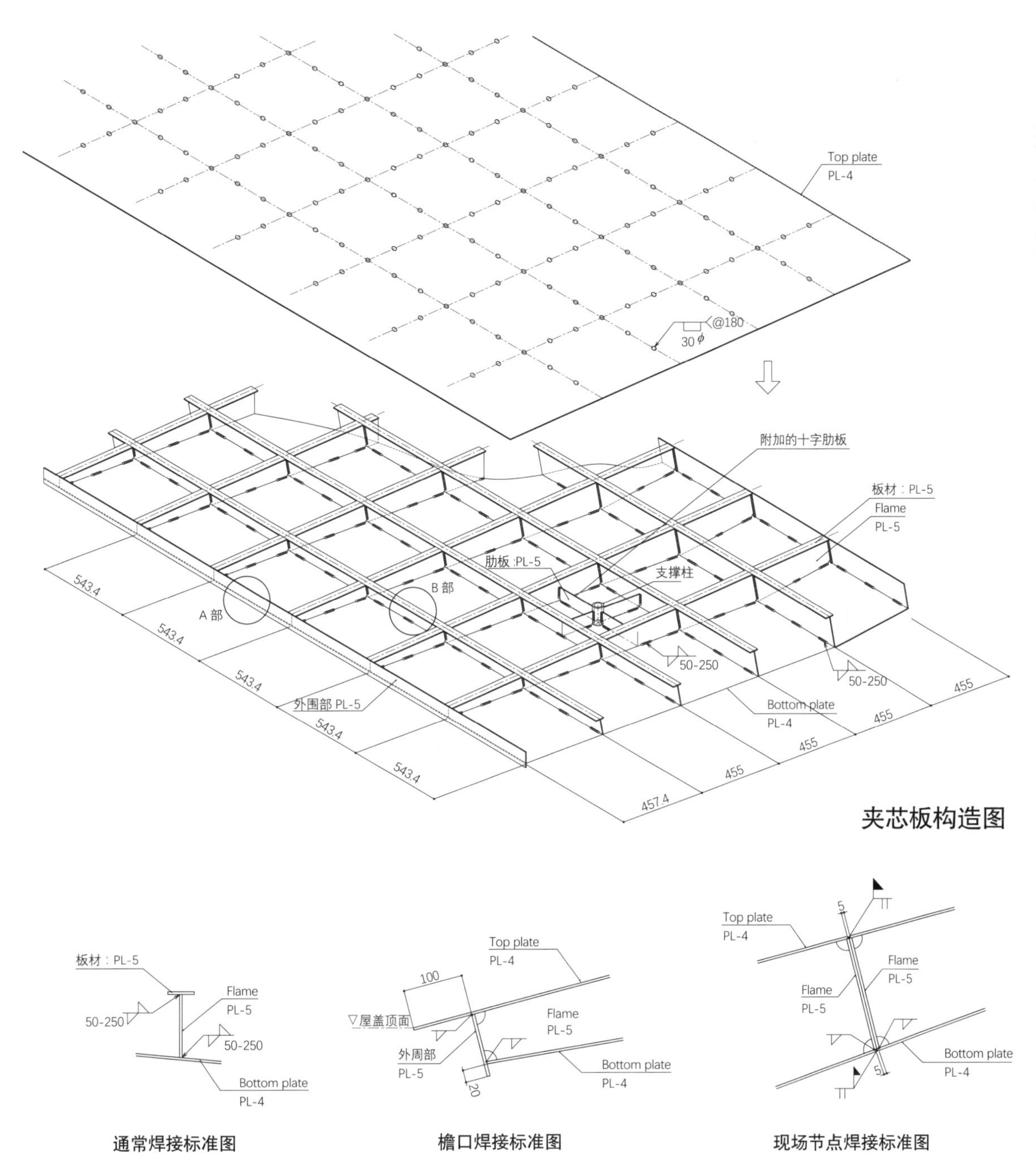
Top plate
PL-4
@180
30 φ
附加的十字肋板
板材：PL-5
Flame
PL-5
肋板 :PL-5
支撑柱
A 部
B 部
543.4
543.4
543.4
543.4
543.4
外围部 PL-5
50-250
50-250
Bottom plate
PL-4
455
455
455
455
457.4
板材：PL-5
Flame
PL-5
50-250
50-250
Bottom plate
PL-4
Top plate
PL-4
100
▽屋盖顶面
外周部
PL-5
20
Flame
PL-5
Bottom plate
PL-4
Top plate
PL-4
5
Flame
PL-5
Flame
PL-5
Bottom plate
PL-4
5

夹芯板构造图

通常焊接标准图

檐口焊接标准图

现场节点焊接标准图

使用铝制夹芯板来实现硬壳式结构

结合屋盖的形状，我们计划使用带有肋板的硬壳式结构。考虑到加工的难易度和铝的焊接性能，我们从工厂处听取了“肋板间隔500 mm，板厚设置为5 mm”的建议，将吊顶与屋面分别设置为4 mm及5 mm厚的铝板。采用了T字形肋板，以便从其顶面进行点焊。我们计划在顶面与底面使用断续焊的方式以减少焊接产生的变形。肋板的配置有意与钢柱的位置错开，可以确保现场施工的精度调整空间。我们还额外设置了十字肋板以传递应力

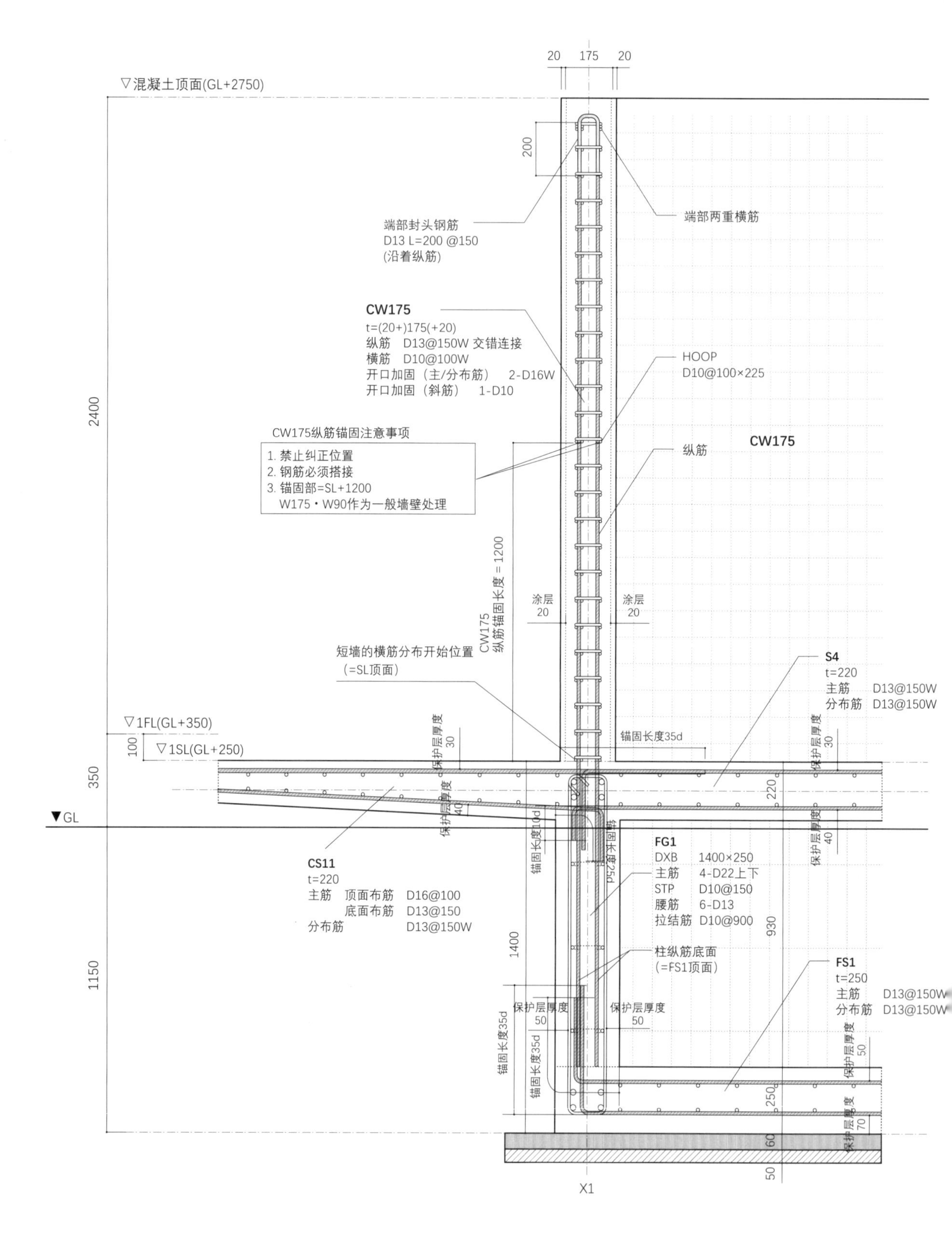

20 175 20
▽混凝土顶面(GL+2750)
200
端部封头钢筋
D13 L=200 @150
(沿着纵筋)
端部两重横筋
CW175
t=(20+)175(+20)
纵筋 D13@150W 交错连接
横筋 D10@100W
开口加固（主/分布筋） 2-D16W
开口加固（斜筋） 1-D10
HOOP
D10@100×225
2400
CW175纵筋锚固注意事项
1. 禁止纠正位置
2. 钢筋必须搭接
3. 锚固部=SL+1200
W175・W90作为一般墙壁处理
纵筋
CW175
CW175
纵筋锚固长度＝1200
涂层
20
涂层
20
短墙的横筋分布开始位置
（=SL顶面）
S4
t=220
主筋 D13@150W
分布筋 D13@150W
▽1FL(GL+350)
▽1SL(GL+250)
100
350
保护层厚度
30
锚固长度35d
220
▼GL
保护层厚度
40
锚固长度10d
锚固长度25d
FG1
DXB 1400×250
主筋 4-D22上下
STP D10@150
腰筋 6-D13
拉结筋 D10@900
CS11
t=220
主筋 顶面布筋 D16@100
底面布筋 D13@150
分布筋 D13@150W
930
1400
1150
柱纵筋底面
（=FS1顶面）
FS1
t=250
主筋 D13@150W
分布筋 D13@150W
保护层厚度
50
保护层厚度
50
锚固长度35d
锚固长度35d
250
保护层厚度
70
60
50
X1

独立的钢筋混凝土墙的配筋详图

将柱子设计为面状的墙柱，在保持墙体性能的同时，还能传递面外应力。纵筋以一定间隔被勾筋形状的箍筋固定，配筋详图中表达了应力集中处所需的特定锚固长度。图中还记录了施工现场可能会出现的问题，以引起注意

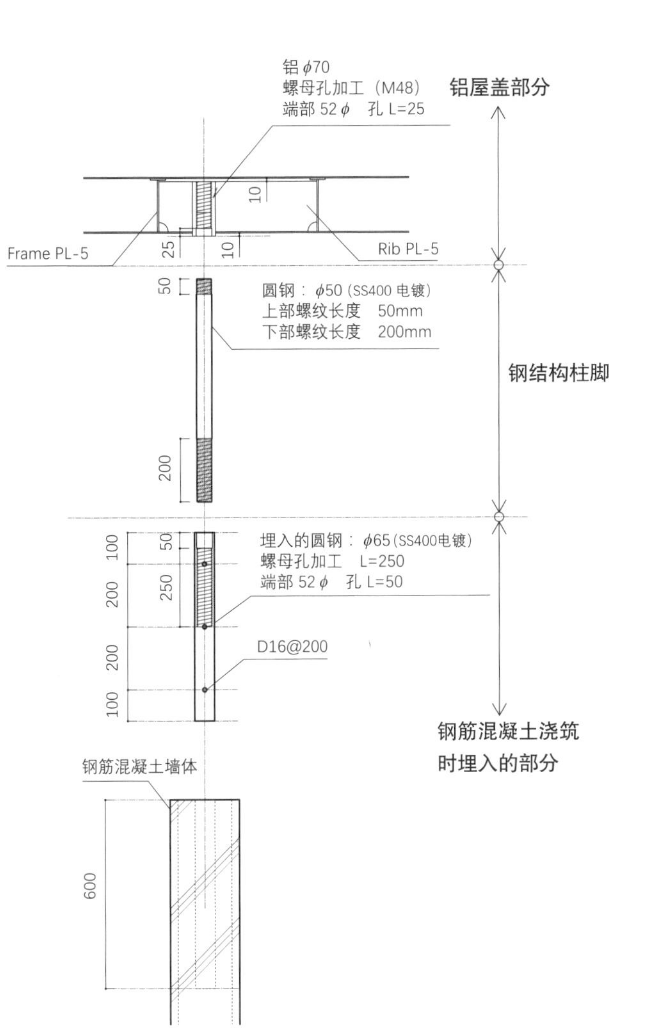
铝 ϕ70
螺母孔加工（M48）
端部 52ϕ 孔 L=25
铝屋盖部分
Frame PL-5
Rib PL-5
圆钢：ϕ50（SS400 电镀）
上部螺纹长度 50mm
下部螺纹长度 200mm
钢结构柱脚
埋入的圆钢：ϕ65（SS400电镀）
螺母孔加工 L=250
端部 52ϕ 孔 L=50
D16@200
钢筋混凝土浇筑
时埋入的部分
钢筋混凝土墙体

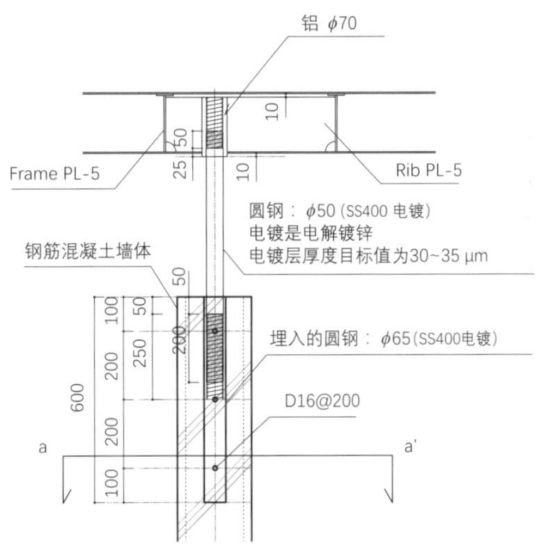
铝 ϕ70
Frame PL-5
Rib PL-5
圆钢：ϕ50（SS400 电镀）
电镀是电解镀锌
电镀层厚度目标值为30~35 μm
钢筋混凝土墙体
埋入的圆钢：ϕ65（SS400电镀）
D16@200

钢结构柱头柱脚的详图

为了确保钢柱的稳定，内螺纹柱脚被嵌入混凝土墙内，柱身与柱脚通过螺纹连接

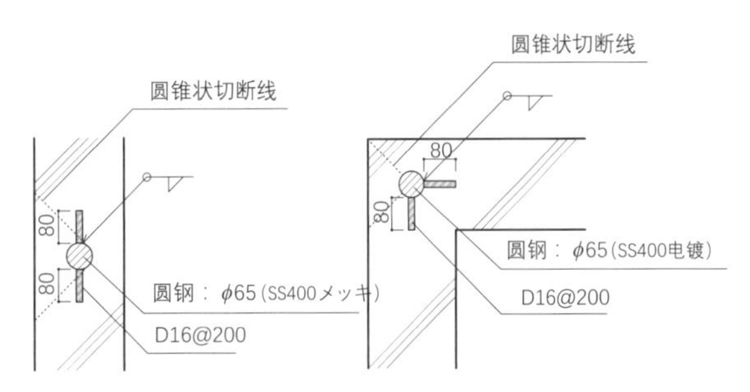
圆锥状切断线
圆钢：ϕ65（SS400メッキ）
D16@200
圆锥状切断线
圆钢：ϕ65（SS400电镀）
D16@200

施工工序说明图

❶ 混凝土模板施工时预埋圆钢
❷ 混凝土浇筑
❸ 螺纹连接钢柱（50ϕ 圆钢）
❹ 安装屋面，铝制圆钢柱头及屋盖肋板

吊顶仰视图
在现场对焊接区域进行抛光打磨处理

柱头施工时的场景
考虑到混凝土浇筑过程中产生的误差，部分铝制屋盖是在现场进行焊接的。吊顶一侧的铝板与连接柱子的肋板，是在现场确认精度后进行安装的

思考屈曲

在确定柱子的截面时，除了其所受应力，还要考虑到柱子材料、屈曲长度及截面性能等因素。经过一系列的计算，自然能算出一个截面，但最好也要权衡其比例与外观。

在同一承载力要求下，存在数个柱子截面形状的种类，如果改变构件强度，还可以有更多选择。在选择适当的截面基础上，还需要将安全性、经济性及可施工性等指标纳入考虑，尽可能扩大选择的范围。

$$P_{cr} = \frac{\pi^2 \cdot E \cdot I}{\ell_k^{\,2}}$$

P_{cr} ：欧拉屈曲荷载
E ：弹性模量
I ：截面惯性矩
$\ell_k^{\,2}$ ：屈曲长度

欧拉屈曲临界力公式
在弹性范围内，右侧的欧拉公式基本上能确定屈曲荷载。掌握了这个公式，就可以知道每项参数起到的作用

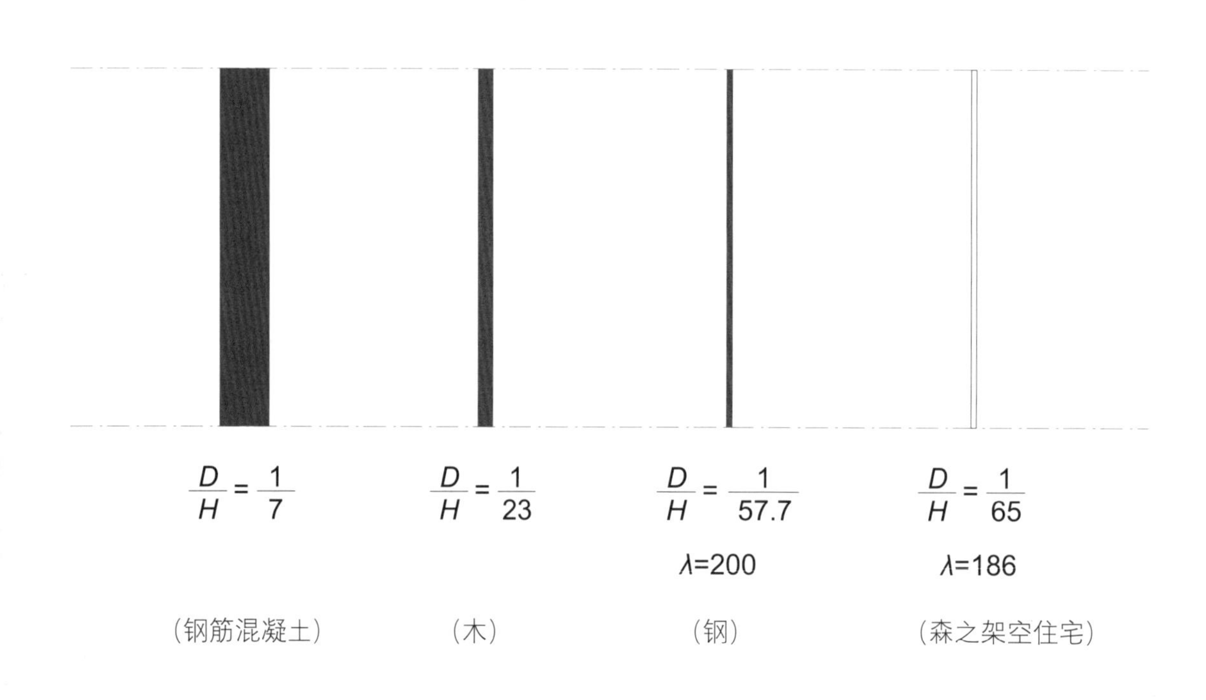
D/H = 1/7
D/H = 1/23
D/H = 1/57.7
λ=200
D/H = 1/65
λ=186
（钢筋混凝土）
（木）
（钢）
（森之架空住宅）

使用不同材料时的柱子比例
典型的钢筋混凝土、木结构柱子与钢柱（临界长细比为200的情况）的比例比较。在“森之架空住宅”项目中，因为柱子使用了空心截面，所以临界长细比控制到了186

06 非建筑

在建筑以外，也有很多事物基于结构方面的研究才得以实现，比如对于家具来说，结构是极为重要的；同样，即便是文具也是如此。大规模量产的产品，都是结构与制造结合的极致。一切有形的东西，都可以说是建立在结构研究的基础上被制造的。

本章介绍的项目，在法规上不会被视为“建筑”，但它们是与建筑物同样经过了结构设计的“非建筑”。

尽管这些项目不受法规限制，但我们要如何确保其安全性呢？首先我们需要充分发挥想象力并重新思考受到的外部约束。例如，如果设计对象是展示品的话，就需要考虑是在什么时间进行展览的（夏天还是冬天、台风频发时期还是降雨频繁时期等）；需要展览多长时间（存续时间）；是否可以被人触摸；被触碰时，是否像建筑物那样绝对不能产生晃动；此外，还要考虑在紧急情况下的变化，与发生灾害时的避难路线的关系等。

对于“非建筑”的结构设计，我们有必要意识到并重新考虑常规结构设计所没有涵盖到的条件，以确保其经济性与稳定性。我们的视野必须比以往更广，在看清结构决定性要素的同时推进设计。在这样的过程中积累的经验，也一定能被活用到“建筑”的结构设计中。

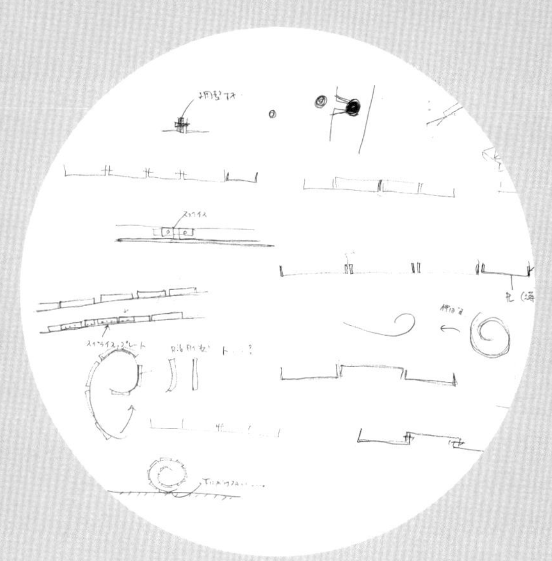

缓慢摇晃的管子

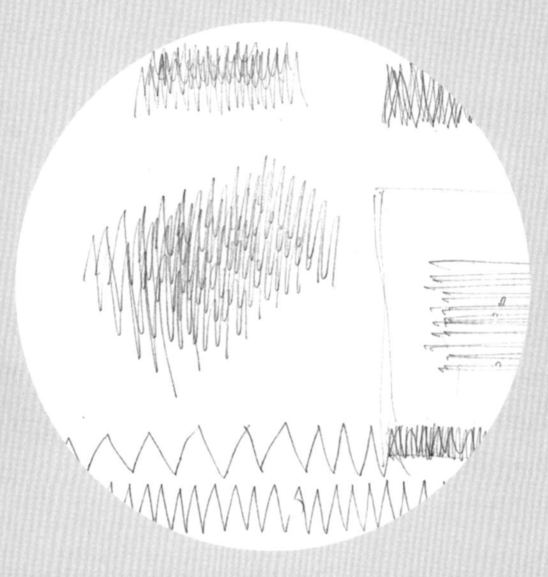

空荡荡的房间

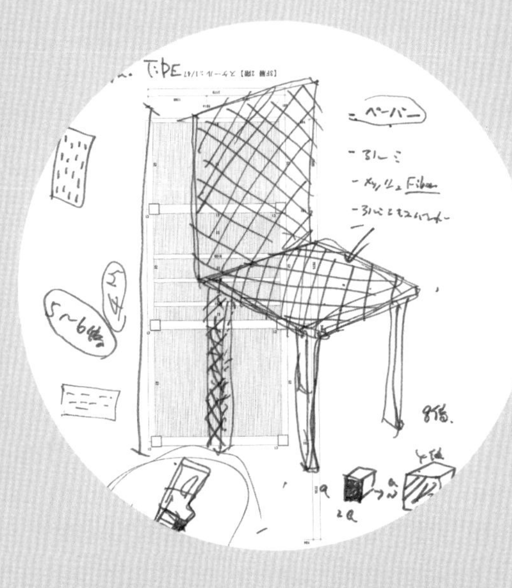
ペーパー

CH/air

Study Process
—如何设计振动?
——如何用薄钢板实现设计?
———如何减少现场施工?
————制造较大的起拱以应对形变
30

设计一种缓慢摇晃的振动

缓慢摇晃的管子

青木淳（青木淳建筑计画事务所）

钢结构
振动

在设计建筑物时，有关于变形的性能目标值。虽然建筑规范中设定了最低标准，但不足以确保建筑的性能，因此会在项目中设定“不被人感觉到”“地震时不会损坏次级构件”等条件，综合考虑以进行结构设计。特别是在小型项目中，结构构件的截面可能由刚度决定，而不是强度，对于建筑的振动必须非常敏锐。

本项目中，设计师意图实现摇摇晃晃的振动，而不是如以往那样，要求“不产生摇动”或“不被人感受到摇动”。作为一个每天都对建筑摇晃高度敏感的人，我听到这样的要求时简直不敢相信自己的耳朵，

P
A&A

缓慢摇晃的管子

将竣工后的照片与解析图重叠。来表现其经历的振动（将位移扩大10倍进行表示）

不禁再次问建筑师："摇晃真的很重要吗？"

在最初的讨论中，建筑师向我们说明了项目概况，并展示了能大致理解尺寸大小的模型与剖面图，确定了该项目将以游乐设施的形式充当艺术活动中的信息服务台，之后将结合加工与施工来探讨具体形式。也是在那时建筑师提到了关于摇晃的话题。我们听建筑师讲述他之前与艺术家合作的时候，也设计过可以摇晃的作品，名为"boing-boing缓慢摇晃的小屋"，便明白了在本项目中，他也希望实现能用那样的拟声词来表达的动感。对话中我们也量化了晃动周期，"4秒左右还不错"。

另一方面，场地位于文化设施集中区与住宅区的交界处，讨论中有人提到"希望能避免大规模现场施工"，为此我们需要进一步探讨游乐设施的形式与材料。

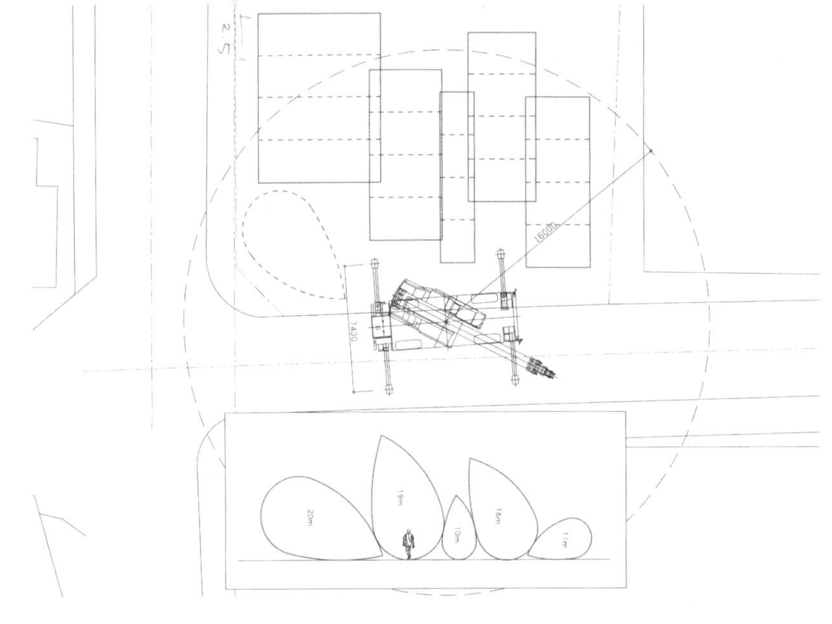
2.5
16000
7430
20m
19m
10m
16m
11m

基于施工情况的几何学研究方案

在讨论的早期阶段，我们就结合施工方法来研究形式与布局，整体的布局是基于重型设备的位置及吊装范围确定的。由于很难确保卡车的停车空间，因此在研究几何形状时假定场地中设置了临时储存空间。为了让构件存放的时候不占用太多空间，我们设想使用同一形状的不同尺寸，可以层层嵌套

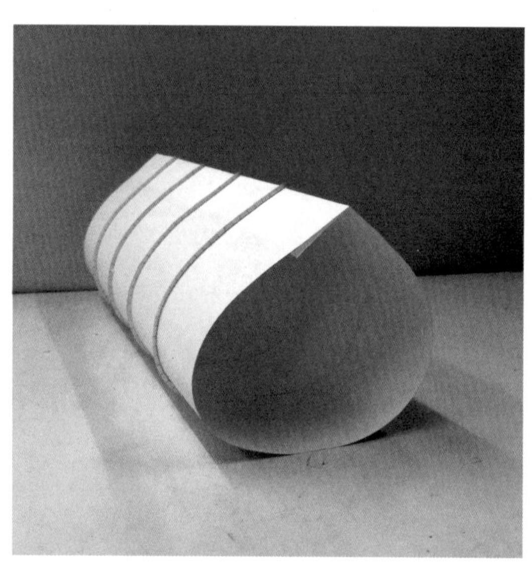

薄板组装时提高刚度的方法研究❶
设置肋板

薄板组装时提高刚度的方法研究❷
两片薄板相互错动并连接

关于薄钢板结构的探讨

推进设计时的重要线索在于现场施工的难易度。由于场地周边是住宅区，因此施工时最好不要产生太大的噪声；此外由于施工时间不多，为了减少现场施工，我们需要仔细研究构筑物的形态、材料和连接方法。

使用超薄钢板的轻质化结构体，可以综合地回应并解决上述问题。结构越轻，现场操作越容易；自重越低，构件之间的连接越简单。轻质化的结构对于加工、运输及现场施工而言，有非常大的优势。

此外，进一步的结构研究表明，强度与刚度还有欠缺，为了进行补足，我们需要设置肋板一类的构件。据推测，这很难在工厂进行加工制造，同时因为工期不足，我们需要在早期阶段就向钢结构厂商咨询。

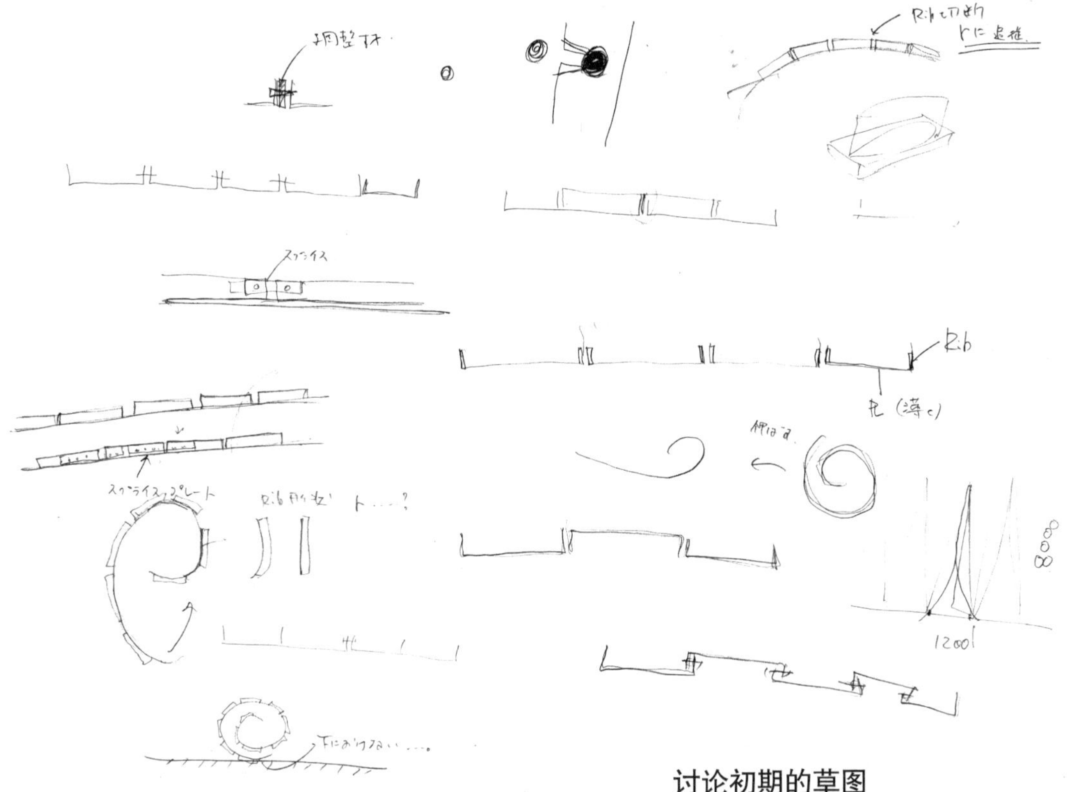

讨论初期的草图

这里画了薄钢板的加固、运输和组装等内容。讨论的内容向各个方向发散，每次都是一边画草图一边交换意见

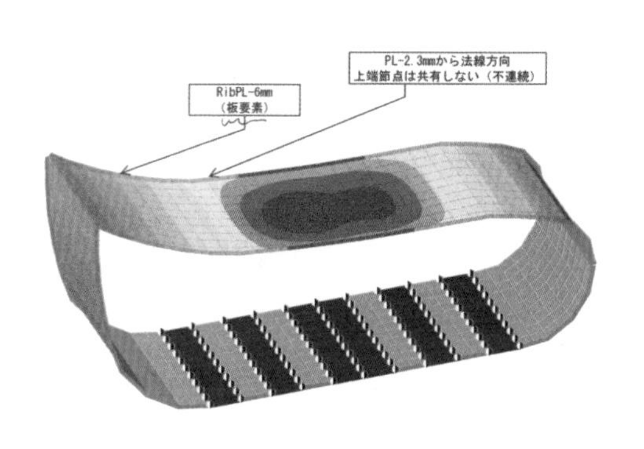
RibPL-6mm
（板要素）
PL-2.3mmから法線方向
上端節点は共有しない（不連続）

结构研究❶

布置不连续的肋板，钢板厚度为2.3 mm，仅自重就超过了容许应力

结构研究❷

将肋板设置为三角形，与研究❶结果相同，说明肋板的形状没有影响

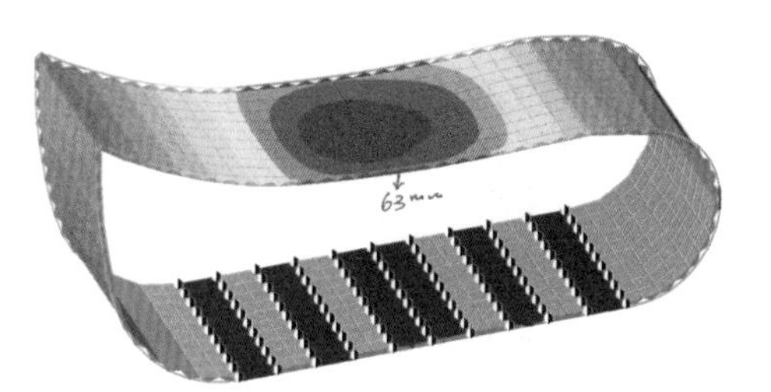

结构研究❸

将肋板桁架化，尝试在三角形肋板的顶点设置圆钢作为弦杆形成桁架。刚度虽然提高了，但是肋板的强度不够

来自现场的声音和易于理解的实验

与钢结构工厂的讨论记录

会议记录从我们共享关于“boing-boing”这一拟声词的想象开始。在讨论“能不能做”之前，我们先探讨了“想要创造出什么样的东西”，钢结构厂商从理想与现实的角度，研究如何去实现我们的目标

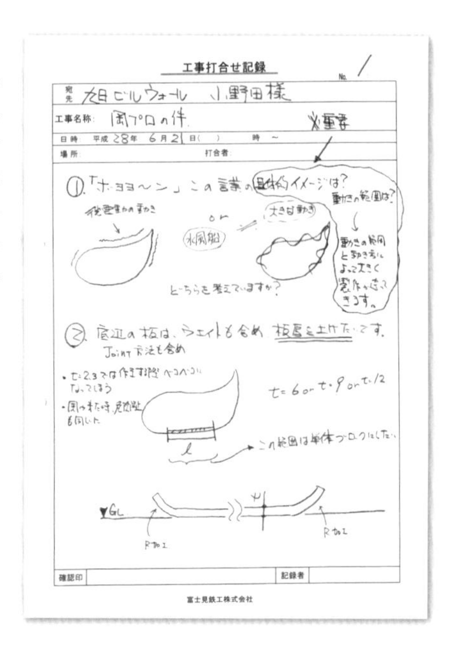
工事打合せ記録　No. 1

宛先：旭ビルウォール　小野田様

工事名称：風プロの件

日時：平成28年　6月21日（　）　時　～

場所：　打合者：

①「ボヨヨ～ン」この言葉の具体的イメージは？

どちらを考えていますか？

② 底辺の板は、ウェイトも含め 板厚を上げたいです。Joint方法も含め

t=6 or t=9 or t=12

確認印　記録者

富士見鉄工株式会社

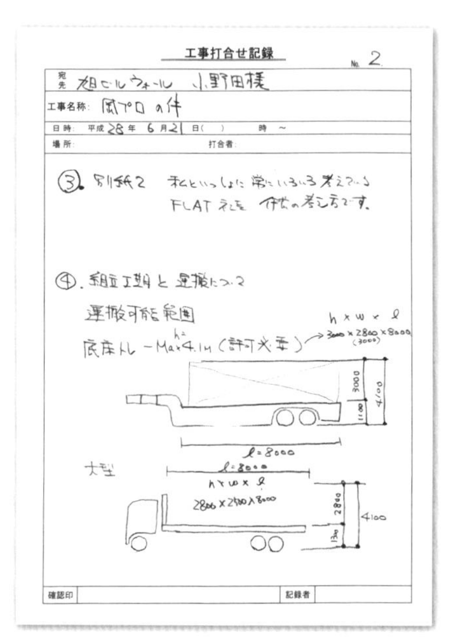
工事打合せ記録　No. 2

宛先：旭ビルウォール　小野田様

工事名称：風プロの件

日時：平成28年　6月21日（　）　時　～

場所：　打合者：

③ 別紙2

④ 組立工期と運搬について

運搬可能範囲

h × w × l

3000 × 2800 × 8000

l=8000

大型

h × w × l

2800 × 2400 × 8000

確認印　記録者

用起重机吊起2.3 mm厚度的钢板

单纯由自重引起的巨大形变

由于自重产生形变的钢板被放回去之后的状态。可以看到发生了塑性变形

节点处设置了强力双面胶与很多小尺寸的螺栓。没有看到节点处出现偏差

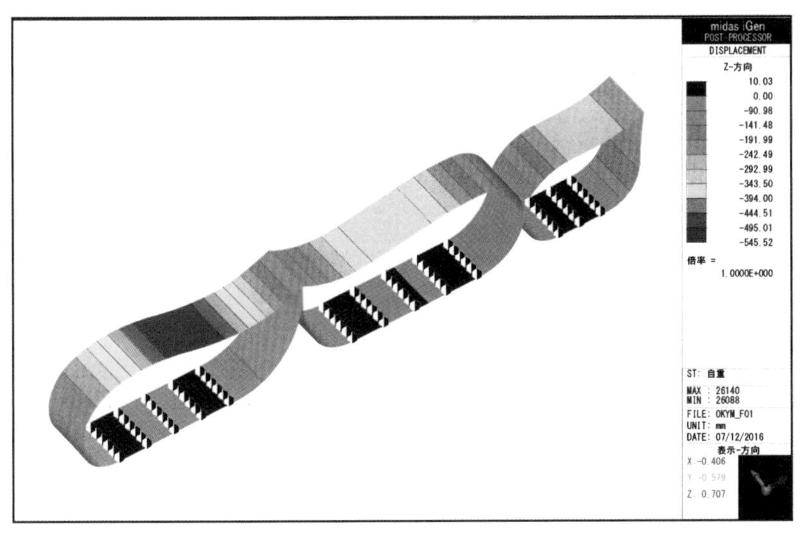
midas iGen
POST-PROCESSOR
DISPLACEMENT
Z-方向
10.03
0.00
-90.98
-141.48
-191.99
-242.49
-292.99
-343.50
-394.00
-444.51
-495.01
-545.52
倍率 =
1.0000E+000
ST: 自重
MAX : 26140
MIN : 26088
FILE: OKYM_F01
UNIT: mm
DATE: 07/12/2016
表示-方向
X:-0.406
Y:-0.579
Z: 0.707

三个构筑物连在一起时的位移量

彼此连接后分散应力，钢板的厚度可以变薄

单向板振动固有频率的计算

固有周期T和固有频率f可以通过以下等式求得。

$T = K \cdot \sqrt{\sigma}$　　$f = 1/T$

K是由支撑条件决定的常数

两端支撑的情况　K=0.0564

一端支撑，另一端固定的情况
K=0.0560

两端固定的情况　K=0.0556

悬臂支撑的情况　K=0.0511

假设两端固定，由形变量算出固有周期

σ=545mm

其固有周期是

$T=0.056 \cdot \sqrt{(545)}$
$=1.307\ (s)$

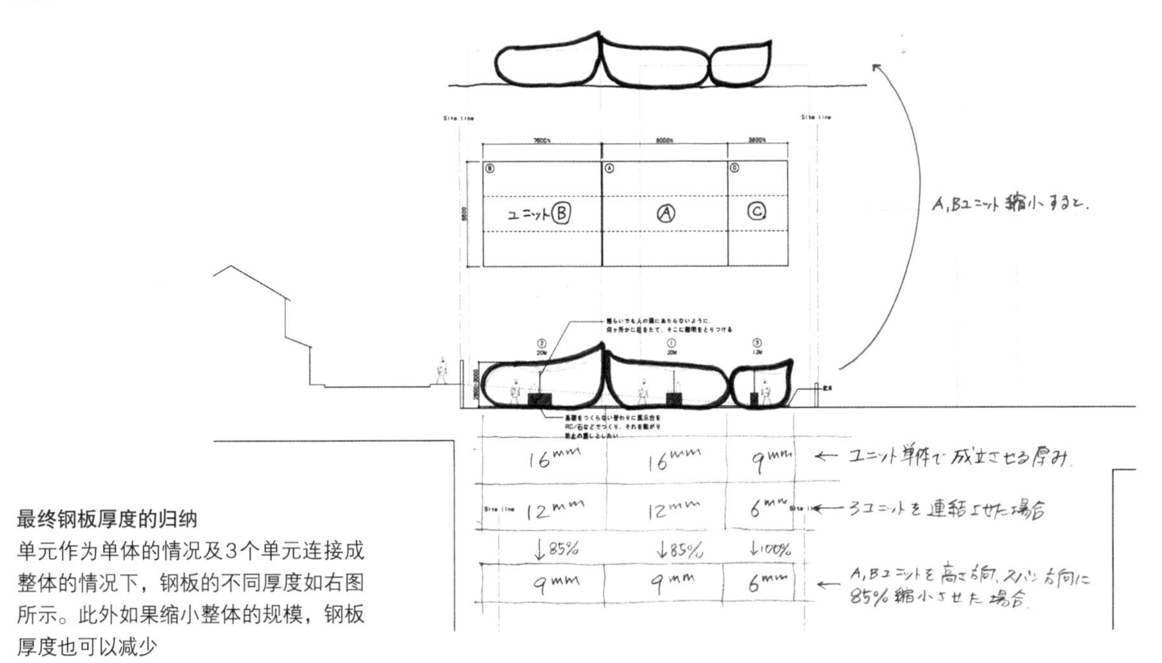
ユニットⒷ
Ⓐ
Ⓒ
A,Bユニット縮小すると.
16mm
16mm
9mm
← ユニット単体で成立させる厚み
12mm
12mm
6mm
← 3ユニットを連結させた場合
↓85%
↓85%
↓100%
9mm
9mm
6mm
← A,Bユニットを高さ方向,スパン方向に85%縮小させた場合

最终钢板厚度的归纳

单元作为单体的情况及3个单元连接成整体的情况下，钢板的不同厚度如右图所示。此外如果缩小整体的规模，钢板厚度也可以减少

钢结构制造厂商邀请我们去现场参观钢板厚度带来的不同影响。

通过简单的实验，用起重机吊起2.3 mm的钢板来感受自重与板厚的关系，我们发现之前设想钢板的厚薄程度，虽然不是人力也能举起来那样轻，但对于本项目的大小来说，其刚度与强度都不够。钢板过薄就会难以处理，不光是工厂的加工制作，还有现场的施工安装，原先设想的形状和布置肋板等操作会变得很困难。

从加工及焊接施工考虑也需要9 mm以上的厚度，再考虑到现场施工的便利性，我们提出了在工厂制作后直接放置在场地的方案。由于一开始就知道在没有肋板的情况下钢板需要做到16 mm，所以我们研究将三个筒管单元进行连接并缩小，以减小钢板厚度。

剖面图与变形形状的叠合图

在A筒管的右下方P点处施加60 kg的重量时，4 s后（红色）和5 s后（蓝色）的钢板变形形状如图所示，变形量放大了20倍，实际产生的位移参照数字标注（单位：mm）

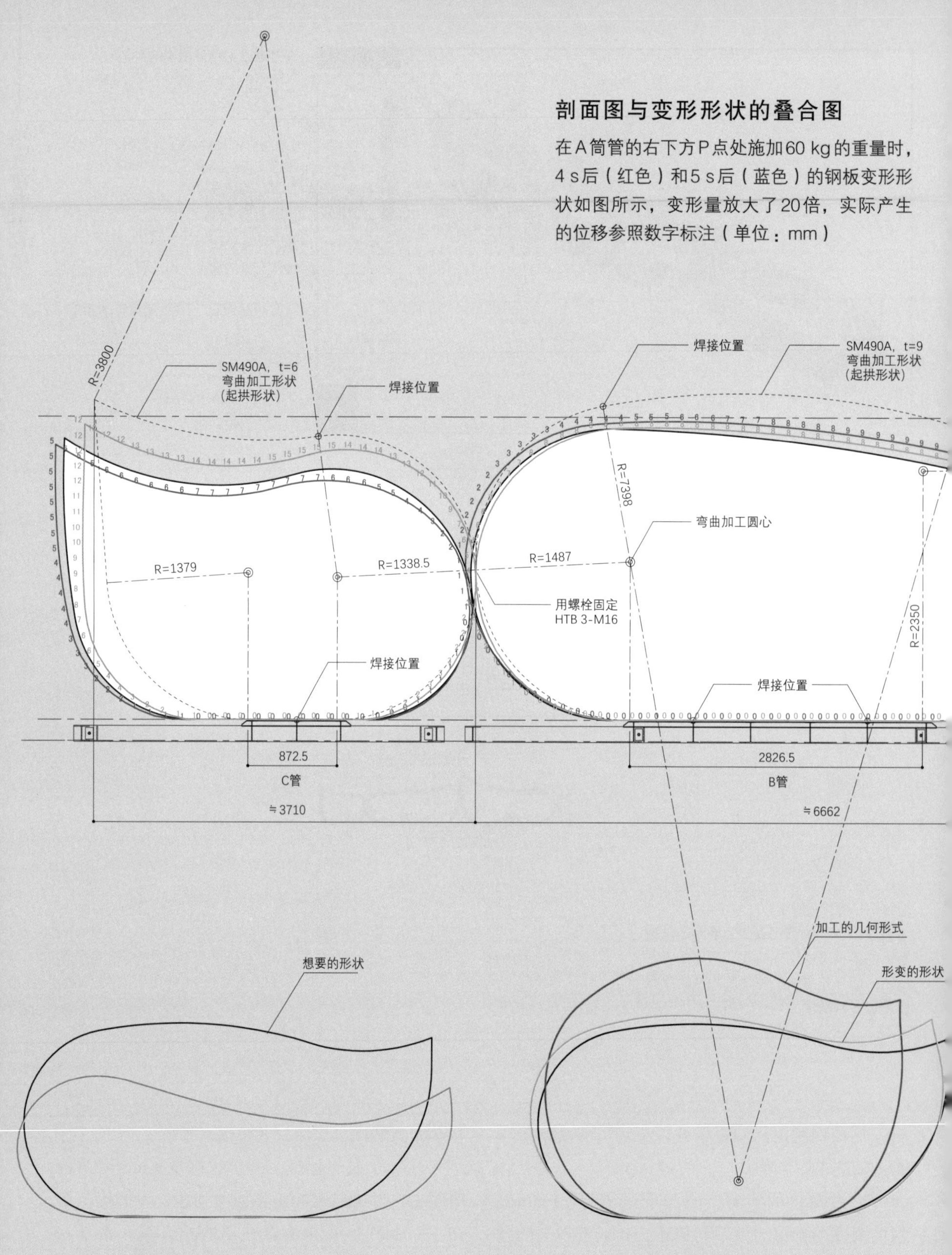

R=3800
SM490A，t=6
弯曲加工形状
(起拱形状)
焊接位置
焊接位置
SM490A，t=9
弯曲加工形状
(起拱形状)
R=7398
弯曲加工圆心
R=1379
R=1338.5
R=1487
用螺栓固定
HTB 3-M16
R=2350
焊接位置
焊接位置
872.5
C管
2826.5
B管
≒3710
≒6662
想要的形状
加工的几何形式
形变的形状

自重引起的变形

按照计算得到的形状直接制造出来，会发生图示的变形。因此有必要提前考虑变形量并加大起拱量

加工的几何形状（预拱度形状）与自重变形形状的叠合图

由自重产生的变形与计算得出的形状相比存在一些误差

加工情况
在工厂内用夹具固定的状态下，进行焊接的筒管

焊接位置
SM490A，t=9
弯曲加工形状
(起拱形状)
焊接位置
R=7398
自重变形形状
于P处施加荷载
时的位移
弯曲加工圆心
固定
M16
R=2350
R=1497
荷载P
起拱形状
3000
焊接位置
2826.5
A管
≒6668
底座
C—150×75
H—200×100

制造较大的起拱以应对形变

最后采用的钢板厚度为9 mm，对应的跨度为6.7 m，因此跨度比为1/744，对普通钢梁1/15的跨度比而言，是无可比拟的薄。对于摇晃的要求来说，构筑物需要较大的变形量，因此其刚度要低，强度要高。于是我们提高了钢板的强度，降低了板厚，重新计算了设计荷载（特别是风压），实现了最终的比例。

由于自重会产生超过500 mm的变形，因此在加工的时候需要预设起拱。钢板的弯曲变形需要在两个维度上进行加工，首先通过增加变形量得到几何形状，然后转化为二维弧线，以确定最后加工的几何形状。由自重产生的该形状的变形与计算得到的几何形状多少会有出入，因此需要调整起拱量。

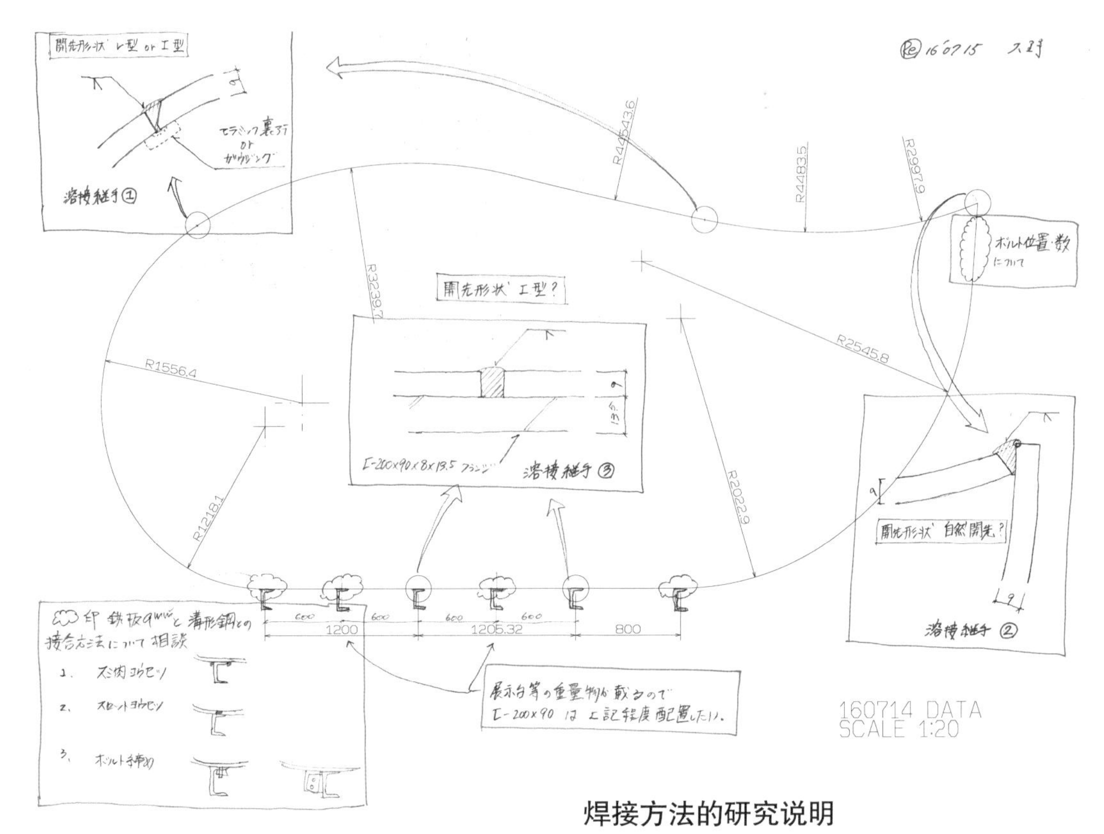
R4445436
R44835
R2997.9
R3239.7
R2545.8
R1556.4
R1218.1
R2022.9
溶接継手①
溶接継手②
溶接継手③
開先形状 工型？
開先形状 自然開先？
ボルト位置・数について
I-200×90×8×13.5 フランジ
600
600
600
600
1200
1205.32
800
160714 DATA
SCALE 1:20

焊接方法的研究说明

虽然设计是一张连续完整的钢板，但由于长度、弯曲形状等加工需求，需要设置接缝进行钢板的拼接，对于这部分的焊接做法进行说明。基本上是使用对头焊接的做法，并设置C形钢作为与地面交接处的基础梁，同时能在加工、运输和搭建的时候作为夹具使用。钢板结构本身非常柔软，难以拉住抬起，因此有必要使用夹具，而作为钢结构的基础梁，就能发挥这一作用

テストピース

用试验钢板测试焊接方法❶

根据凹槽形状、根部间隙的差异，会出现不同的缺陷情况

用试验钢板测试焊接方法❷

了解因焊条的运条方法不同而出现的不同缺陷情况

完成后的情景

孩子们来回跑动时，构筑物随之产生振动

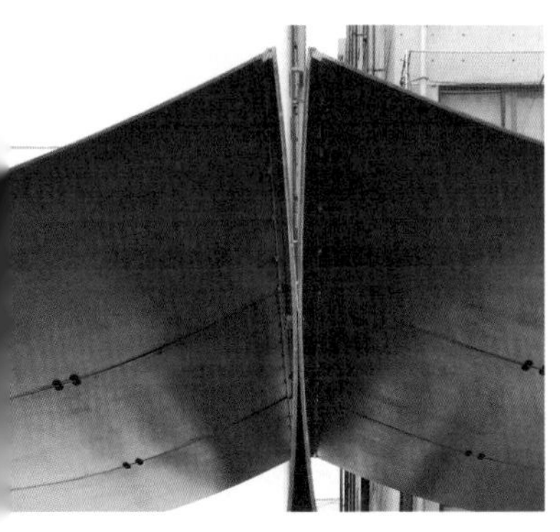

两个筒管连接处，接触部分使用螺栓接合

The potential of
the spontaneous
or disorganised group...

工厂加工制作的钢板宽度为1.5 m，沿着进深方向将3个单元连接在一起

钢板下设置型钢作为基础

Study Process

—什么是柔韧的结构?

——使构件晃动但不损坏

———研究构件的截面形状

————在室内进行人工施工的方法

—————如何实现构件不与地面锚固但不会倾覆?

柔韧且摇晃的隔断杆的设计

空荡荡的房间

中村龙治(中村龙治建筑设计事务所)

钢结构

柔韧的结构

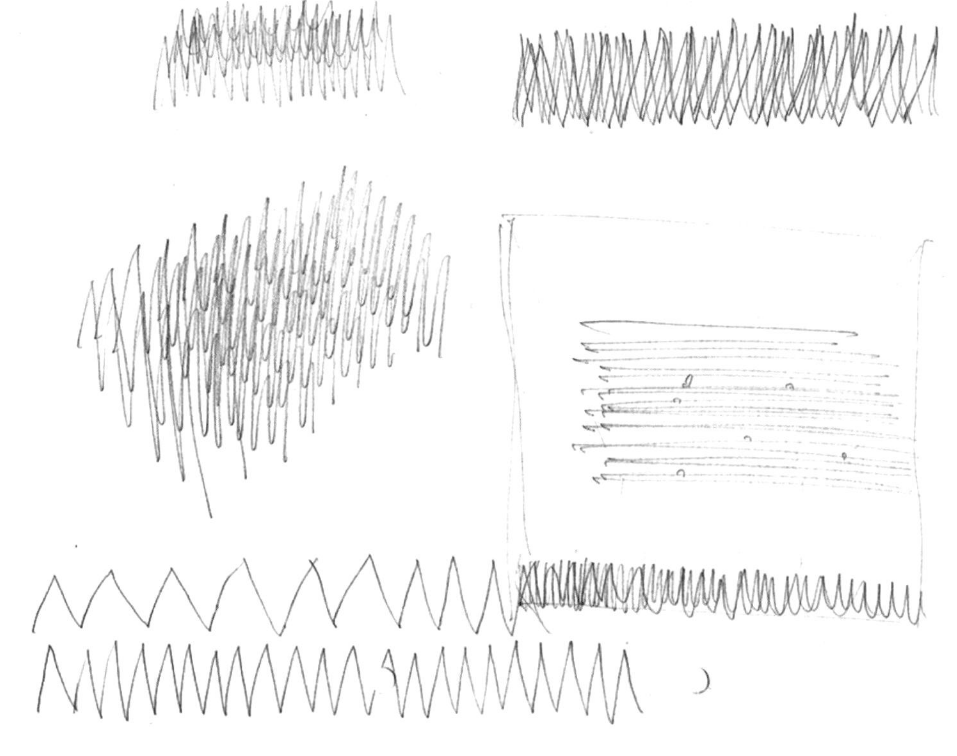

方案初期的设想草图

我们收到了关于活动会场的隔断设计的咨询。该隔断是由两个松散连接的长条构件组成，像倒过来的松叶的形状，将整个会场填满。

在最初的讨论中，建筑师提出这个隔断物最好是柔韧有弹性的。通常情况下我们都会要求建筑构件不能变形，但是本项目中，建筑师说柔韧弯曲的构件更接近设计意图。向上延伸几乎要碰到吊顶（约7 m）的隔断杆，一方面要能自承重，另一方面最好能弯曲……这给设计带来了很大的难度。如果说构件是可以弯曲的，那弯曲到什么程度呢？当人们触摸它时，怎样的弯曲是能被接受的呢？当构件被撞到的时候，应该预设能承受多少荷载以保证其不被损坏呢？在推进时，我们要将一般的设计中不会考虑到的荷载和标准纳入研究范围。

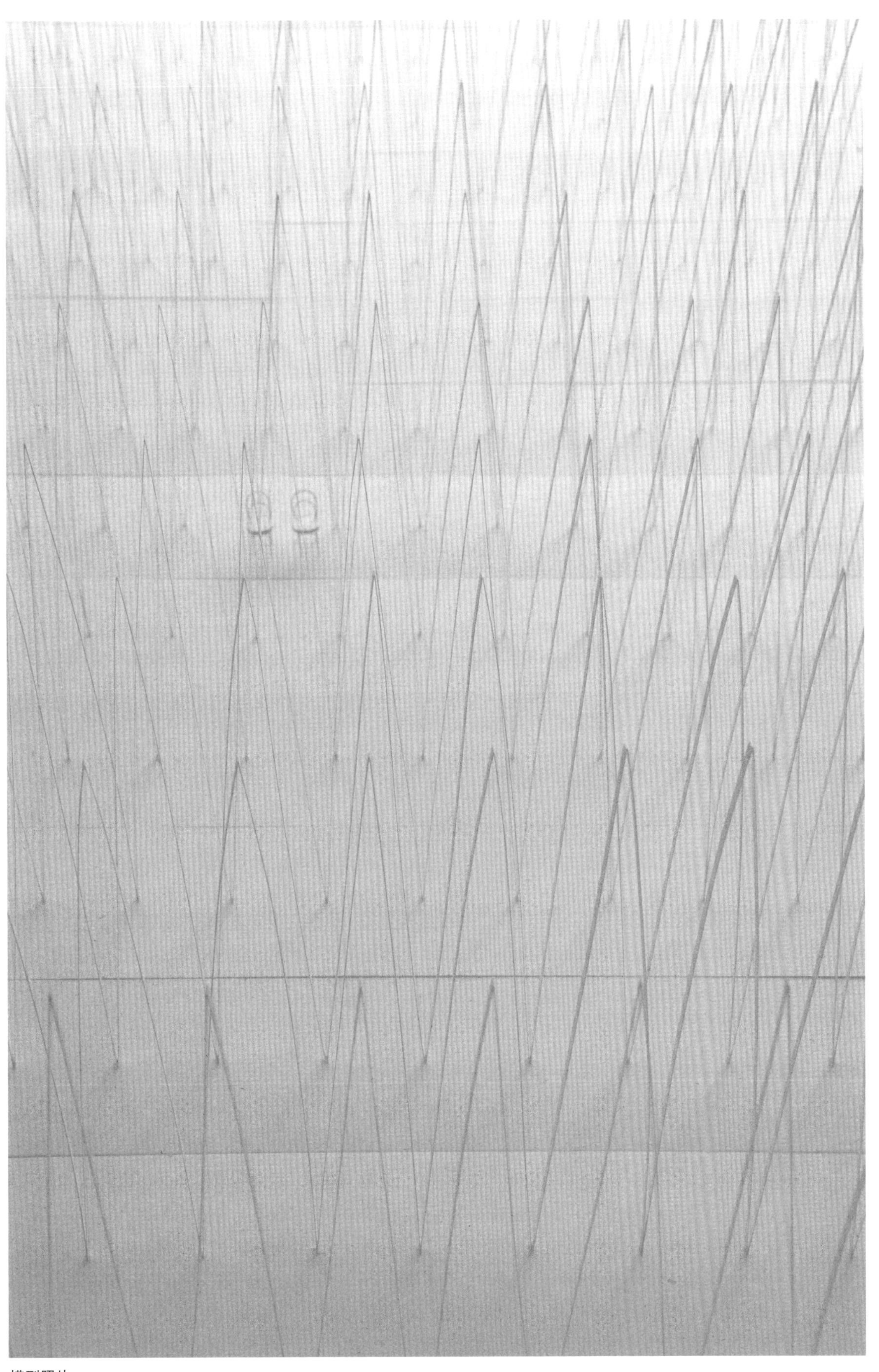

模型照片

研究使用扁钢产生的弯曲情况

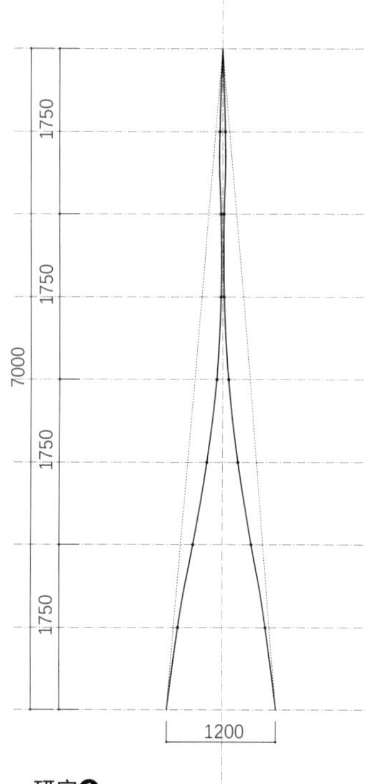

7000
1750
1750
1750
1750
1200

研究❶

PL-3.2×100两端刚接

这种情况下只受到自重的作用，几乎没有刚度，已经变形到了要碰撞的程度

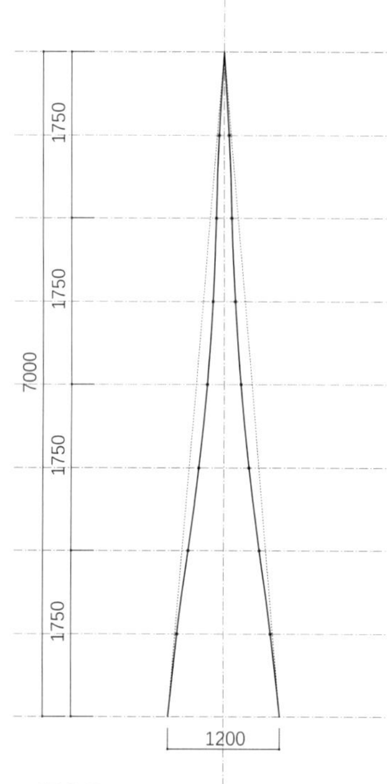

7000
1750
1750
1750
1750
1200

研究❷

PL-4.5×100两端刚接

如果板厚调整到4.5 mm的话，刚度得到提升，也更加接近设计师画的形状

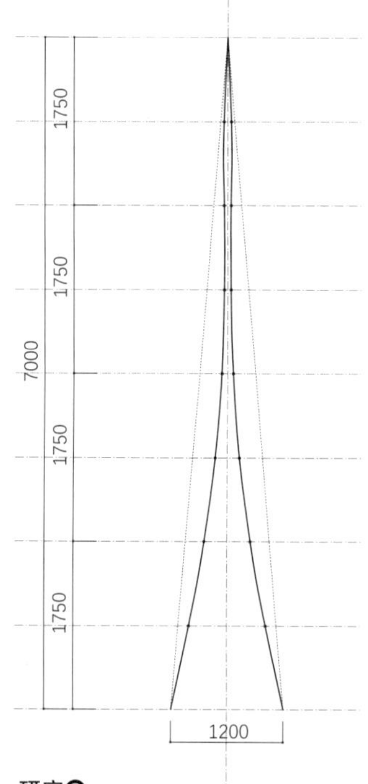

7000
1750
1750
1750
1750
1200

研究❸

PL-4.5×100脚部铰接，顶部刚接

端部如果是固定的话会导致变形，因此我们尝试在脚部使用铰接。确认其与简支梁的边界条件是同样的结果

研究调整扁钢的厚度

我们面对的第一个问题，是使用什么材料来制造隔断杆。在整理设计条件时，我们想到现场会有很多人聚集，很有可能会有人倚靠在隔断杆上，甚至跌入其中，因此最好要避免发生脆性断裂。

虽然没有材料是牢不可破的，但是我们能找到富有韧性的材料，不会立刻损坏。像纸或者塑料那样的材料是不合适的。考虑到需要在室内进行人力施工，因此需要使用轻质化的易于现场连接与施工的材料。虽然也可能用木材或胶合板这类材料，但需要一定厚度来确保其强度，那样就难以形成有韧性的结构了。

因此我们决定使用既有强度又有韧性的钢材，为了简化加工并降低成本，考虑用构件加工少的扁钢制造隔断杆。

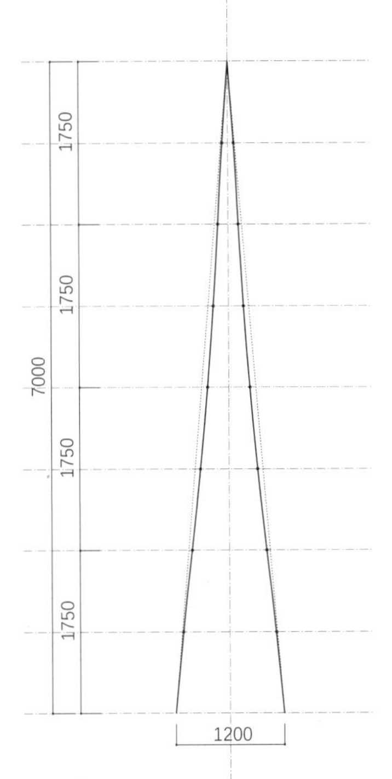
7000
1750
1750
1750
1750
1200

研究❹

PL-6.0 × 100 两端刚接

两端都设计为固定端，这种情况下与设计师追求的形状很接近。但是制造等比例模型后，发现很难确保稳定度

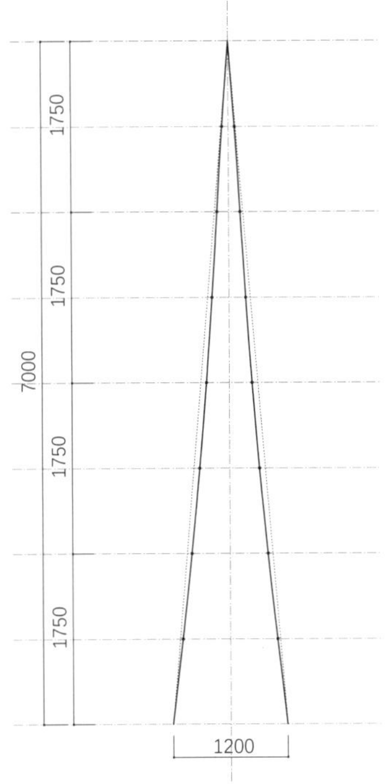
7000
1750
1750
1750
1750
1200

研究❺

PL-9.0 × 100 脚部铰接，顶部刚接

如果将一端设置为铰接的话，实现研究❹中的效果，就需要将板厚增加到1.5倍

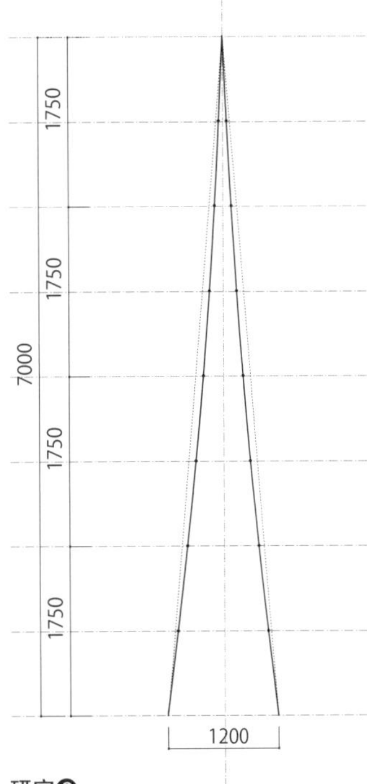
7000
1750
1750
1750
1750
1200

研究❻

PL-12.0 × 100 两端铰接

如果两端都是铰接的话，板厚就需要增加到12 mm。形状更接近设计师的意图，并形成了流畅的弯曲变形

工厂等比例模型

通过调整PL-4.5 mm构件的脚部稳定度，来确认其结构表现。脚部成为固定端的话，虽然可以控制变形，但是这样的弯曲形状与设计师意图不符。因此，我们决定增加板厚以控制变形。此外，我们发现如果需要确保固定端的话，会给加工制造带来困难

脚部铰接，顶部铰接

脚部刚接，顶部铰接

脚部刚接，顶部刚接

在截面形状上下功夫，实现构件的轻质化

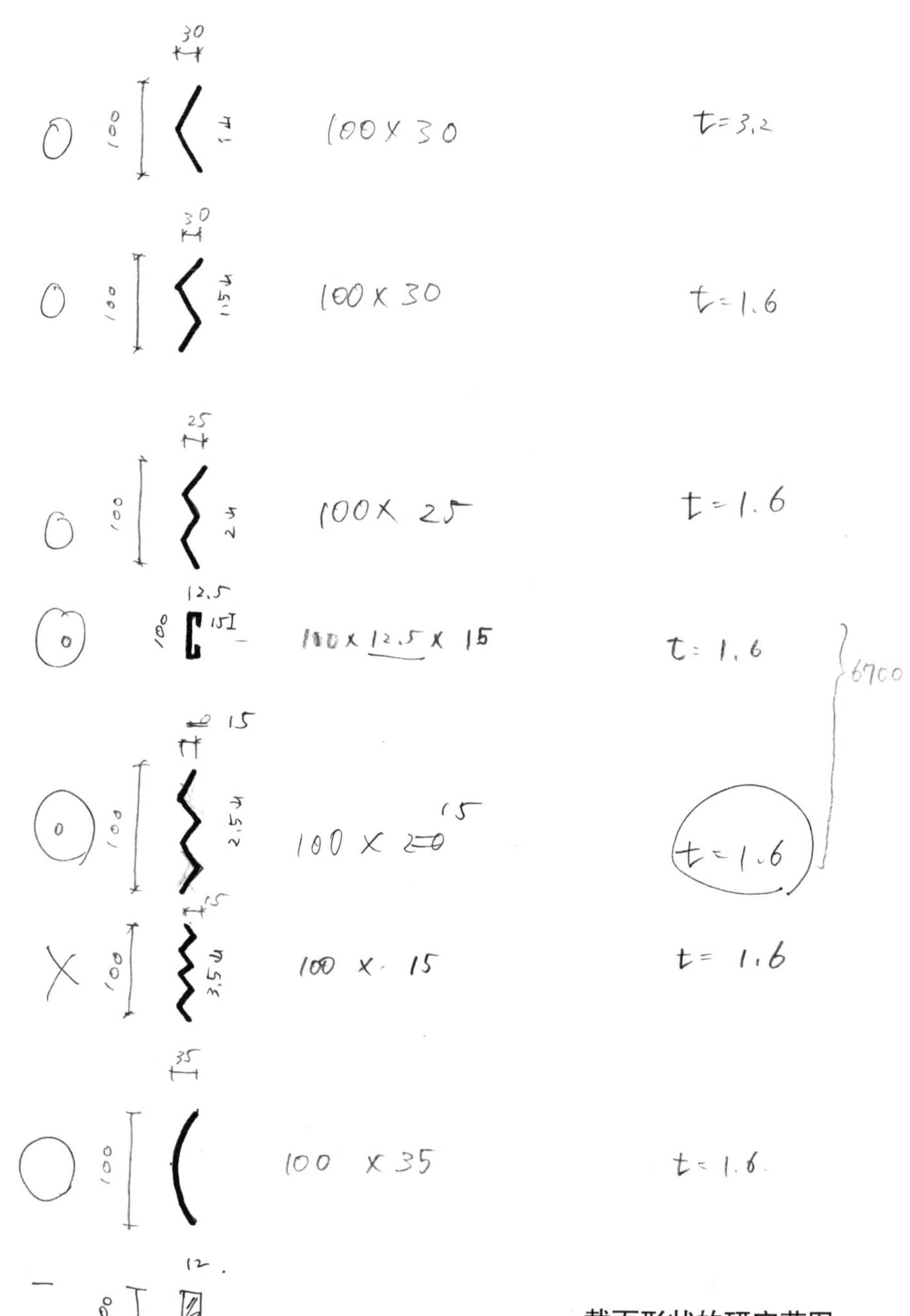

100X30
t=3.2
100X30
t=1.6
100X25
t=1.6
100X12.5X15
t=1.6
6700
100X20
t=1.6
100X15
t=1.6
100X35
t=1.6

截面形状的研究草图

为了得到与PL-12×100同样的变形，改变了截面的几何形状并调整了刚度。通过板厚调整自重

最终采用了2.5山形锯齿状方案

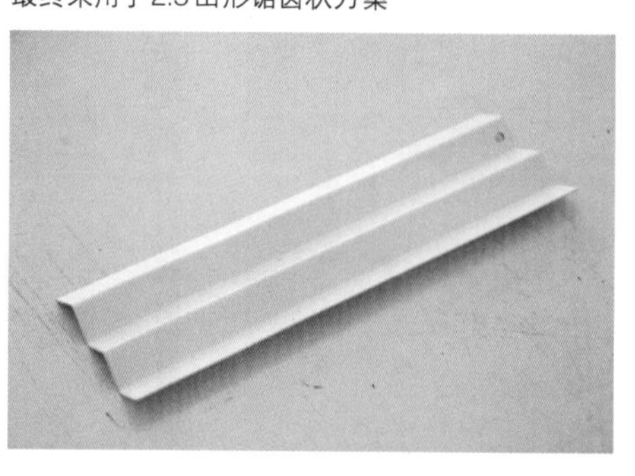

考えよう創意工夫は無限で

根据分析得到的结果，我们发现使用12 mm厚，100 mm宽的扁钢，可以实现设计师追求的形状。可是，6.5 m长的构件重达61 kg，与轻质化的概念相违背，更不用说成本也会上升。本着降低成本的想法，我们推进方案时都是基于成品扁钢进行研究的，但结果表明，通过加工减轻钢材重量，能有助于控制成本。

因此，我们决定研究改变截面形状并减少板厚的方案。为了使截面的刚度（I）与自重（W）之间的关系（I/W）与规格为PL-12×100的构件保持一致，我们研究了山形截面、C形截面及锯齿状截面的方案。最终采用了2.5山形锯齿状方案。

工厂等比例模型
我们得到了与设计意图相近的形状

因为是在室内施工，所以无法使用大型的重型机械。虽然也讨论了是否引入高空作业车，但是考虑到需要将构件填满整个房间，工作效率会很低。因此我们开始讨论是否有可能通过人力进行施工，设想了一种先按住脚部，然后把顶部抬起来的施工方式，并计算出了抬起一片构件所需的重量。

2.5山形锯齿状的构件，每1 m长度重量为1.5 kg。如果让两个人来支撑两片材料，在A点与C点每人受到的荷载大约是3.25 W=3.25 × 1.5= 5 kg，是一个人足以承受的重量。

当进一步抬高时，因为C点靠近脚部一侧，角度达到45°时，最大受力为6.28 W= 6.28 × 1.5=9.42 kg。大约是抱起一岁小孩的重量感，并不困难。

实际操作也只需像照片中那样，将两片顶部固定的构件组成的长杆抬起来，就可以完成施工。

思考通过人力进行施工

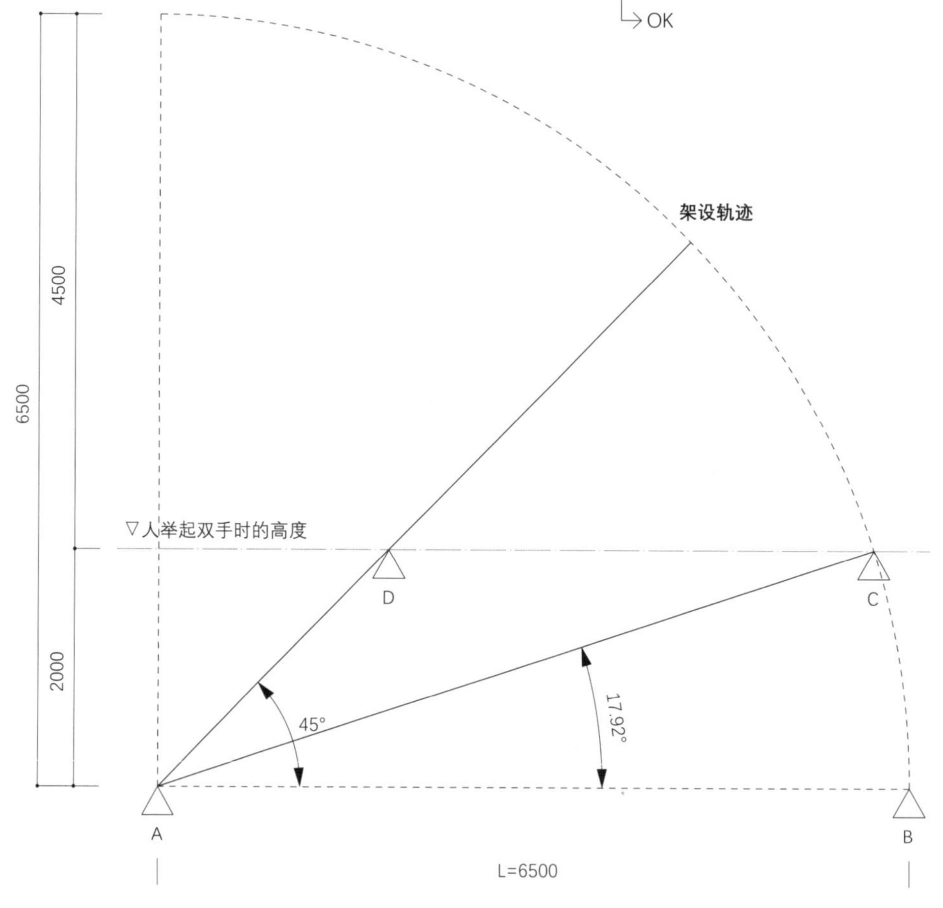

当自重为W（kg/m）时
A点的反作用力 = 3.25 W
B点的反作用力 = 3.25 W
C点的反作用力 = 3.25 W
D点的反作用力 = 6.28 W
假设一个人所能承受的重量为20 kg,
由D点的最大荷载倒推算出允许自重
W=20÷6.28=3.18 kg/m
采用的锯齿状板的重量
1.5 kg/m < 3.18 kg/m
OK
架设轨迹
4500
6500
2000
▽人举起双手时的高度
D
C
45°
17.92°
A
B
L=6500

研究人力施工

这是等比例模型验证的结果：施工方法是安排两人按住脚部、两人抬起头部，合计四人的人员配置就可以完成施工。我们计算了抬升隔断杆头部的荷载和隔断杆脚部会产生错动的荷载

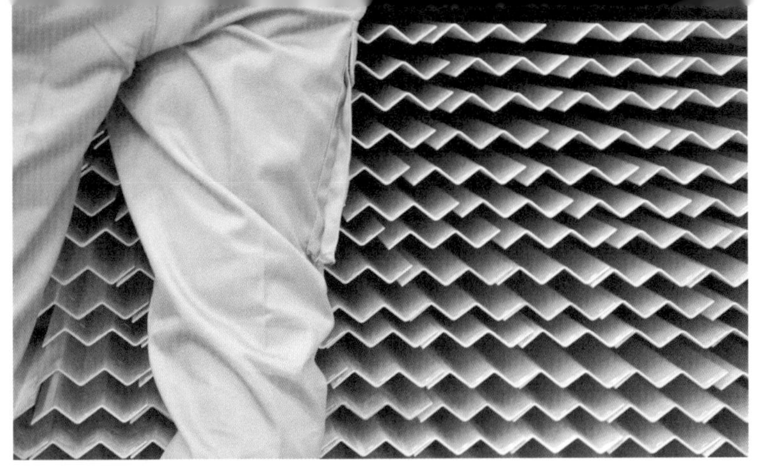

❶材料被运输到施工现场
锯齿状构件交接处的连接孔和板都已经加工完成

❷现场人力搬运的情况
可以看到握住两端的时候，隔断杆会像弯折了一样柔软

❸将隔断杆立起来的场景
安排两个人按住脚部，剩下的两个人将隔断杆抬起到指定的位置

❹从房间端头开始依次将隔断杆立起来
已经被立起来的隔断杆，看起来如同细丝

防倾覆结构模式图

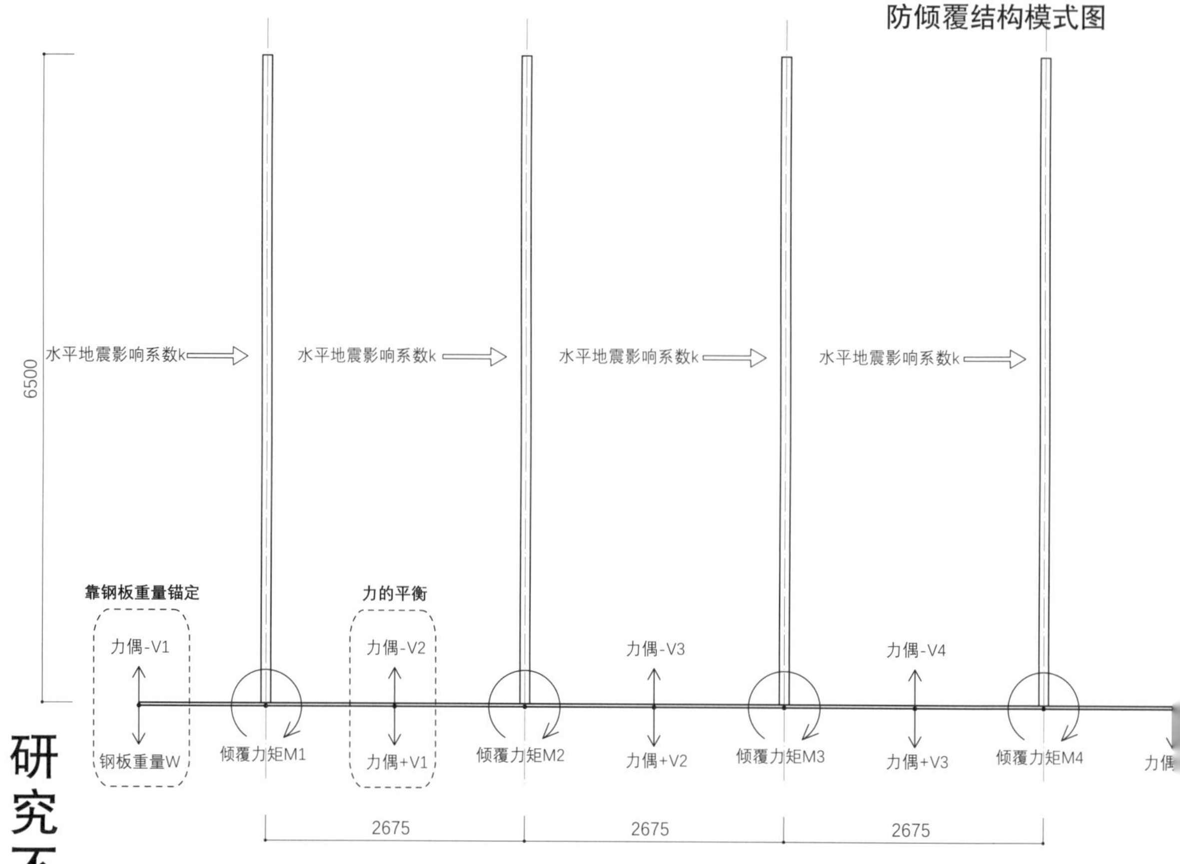
6500
水平地震影响系数k
水平地震影响系数k
水平地震影响系数k
水平地震影响系数k
靠钢板重量锚定
力的平衡
力偶-V1
钢板重量W
倾覆力矩M1
力偶-V2
力偶+V1
倾覆力矩M2
力偶-V3
力偶+V2
倾覆力矩M3
力偶-V4
力偶+V3
倾覆力矩M4
2675
2675
2675

研究不使用螺栓固定的情况下如何防止倾覆

与隔断杆阵列垂直相交的柱脚钢板是连续的，可以防止倾覆

A字形方向连续相接，形成桁架，因此可以保持稳定不发生倾倒

如果能使用锚栓将隔断杆与建筑紧密连接，我们就不用费尽心思去研究如何防止倾覆了。但本项目属于临时装置，所以不允许在楼板上留下螺栓一类的节点。因此，为了防止装置倒塌，我们需要考虑构件的自重和基础的重量，并研究它们的布置。

因为隔断杆在几何上是A字形的，在A的方向上三角形连接形成桁架的形状，可以充分实现抗倾倒能力。难点在于如何防止与A垂直方向（面外方向）的倾覆。因此，我们考虑在进深方向连续设置12 mm厚，300 mm宽的钢板作为基础，以消除构件的上下起伏。其原理是当一个构件的脚部因为倒塌而要抬离地面的时候，抬升的力会被邻接的倾覆力矩抵消。在应对人的推力时，因为假定人是站在基础钢板上的，所以本身就不会引起倾倒。

站在隔断杆的A字形一侧眺望
隔断杆形成了底边为1.2 m，高6.5 m的等腰三角形，被设计为能够从中通过的样子

作为交易展览会使用的会场
隔断杆轻松地创造了领域感，同时也能透过隔断杆看到整个会场

换一个角度看隔断杆
布满房间的隔断杆，根据看的角度不同，杆件之间的重叠方式也会变化，人们能感受到房间不同的表情

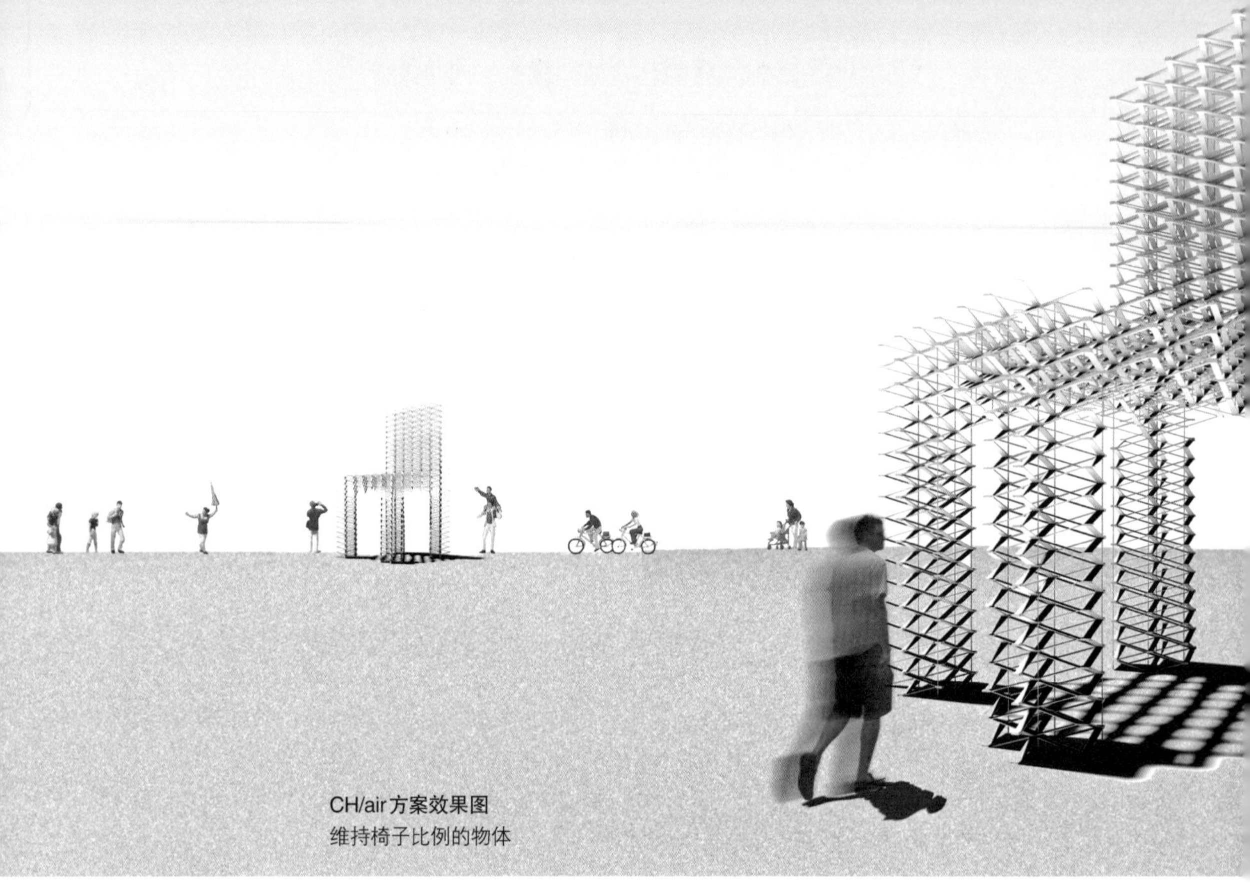

CH/air方案效果图
维持椅子比例的物体

设计时建立对比例的意识

CH/air
大野博史（OHNO-JAPAN）
铝+钢结构
空间网架结构

Study Process

—即使放大也能维持相同的比例吗？

——如何实现轻量化？

———如何简易地制作空间网架的节点？

————如何在不锚固的情况下防止倾覆？

本项目是为设计节建造一处信息服务亭的委托。活动主办人希望“设计能做成椅子的样子”，要求是要足够大，远远地看也能认出来。在维持椅子的形状并放大的时候，我首先想到的就是“比例问题”。

当我们比较大体型动物和小体型动物的腿的粗细和身体大小的关系（比例）时，可以明显发现大体型动物的腿更粗。其原理在于，在放大时，体积成立方增加，而面积仅按平方增加。

可以想象，椅子放大的话，支撑腿会变粗，就会失去椅子正常的比例。另外，由于要设置在建筑上方，因此必须控制在承重范围内，需要椅

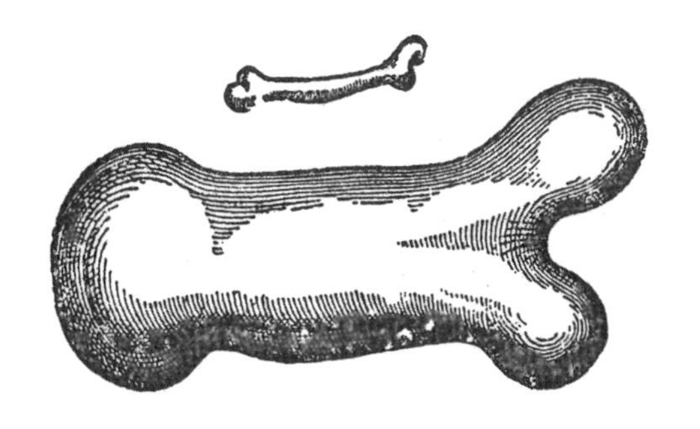

伽利略·伽利莱的尺度效应
伽利略在《新科学的对话》中阐释过，根据动物体型的大小，身体和骨骼粗细的比例存在差异。这一法则在之后被称为“平方–立方定律”，即面积与长度的平方成正比，体积与长度的立方成正比

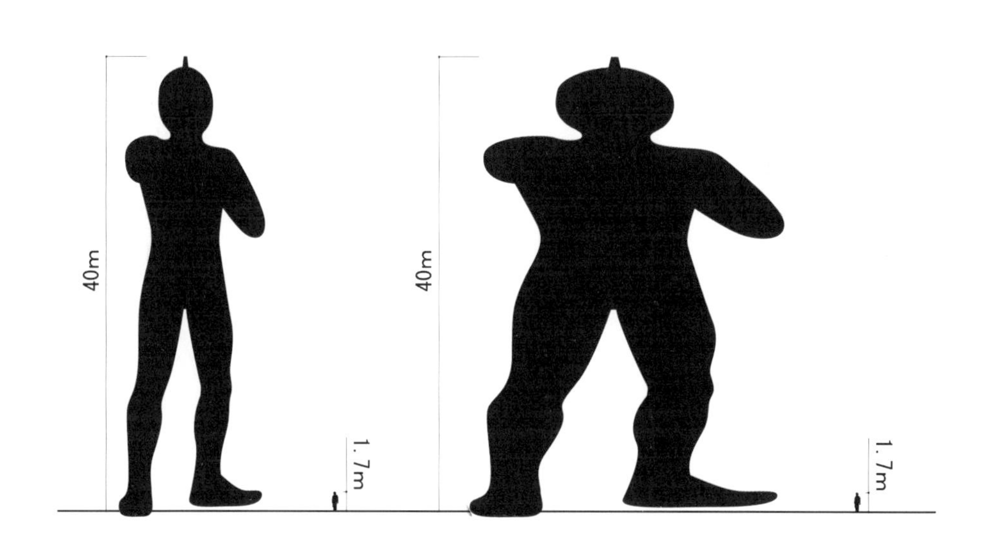
40m
1.7m
40m
1.7m

如果将人类巨大化……（某超级英雄的比例疑问）
依照“平方–立方定律”，维持人的形状并将其放大是不可能的。假如肌肉和骨头的强度不变，某超级英雄的体型应该会更敦实丰满些吧

子自身实现轻质化。

于是我们一边减轻椅子的自重，一边讨论造型的方法。

这个装置虽然没有坐或靠的功能，但是保证椅子的形式很重要。从远处看能认得出是椅子即可。

面材是一种刚度受其自重影响很大的结构元素。由于其刚度低，放大的时候需要增加厚度，就会进一步增加自重。因此，我们考虑用线性要素代替椅子的座面、靠背，以实现轻质化和高刚度。这是一个用线性材料的堆积实现椅子造型的设计。

线性材料堆积形成网架的形状，设计发展为在两个方向布置的空间网架。原本，将椅子放大6倍的话，自重会接近900 kg，但按照这种形式的话，预计可以做到600 kg。

堆积线性材料构成立体造型

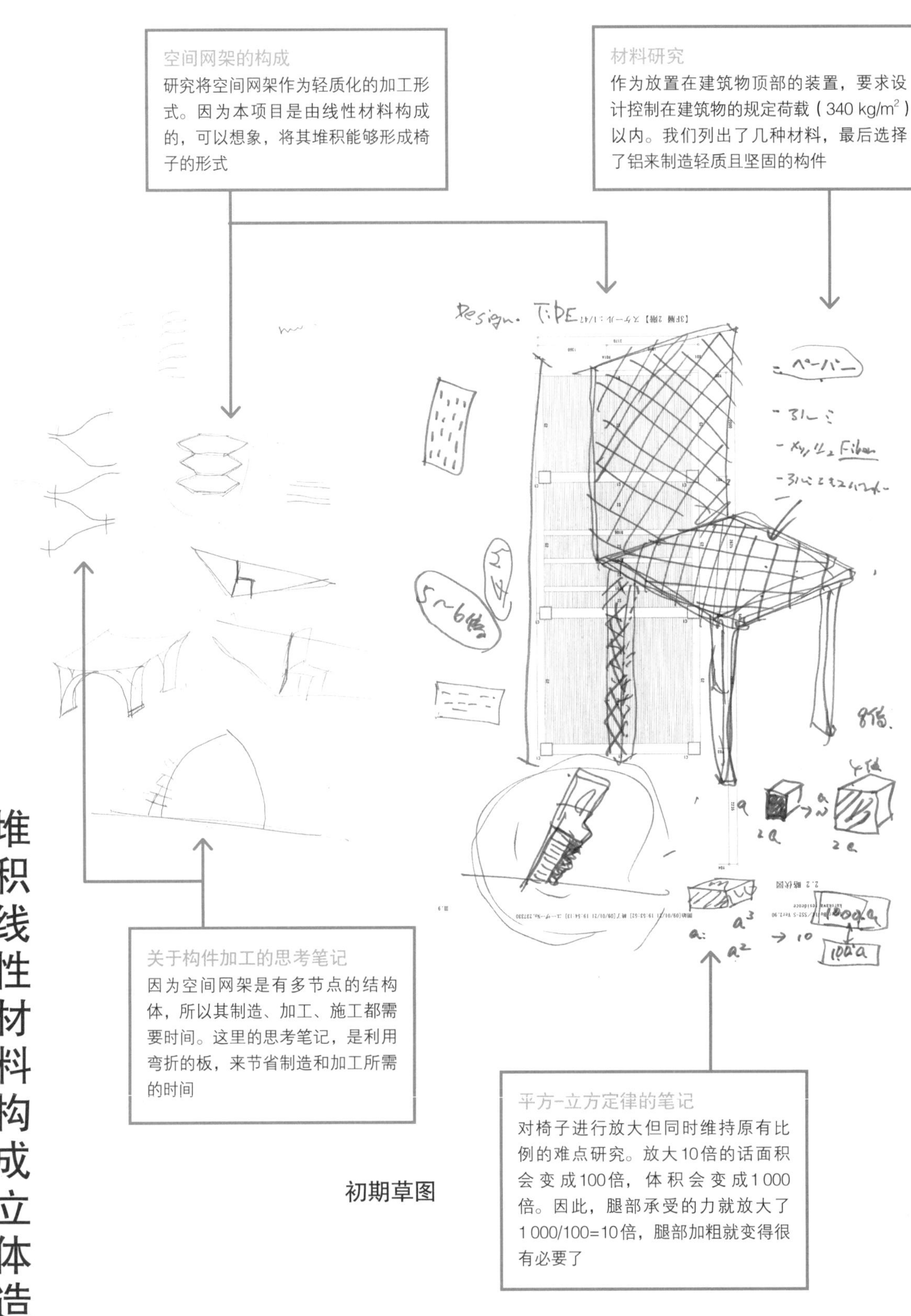

空间网架的构成

研究将空间网架作为轻质化的加工形式。因为本项目是由线性材料构成的，可以想象，将其堆积能够形成椅子的形式

材料研究

作为放置在建筑物顶部的装置，要求设计控制在建筑物的规定荷载（340 kg/m^2）以内。我们列出了几种材料，最后选择了铝来制造轻质且坚固的构件

关于构件加工的思考笔记

因为空间网架是有多节点的结构体，所以其制造、加工、施工都需要时间。这里的思考笔记，是利用弯折的板，来节省制造和加工所需的时间

平方-立方定律的笔记

对椅子进行放大但同时维持原有比例的难点研究。放大10倍的话面积会变成100倍，体积会变成1 000倍。因此，腿部承受的力就放大了1 000/100=10倍，腿部加粗就变得很有必要了

初期草图

压机的照片
铝材即使在压制加工后形状也会趋于恢复原状，所以模具的弯折角度需要被调整得更大。这在很大程度上依靠工匠的感觉来控制

构件加工的照片
在同样的模具中压制成型的不同长度的铝扁棒。因为是重复性工作，所以可操作度高

组装模式图

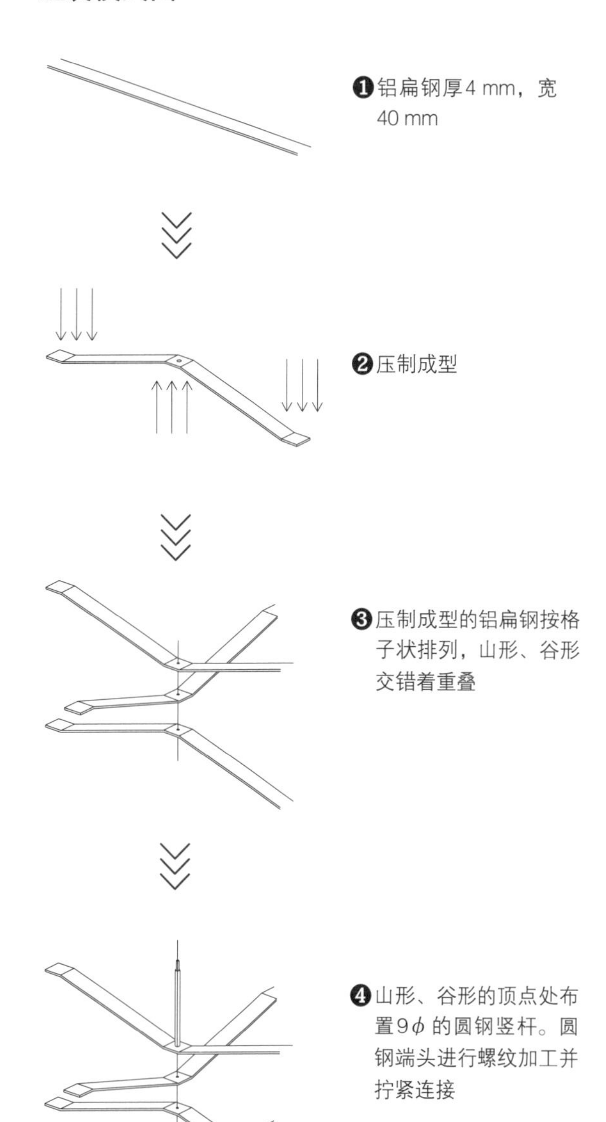
❶铝扁钢厚4 mm，宽40 mm
❷压制成型
❸压制成型的铝扁钢按格子状排列，山形、谷形交错着重叠
❹山形、谷形的顶点处布置9ϕ 的圆钢竖杆。圆钢端头进行螺纹加工并拧紧连接

考虑用轻质且坚固的结构形式空间网架来制作椅子。因为椅子是用线状的堆积来造型的，需要一定的密度，所以网架的数量也会变多。理所当然，我们希望使用轻质材料来建造，因此本项目选择了铝材。

因为网架是构件数很多的结构形式，为了简化加工，我们必须要意识到，最好能将可大量生产的构件通过较少的节点来组装。另外，在制作空间网架时，也需要解决节点过多的问题。

在这里，我们将铝扁棒用作上下弦杆，将它们弯曲加工使其连续，以减少节点数量。通过压制成型，能够简单地制作连续的斜杆。接下来使用9ϕ 的圆钢竖向连接杆，对其上下端进行螺纹加工。将斜杆重合，用竖向连接杆将其收紧，形成一个整体的网架架构。

用弯曲铝板制作空间网架

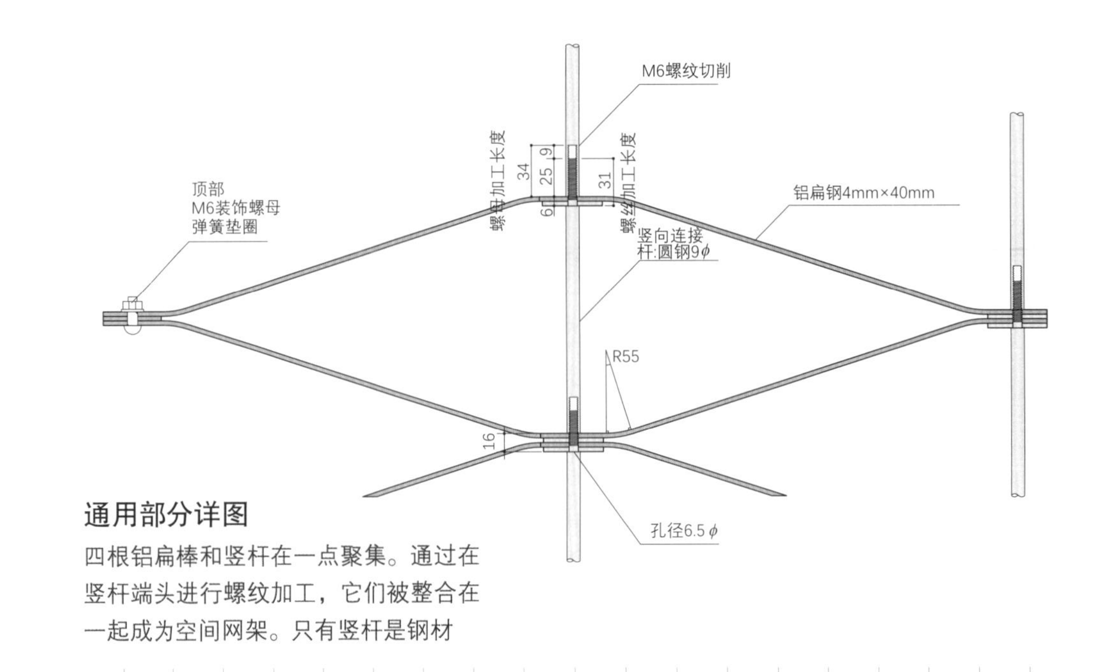
M6螺纹切削
螺母加工长度
34
25
9
6
螺丝加工长度
31
顶部
M6装饰螺母
弹簧垫圈
铝扁钢4mm×40mm
竖向连接
杆:圆钢9φ
R55
16
孔径6.5φ

通用部分详图

四根铝扁棒和竖杆在一点聚集。通过在竖杆端头进行螺纹加工，它们被整合在一起成为空间网架。只有竖杆是钢材

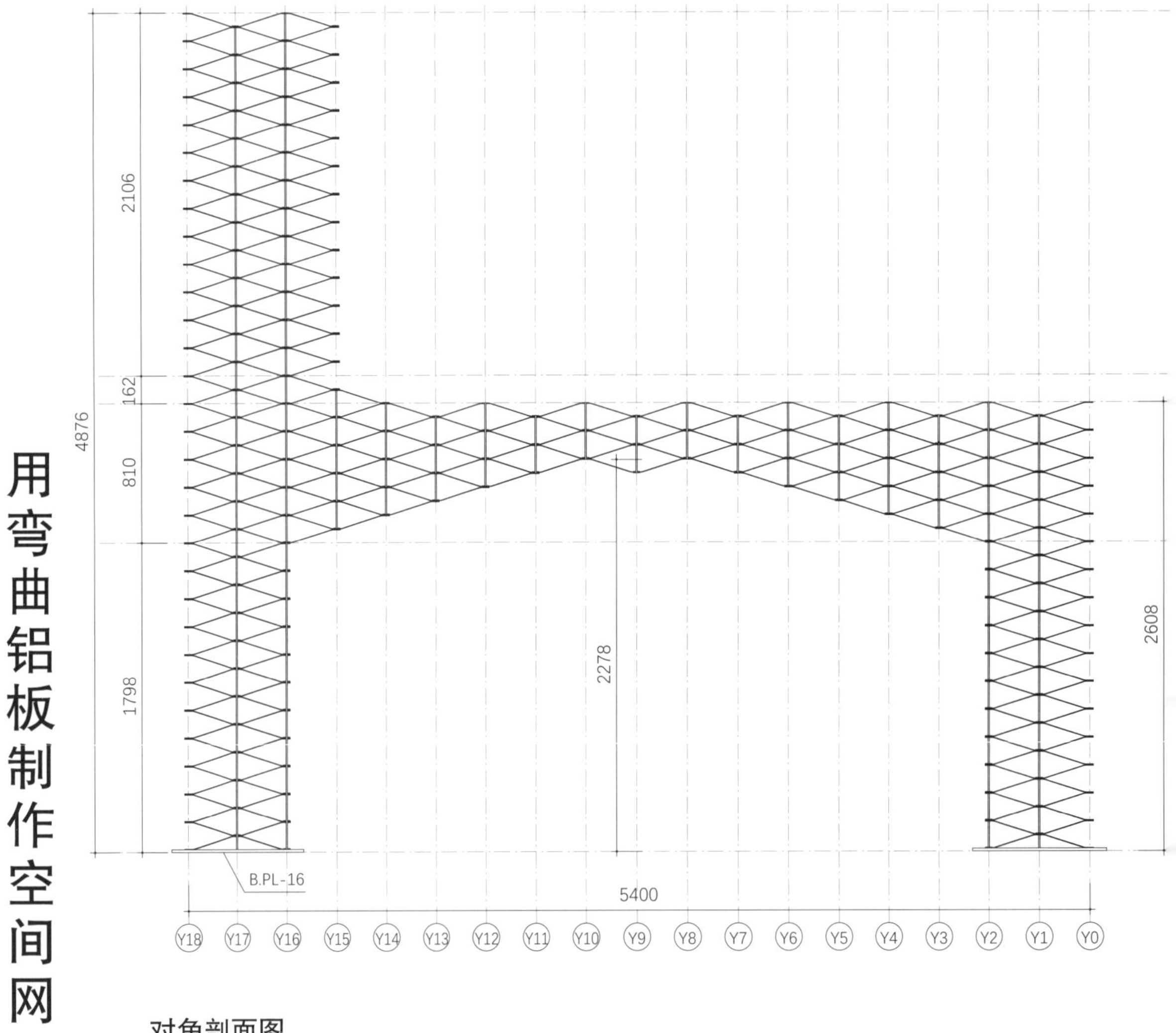
2106
162
810
1798
4876
2278
2608
5400
B.PL-16
Y18
Y17
Y16
Y15
Y14
Y13
Y12
Y11
Y10
Y9
Y8
Y7
Y6
Y5
Y4
Y3
Y2
Y1
Y0

对角剖面图

可以看到靠背、座面、腿部所有部分都是连续的空间网架

工厂中椅子腿部等比例模型的照片
一块16 mm厚的钢板作为锚，固定在脚部

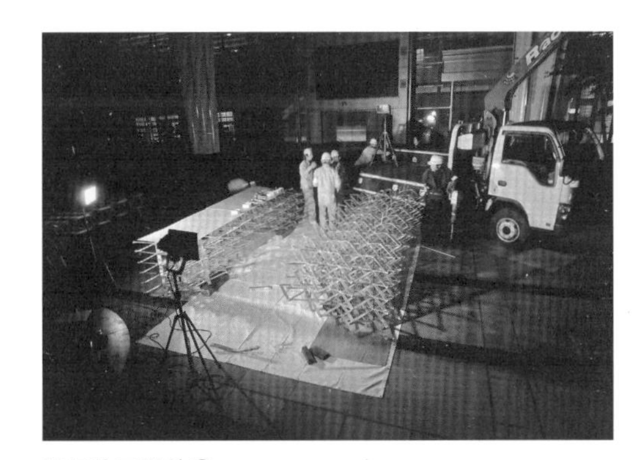

现场施工照片❶
正在组装座面中心部分。到这里为止都是在工厂完成组装并直接运输到现场，所以一切顺利

现场施工照片❷
由于操作空间狭窄，施工没有按预期进行。预定的完工时间被大大推迟了

现场施工照片❸
超过了约定的时间，在保安的注视下施工

研究防止倾覆的方法

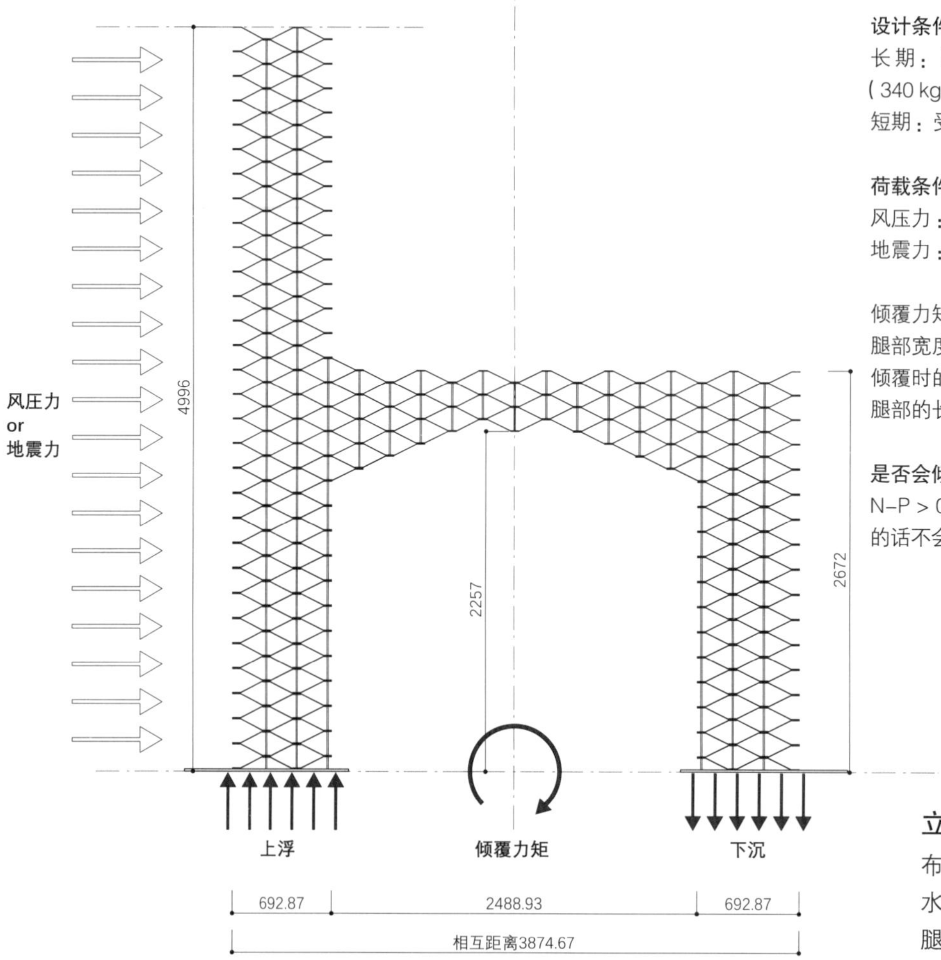

风压力
or
地震力
4996
2257
2672
上浮
倾覆力矩
下沉
692.87
2488.93
692.87
相互距离3874.67

设计条件

长期：不超过楼板允许的活荷载（340 kg/m²）

短期：受风压力、地震力时不倾覆

荷载条件

风压力：风力系数1.9相当

地震力：0.3G

倾覆力矩

腿部宽度

倾覆时的力偶

腿部的长期轴力

是否会倾覆的判断

N−P > 0

的话不会倾覆

立面图

布置底板以防止在受到水平力（地震，风）时腿部抬起，利用其重量作锚（重力锚）

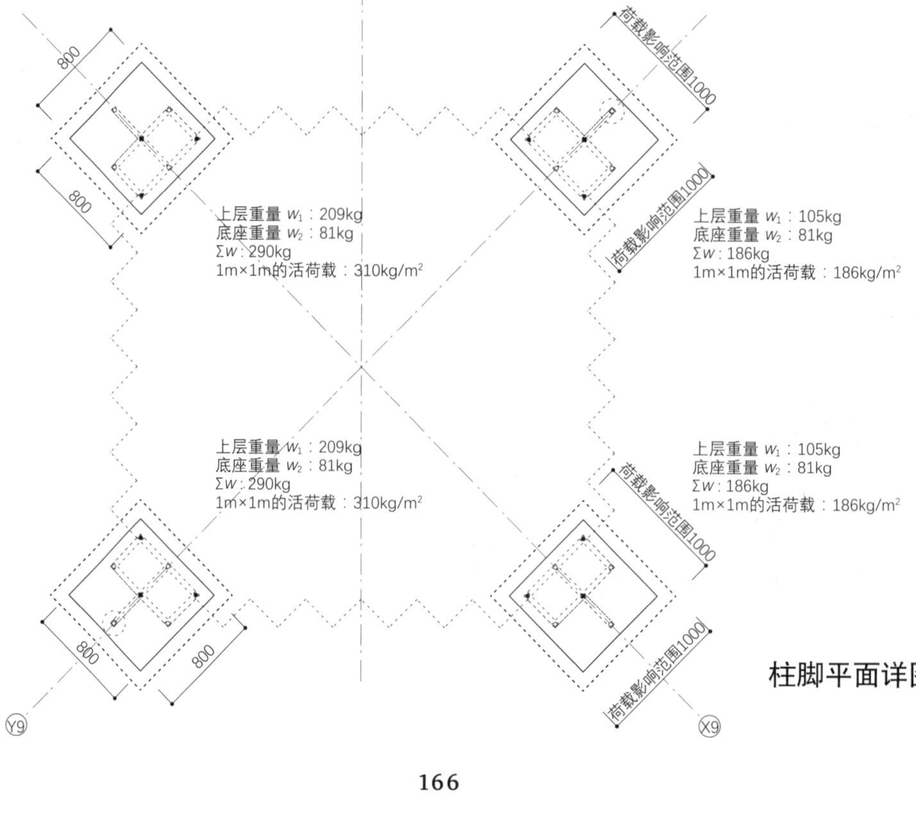

800
800
荷载影响范围1000
荷载影响范围1000
上层重量 w_1：209kg
底座重量 w_2：81kg
Σw：290kg
1m×1m的活荷载：310kg/m²
上层重量 w_1：105kg
底座重量 w_2：81kg
Σw：186kg
1m×1m的活荷载：186kg/m²
上层重量 w_1：209kg
底座重量 w_2：81kg
Σw：290kg
1m×1m的活荷载：310kg/m²
上层重量 w_1：105kg
底座重量 w_2：81kg
Σw：186kg
1m×1m的活荷载：186kg/m²
荷载影响范围1000
荷载影响范围1000
800
800
Y9
X9

柱脚平面详图

因为是安装在室外，所以要十分注意装置在暴风雨中的情况，特别是倾覆的可能。由于是设置在建筑物顶上的，所以不允许安装锚栓，为了抵抗倾覆的力，只能依靠重力（自重）了。另一方面，由于需要在允许的活荷载范围内设置，因此我们必须着重于本体重量和防倾覆所需重量之间的平衡。

设计荷载包括地震力和风力。因为空间网架是网格结构，风力系数相当于1.9。用铝的投影面积作受压面算出倾覆力矩。设定地震力为水平地震影响系数0.3。

倒推计算在施加水平力时防止腿部抬起的底板重量，并考虑底座面积使荷载保持在活荷载容许范围内，以确定底板的尺寸。我们在脚部设置了16 mm的钢板作为底板，与椅子自身的约600 kg重量相比，单是底板钢板的重量就有320 kg，足够起到重力锚的作用。

平方-立方定律

伽利略·伽利莱的“平方-立方定律”阐释了尺度与比例之间的紧密联系。

伽利略给出骨头比例（长度与粗细之比）的图示，并解说道，越大的动物骨头越粗。这里尝试将蚂蚁和大象分别缩放到同一大小进行比较。

体型的大小几乎是相同的，但腿部或躯干的粗细则大相径庭。

同理，结构构件的比例会因建筑物的尺度而有极大的差异，设计的时候需要谨记于心。

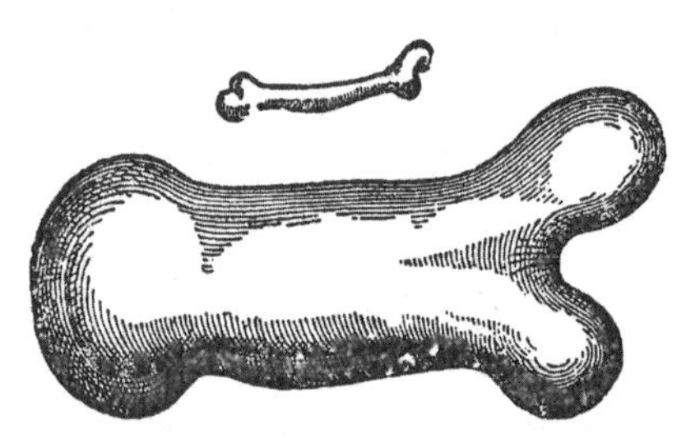

伽利略·伽利莱《新科学的对话》书中的动物骨骼草图

蚂蚁和大象的比较

将两者的体型缩放至相近程度，尝试比较其差异。可以看出腿部和躯干的比例极端的不同

建筑信息

注：*为前员工

富士红蜻蜓托儿所

所在地　：东京都立川市
主要用途　：托儿所
用地面积　：2031.58 m²
占地面积　：542.29 m²
建筑面积　：439.52 m²
规模　：地上一层
结构　：钢结构
设计时间　：2017年3月～2017年6月
施工时间　：2017年7月～2017年12月
设计负责人：手塚建筑研究所／手塚贵晴、手塚由比、伊藤巧、吕培源、青木由佳
结构设计　：OHNO-JAPAN ／大野博史、海老泽考秀
施工　：中村·内野建设共同企业体

茅崎锡安基督教教会/圣鸠幼儿园

所在地　：神奈川茅崎市
主要用途　：教堂、幼儿园
用地面积　：905 m²
占地面积　：419.76 m²
建筑面积　：402.71 m²
规模　：地上一层
结构　：木结构
设计时间　：2009年7月～2012年3月
施工时间　：2012年4月～2013年1月
设计负责人：手塚建筑研究所／手塚贵晴 、手塚由比、山村尚子*、铃木宏亮*
结构设计　：OHNO-JAPAN ／大野博史、中原英隆*
施工　：佐藤秀

无瑕托儿所

所在地　：静冈县富山市
主要用途　：托儿所
用地面积　：5487.99 m²
占地面积　：537.19 m²
建筑面积　：403.51 m²
规模　：地上一层
结构　：木结构
设计时间　：2016年11月～2017年6月
施工时间　：2017年7月～2018年2月
设计负责人：手塚建筑研究所／手塚贵晴 、手塚由比、矢野健太
结构设计　：OHNO-JAPAN ／大野博史、藤本智
施工　：佐藤建设

Steel House

所在地 ： 东京都国立市
主要用途 ： 专用住宅
用地面积 ： 94.22 m²
占地面积 ： 43.74 m²
建筑面积 ： 70.94 m²
规模 ： 地上三层
结构 ： 钢结构
设计时间 ： 2010年11月～2012年1月
施工时间 ： 2012年2月～2012年8月
设计负责人： 能作文德建筑设计事务所 / 能作文德
结构设计 ： OHNO-JAPAN / 大野博史、木村优志*
施工 ： 工藤工务店

富冈商工会议所会馆

所在地 ： 群马县富冈市
主要用途 ： 事务所
用地面积 ： 1067.24 m²（包括仓库部分：83.25 m²）
占地面积 ： 502.34 m²（包括仓库部分：44.95 m²）
建筑面积 ： 801.64 m²（包括仓库部分：86.64 m²）
规模 ： 地上二层
结构 ： 木结构（花旗松集成材）
设计时间 ： 2016年1月～2017年5月
施工时间 ： 2017年6月～2018年5月
设计负责人： 手塚建筑研究所 / 手塚贵晴、手塚由比、矢部启嗣
结构设计 ： OHNO-JAPAN / 大野博史、藤田龙平
施工 ： taruya · 汤川新富冈商工会馆建设工事共同体

经堂的住宅

所在地 ： 东京都世田谷区
主要用途 ： 专用住宅
用地面积 ： 72.89 m²
占地面积 ： 33.95 m²
建筑面积 ： 67.90 m²
规模 ： 地上二层
结构 ： 木结构
设计时间 ： 2010年6月～2011年2月
施工时间 ： 2011年3月～2011年8月
设计负责人： 长谷川豪建筑设计事务所 / 长谷川豪、大庭早子*
结构设计 ： OHNO-JAPAN / 大野博史、大川诚治*
施工 ： 泰进建设

春日大社公交车站

所在地 ： 奈良县奈良市
主要用途 ： 公交车站
用地面积 ： 928.134 m²
占地面积 ： 8.64 m²
规模 ： 地上一层
结构 ： 钢结构
设计时间 ： 2015年4月～2016年3月
施工时间 ： 2016年4月～2016年9月
设计负责人： 弥田俊男设计建筑事务所 / 弥田俊男
城田设计 / 城田全嗣、武村修宏、松尾敏行
结构设计 ： OHNO-JAPAN / 大野博史
施工 ： 大林组

海之餐厅

所在地 ： 香川县小豆郡庄町丰岛
主要用途 ： 餐饮店
用地面积 ： 1685 m²
占地面积 ： 471 m²
建筑面积 ： 371.46 m²
规模 ： 地上一层
结构 ： 钢结构
设计时间 ： 2012年11月～2013年2月
施工时间 ： 2013年3月～2013年7月
项目合作 ： 松泽刚
设计负责人： CASE-REAL / 二俣公一、有川靖*、柴田Ritsu
设计协作 ： Naikai Archit
结构设计 ： OHNO-JAPAN / 大野博史、大川诚治*
施工 ： 泰进建设

大荣钢铁厂办公楼

所在地 ： 千叶县富津市
主要用途 ： 事务所
用地面积 ： 37714.39 m²
占地面积 ： 417.54 m²
建筑面积 ： 403.51 m²
规模 ： 地上一层
结构 ： 钢结构
设计时间 ： 2012年5月～2013年12月
施工时间 ： 2014年1月～2014年7月
设计负责人： 塚田修大建筑设计事务所 / 塚田修大、山田健太郎*
结构设计 ： OHNO-JAPAN / 大野博史、木村优志*
施工 ： 大荣铁工所
大岛建设

川崎的住宅

所在地 ： 神奈川县川崎市
主要用途 ： 专用住宅
用地面积 ： 117.72 m²
占地面积 ： 46.82 m²
建筑面积 ： 78.42 m²
规模 ： 地上二层
结构 ： 木结构
设计时间 ： 2015年7月～2016年2月
施工时间 ： 2016年3月～2017年2月
设计负责人： 长谷川豪建筑设计事务所 / 长谷川豪、吉野太基*
结构设计 ： OHNO-JAPAN / 大野博史
施工 ： 泰进建设

EARTH-ing HOUSE

所在地 ： 埼玉县三乡市
主要用途 ： 专用住宅
用地面积 ： 200.00 m²
占地面积 ： 118.27 m²
建筑面积 ： 129.97 m²
规模 ： 地上二层
结构 ： 钢筋混凝土（部分钢结构）
设计时间 ： 2008年11月～2009年8月
施工时间 ： 2009年9月～2010年3月
设计负责人： 塚田修大建筑设计事务所 / 塚田修大
结构设计 ： OHNO-JAPAN / 大野博史、大川诚治*
施工 ： 宫建Housing

函馆市电车函馆站前站

所在地 ： 北海道函馆市
主要用途 ： 路面电车站
面积 ： 月台延长30.0 m/宽幅：1.7 m（包括上下车）
规模 ： 地上一层
结构 ： 钢结构
设计时间 ： 2013年8月～2014年3月
施工时间 ： 2014年6月～2014年11月
设计负责人： workvisions / 西村浩、帆足达矢*
结构设计 ： OHNO-JAPAN / 大野博史
解析协助 ： 铃木健
施工 ： 港工业
小鹿组

森之架空住宅

所在地 ： 群马县吾妻郡嬬恋村
主要用途 ： 别墅
用地面积 ： 3524.51 m^2
占地面积 ： 91.09 m^2
建筑面积 ： 77.22 m^2
规模 ： 地上二层
结构 ： 钢结构+木结构
设计时间 ： 2009年5月～2010年3月
施工时间 ： 2010年4月～2010年9月
设计负责人： 长谷川豪建筑设计事务所 / 长谷川豪、山本周*
结构设计 ： OHNO-JAPAN / 大野博史、大川诚治*
施工 ： 新津组

春日大社院内卫生间

所在地 ： 奈良县奈良市
主要用途 ： 公共卫生间
用地面积 ： 928.134 m^2
占地面积 ： 136.16 m^2
建筑面积 ： 105.47 m^2
规模 ： 地上一层
结构 ： 钢筋混凝土（部分木结构）
设计时间 ： 2015年4月～2016年3月
施工时间 ： 2016年4月～2016年9月
设计负责人： 弥田俊男设计建筑事务所 / 弥田俊男
城田设计 / 城田全嗣、武村修宏、松尾敏行
结构设计 ： OHNO-JAPAN / 大野博史
施工 ： 大林组

坂下公共卫生间

所在地 ： 东京都千代田区（皇居内）
主要用途 ： 卫生间
用地面积 ： 719994.00 m^2
占地面积 ： 70.76 m^2
建筑面积 ： 61.40 m^2
规模 ： 地上一层+地下池坑
结构 ： 钢筋混凝土
设计时间 ： 2008年1月～2008年3月
施工时间 ： 2008年10月～2009年3月
设计负责人： 渡边明设计事务所 / 渡边明、渡边仁
结构设计 ： OHNO-JAPAN / 大野博史、大川诚治*
施工 ： 大雄

缓慢摇晃的管子

所在地 ： 冈山县冈山市
主要用途 ： 游玩设施
用地面积 ： 454.16 m^2
结构 ： 钢结构
设计时间 ： 2016年5月～2016年7月
施工时间 ： 2016年8月～2016年9月
设计负责人： 青木淳建筑计画事务所 / 青木淳、品川雅俊、谢欣芸*
结构设计 ： OHNO-JAPAN / 大野博史
解析协助 ： 铃木健
施工 ： 旭 Bill Wall
富士见铁工

空荡荡的房间

所在地 ： 东京都港区
主要用途 ： 展示空间（DESIGNTIDE TOKYO 2010会场）
占地面积 ： 1097 m^2
建筑面积 ： 1097 m^2
结构 ： 钢结构
设计时间 ： 2010年5月～2010年10月
施工时间 ： 2010年10月～2010年11月
设计负责人： 中村龙治建筑设计事务所 / 中村龙治、若木麻希子
结构设计 ： OHNO-JAPAN / 大野博史
施工 ： 和田装备
TSP太阳

CH/air

所在地 ： 东京都港区
主要用途 ： 装置（信息服务态地标物）
占地面积 ： 14.5 m^2
建筑面积 ： 14.5 m^2
结构 ： 铝结构（部分钢结构）
设计时间 ： 2009年7月～2009年10月
施工时间 ： 2009年10月～2009年11月
设计负责人： OHNO-JAPAN / 大野博史、中村唯*
结构设计 ： OHNO-JAPAN / 大野博史
施工 ： 高桥工业

后记

自我收到这本书的策划以来已经过去了两年。亲身体会到了一边工作一边整理一本书的艰辛。

这两年以来，大型灾害几度发生，虽然从这本书很难看出灾害与结构设计的关系，但是，在结构设计的第一线，我们需要花费大量的时间来研究并应用关于灾害与破坏的新知识。作为工程师，需要谨记履行最基本的社会责任，即建造安全放心的产品。

对于这本书的成稿，首先，我由衷地感谢提供帮助的各位建筑师与他们的员工们。尽管工作方式各不相同，但每次大家都配合我的思维节奏来推进工作，我非常感激。在无限的结构答案中选择并给出最合适的一个，工程师这个活在工学世界中的职业，虽然往往只关注结果，但在实现目标的过程中，亦需要设计作为计算的前提条件。这些条件并不是谁来给予的，而是和建筑师一起探索、假设、讨论出来的，是条件设定与研讨结果的取舍选择。可以说这种逻辑思维的重复性工作即是设计的过程。所以，本书收录的作品，是我与建筑师一同研究创造的结果；也正是因为有建筑师同行，这样的过程才得以实现。

在此还要感谢OHM出版社的三井先生，如果没有他这本书不可能完成。是他把这个项目带给了我，尽管我数次推延日程，他也耐心地鼓励我直到最后。

在这两年的写作期间，我的第4个孩子出生了。过去的8年里（从我的大儿子出生算起），我需要兼顾事务所的工作和家庭育儿，所以很多的负担被加在了事务所的员工身上。没有他们的支持，工作无法顺利推进，在这里向他们表达感谢。今后如果他们结婚了需要照顾家庭与孩子，我也愿意积极协助。最后，我要感谢我的妻子，她承受了生产与育儿对职业生涯的影响；以及感谢我的孩子们，带来了繁累同时也带来了治愈。正因为有家人的支持，这本书才能顺利完成。

非常感谢。

2020年大寒　大野博史

致谢

在本书稿的翻译过程中，感谢大野博史先生提供的宝贵意见与解答，为我们理解本书提供了帮助。感谢张准、彭超先生对一些专业名词的译法提供的意见与建议，为译文的准确性提供了帮助。还要特别感谢上海科学技术出版社董怡萍编辑对此次翻译工作的支持。

图片版权说明

照片摄影

ToLoLo studio 植村Takashi	p.27
新建筑摄影部	p.37、p.42、p.45、pp.50～53、p.65、p.70、p.72
水崎浩志	p.55、p.59（右下・左下）
刘曦晨	p.84、p.124
坂下智广	pp.98～101、p.103（下）、p.105（最下）
小川重雄	p.130、p.131（左下）、p.135（右）
鸟村钢一	p.165（下）、p.167

照片提供

手塚建筑研究所	p.19、p.21（左）、p.75、pp.77～79、p.81、p.83
长谷川豪建筑设计事务所	p.32、pp.116～117、pp.120～123
能作文德建筑设计事务所	p.41（上）、p.43
CASE-REAL	p.57、p.58、p.59（上・左中）
塚田修大建筑设计事务所	pp.95～97、p.102、p.103（上）、p.105（最下面1张除外）
Work Visions	p.107（中・下）
青木淳建筑计画事务所	pp.140～142、p.149
富士见铁工	p.148
中村龙治建筑设计事务所	p.151、p.153、p.154、p.159

*特别标注以外的照片由OHNO-JAPAN提供

图纸提供

手塚建筑研究所	p.14（右上）、p.20、p.26
能作文德建筑设计事务所	p.38、p.39（上）
CASE-REAL	p.54、p.55、p.58
长谷川豪建筑设计事务所	p.68、p.116、p.121
塚田修大建筑设计事务所	p.94（上）、p.96（上）、p.97、p.99、p.101
高桥工业	p.132（上）、p.133
渡边明设计事务所	p.132（下）
青木淳建筑计画事务所	p.142、pp.146～147
富士见铁工	p.144
中村龙治建筑设计事务所	p.150

*特别标注以外的图纸由OHNO-JAPAN提供

图书在版编目（C I P）数据

结构设计过程图集 / （日）大野博史著 ； 钮益斐，
高小涵译. -- 上海 ： 上海科学技术出版社，2024.1
ISBN 978-7-5478-6070-0

Ⅰ. ①结… Ⅱ. ①大… ②钮… ③高… Ⅲ. ①建筑结
构－结构设计－图集 Ⅳ. ①TU318-64

中国国家版本馆CIP数据核字(2023)第020619号

结构设计过程图集

［日］大野博史　著
钮益斐　高小涵　译
郭屹民　　　　审校

上海世纪出版（集团）有限公司
上 海 科 学 技 术 出 版 社　出版、发行
（上海市闵行区号景路159弄A座9F-10F）
邮政编码201101　www. sstp. cn
常熟市华顺印刷有限公司印刷
开本 787×1092 1/16 印张 11
字数 300千字
2024年1月第1版　2024年1月第1次印刷
ISBN 978-7-5478-6070-0 / TU · 326
定价：128.00元
